はてなブログ カスタマイズガイド

HTML＆CSSで
「はてなブログ」を次のステップへ！

相澤裕介◉著

はじめに

ブログと聞くと、「個人が日記を手軽に公開できるWebサービス」と考える方が多いかもしれません。確かに、ブログが流行した当初はそのような使われ方が大半を占めていました。しかし、現在は状況が大きく変化しています。単なる「個人の日記」としてブログを利用するのではなく、**様々な情報を提供するWebサイト**としてブログを活用する人が増えています。通常のホームページを作成できる知識があるのに、**あえてブログを選択する**という方も沢山います。また、大手ニュースサイトで使用されているCMS（Webコンテンツの管理システム）も、広い意味ではブログの一種と考えることができます。

このような状況の中、近年、注目を集めているのが本書で紹介する**「はてなブログ」**です。「はてなブログ」の特長は、シンプルで使いやすく、**SEO（検索エンジン対策）に優れている**こと。このため、2013年に正式版が登場して以降、最も勢いのあるブログサービスに急成長しています。

他社のブログサービスと同様に、「はてなブログ」も初心者が気軽に始められるブログサービスの一つといえます。普通に記事を執筆するだけなら、参考書がなくても問題なくブログを作成できるでしょう。しかし、**ブログをカスタマイズするとなると、そう簡単に事は運びません**。HTMLとCSSの知識がそれなりにある方でも、かなり苦労すると思われます。というのも、**あらかじめ指定されているCSSを解析し、それを上書きするように「自作のCSS」を追記しなければならない**からです。

ここでいうカスタイズとは、単に「ブログの見た目」を変更するだけの作業ではありません。訪問者の利便性を高め、HTMLやCSSを最適化することで、アクセスアップに貢献するカスタマイズとなります。アフィリエイトを行っている方にとっては、絶対に欠かせない作業といえるでしょう。

アクセスアップの基礎となるのは、やはり「記事の内容」であることに変わりはありません。しかし、適切なカスタマイズ方法を知らないがために、他のサイトより不利な状況に置かれているサイトは沢山あります。記事の内容を良くする技術は、一朝一夕に習得できるものではありません。一方、HTMLやCSSは、**勉強すれば確実に向上できる技術**です。目的に応じてブログを自由にカスタマイズする技術、その習得に本書が微力ながらも貢献できれば幸いです。

2016年9月　相澤 裕介

目次 Contents

第1章 はてなブログの機能を使った応用テクニック

第2章 はてなブログのCSSカスタマイズ

第3章 覚えておくと便利なテクニック

第4章 Pro版ならではの機能

付録 ブログのカスタマイズでよく使用するCSS

はてなブログの機能を使った応用テクニック

第１章では、「はてなブログ」に用意されている機能を使って少しだけ高度な記事作成を行ったり、設定変更によりブログを快適な環境にしたりする方法を紹介します。すでにご存知の内容かもしれませんが、念のため確認しておくとよいでしょう。そして第２章から、HTML & CSS を使った本格的なカスタマイズについて解説していきます。

01 はてなブログの概略

「はてなブログ」は、誰でも無料で利用できるブログサービスです。その特長は、シンプルで使いやすく、またSEO（**検索エンジン対策**）に優れていること。このため、2013年に正式版が登場して以降、多くの人気を集めるブログサービスへと急成長しています。

図1-1　はてなブログ（http://hatenablog.com/）

本書を手にした皆さんは、すでに「はてなブログ」を利用している方が大半を占めると思います。中には『これから始めてみよう！』と考えている方もいるかもしれませんが、「はてなブログ」は初心者でも簡単にブログを作成できるように設計されているため、通常の記事作成であれば問題なくブログを作成できると思います。特に書籍などを参考にする必要はありません。

よって、本書では、**「はてなブログ」の基本的な操作手順の解説を省略しています**。それよりも、読者の皆さんが知りたいと思う情報やカスタマイズの手順、関連ツールなどに重点を置いて解説していきます。

初めて「はてなブログ」を利用する方は少し不安になるかもしれませんが、ある程度ネットサービスに慣れていれば基本的な操作手順は自然に習得できると思います。以降に必要最低限の操作手順を記しておくので、こちらを参考に「はてなブログ」の利用を開始するとよいでしょう。

■会員登録とブログの開設

「はてなブログ」を利用するには、まず「はてな」に会員登録（ID登録）する必要があります。その後、以下の画面で「作成するブログのURL」などを決定していきます。この際に指定する**URLは後から変更できない**ことに注意してください。後々、有料のPro版に移行して独自ドメインを取得する場合も、あまりに適当なURLは避けた方がよいでしょう。この部分だけは、よく考えてからブログを開設するようにしてください。

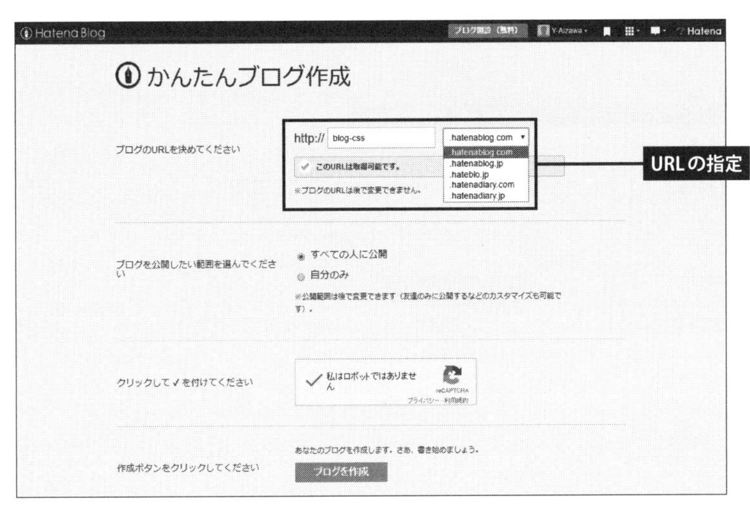

図1-2　「はてなブログ」の開設画面

■ブログの設定

以上の操作でブログの開設は完了です。「(ユーザー名)'s blog」という名前で自分のブログが表示されるので、次は「ブログの設定」を行います。**「自分のID名」**をクリックし、**「設定」**を選択します。

図1-3　設定画面の呼び出し

以下のような設定画面が表示されるので、**ブログ名**を好きな名前に変更します。「ブログ名」はページタイトルの一部にも使用されるため、なるべく短い文字数で指定するのが基本です。ブログ名を長くすると、その分だけ各記事のタイトルも長くなってしまうことに注意してください。

ブログの説明には、ヘッダに表示する説明文を入力します。特に何も表示しない場合は空白のままでも構いません。**編集モード**は、「見たままモード」（初期設定）を選択しておくとよいでしょう。その後、画面を一番下までスクロールし、**［変更する］ボタン**をクリックすると設定変更を完了できます。

図1-4 「はてなブログ」の設定画面

■記事の作成

記事を作成するときは、「自分のID名」をクリックして「**記事を書く**」を選択します。

図1-5 記事の作成の開始

すると、以下のような編集画面が表示されます。この画面で、記事の**タイトル**や**本文**を入力していきます。文字サイズや文字色を変更するときは、その文字を選択し、画面上部にある**ツールバー**で書式を指定します。文書作成アプリと似たような操作手順で書式を指定できるので、すぐに使い方を覚えられるでしょう。

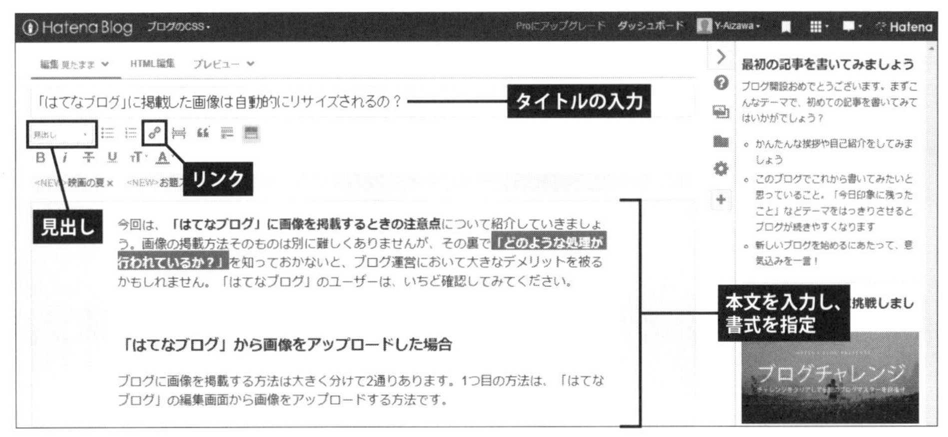

図1-6　ブログ記事の編集画面

入力した文字（段落）を「**見出し**」に変更するときは、［見出し］で見出しの種類を指定します。また、文字を選択して［リンク］をクリックすると、その文字に**リンク**を指定できます。そのほか、URLを本文にコピー＆ペーストして、リンクを作成することも可能です。

■カテゴリーの指定

ブログでは、各記事を**カテゴリー**に分けて分類するのが一般的です。カテゴリーを指定するときは、画面右側にある［フォルダ］をクリックします。続いて、新しいカテゴリーを作成したり、既存のカテゴリーを選択したりすると、編集中の記事にカテゴリーを指定できます。もちろん、1つの記事に複数のカテゴリーを指定することも可能です。

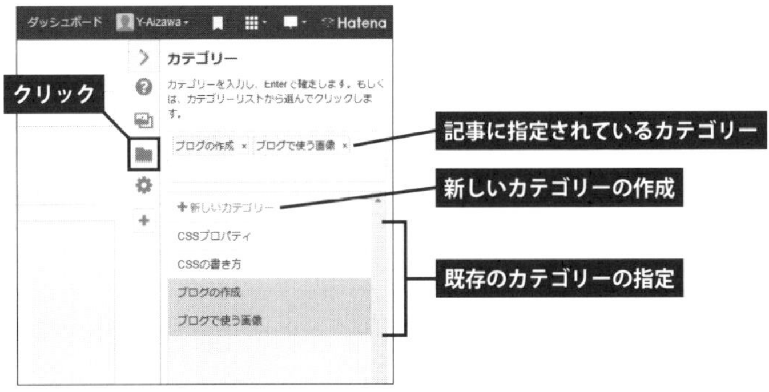

図1-7　カテゴリーの指定

■プレビューと記事の公開

編集中の記事が「どのように表示されるか？」を確認したいときは、**「プレビュー」**をクリックします。すると、実際の表示イメージが画面に表示されます。再び記事の編集作業に戻るときは、**「編集 見たまま」**をクリックします。

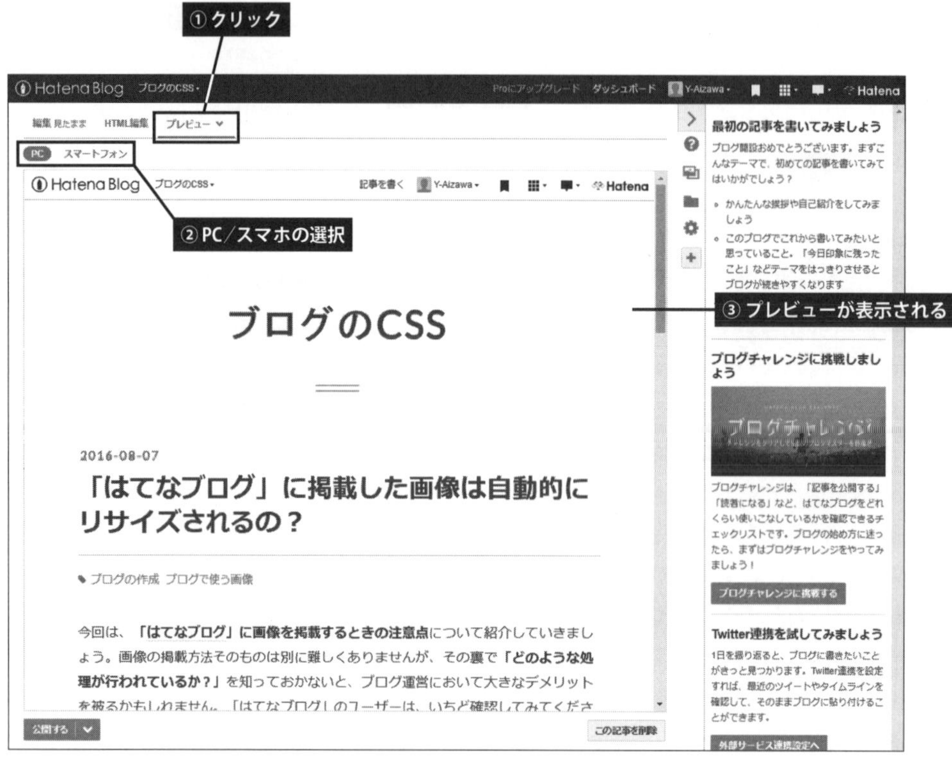

図1-8　プレビューの表示

記事を作成できたら、画面左下にある**「公開する」ボタン**をクリックします。これで記事をインターネットに公開することができます。まだ記事が完成していない場合は、 でボタン表示を切り替えてから**「下書き保存する」ボタン**をクリックします。すると、インターネットに公開しない状態のまま、記事を保存しておくことができます。

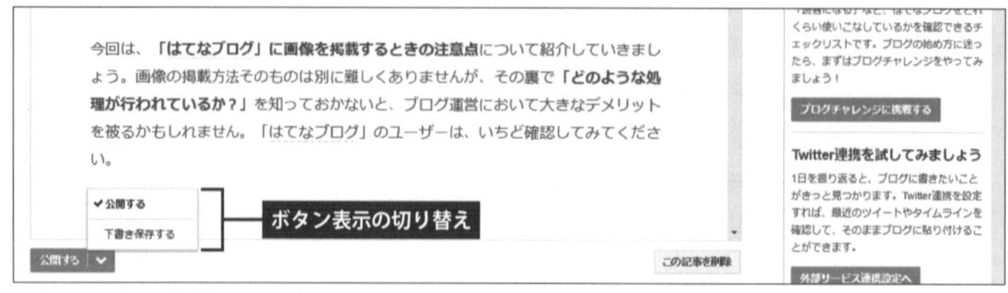

図1-9　記事の公開と下書き保存

■記事の管理

記事を管理するときは、「自分のID名」から**「記事の管理」**を選択します。すると、公開中の記事が一覧表示されます。ここで各記事の**［編集］ボタン**をクリックすると、その記事の内容を再編集（修正）できます。なお、下書き保存した記事の編集を再開するときは、「下書き」の項目を選択してから同様の操作を行います。

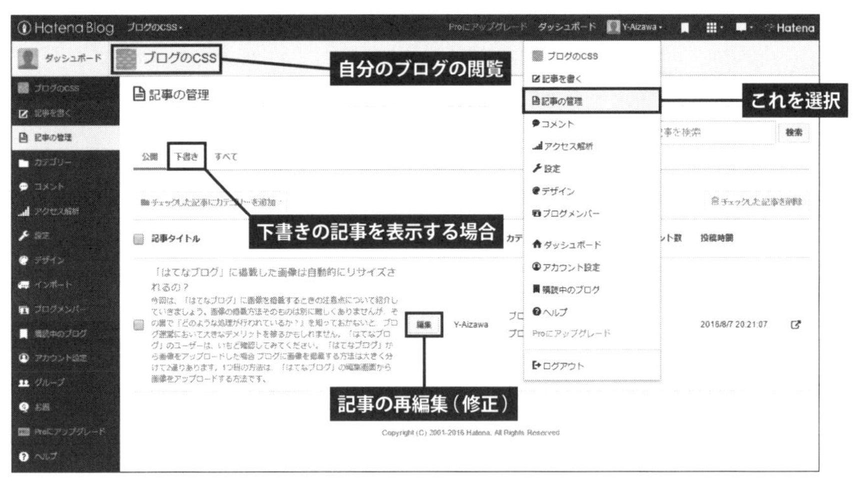

図1-10　記事の管理画面

また、「自分のブログ」を閲覧しているときに表示される**［編集］ボタン**をクリックして各記事の編集を行うことも可能です。「編集」ボタンが表示される位置はブログのデザイン（テーマ）によって異なるので、記事のタイトル付近でマウスを動かし、「編集」ボタンが表示される位置を探してみてください。もちろん、この操作は「はてな」にログインした状態で行わなければいけません。

図1-11　ブログ上に表示される「編集」ボタン

■デザインの変更

ブログ全体のデザイン（**テーマ**）を変更するときは、「自分のID名」から**「デザイン」**を選択します。すると、画面左側にテーマの一覧が表示されるので、この中から好きなデザインを選択します。

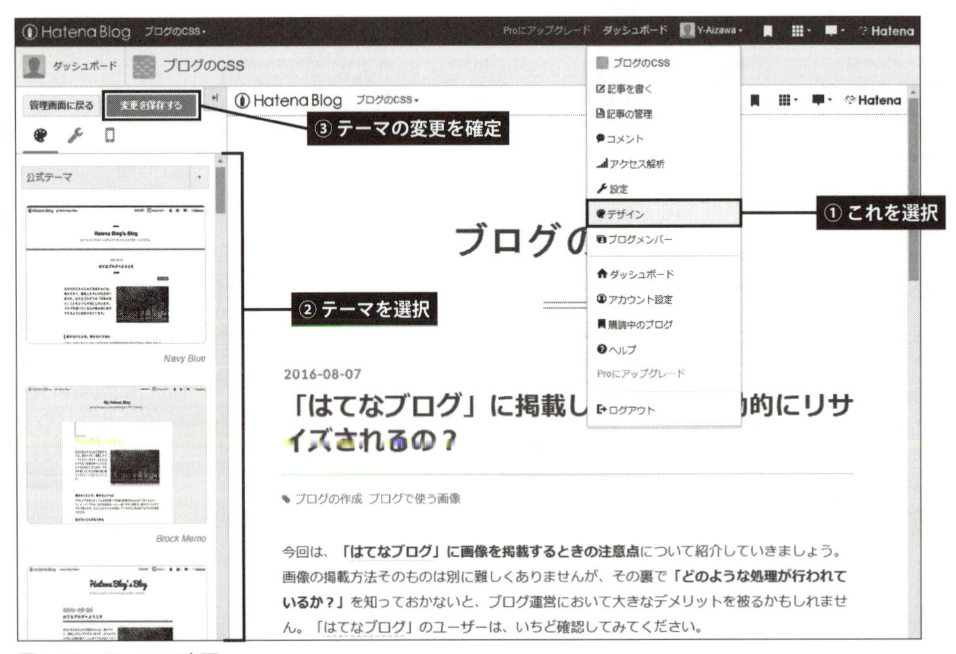

図1-12　テーマの変更

図1-13　テーマを変更したブログの表示

テーマの変更はいつでも行えますが、後々、CSSを使ってカスタマイズしていくことを考えると、あまり頻繁に変更するのは考え物です。サイドバーの有無などを基準に、できるだけシンプルなデザインを選択し、これをもとにカスタマイズを施していくとよいでしょう。

そのほか、🔧をクリックして**背景画像（背景色）を変更**したり、**ヘッダに画像を配置**したりすることも可能です。これらの機能も画面を見るだけで操作手順を理解できると思います。各自で色々と試してみてください。

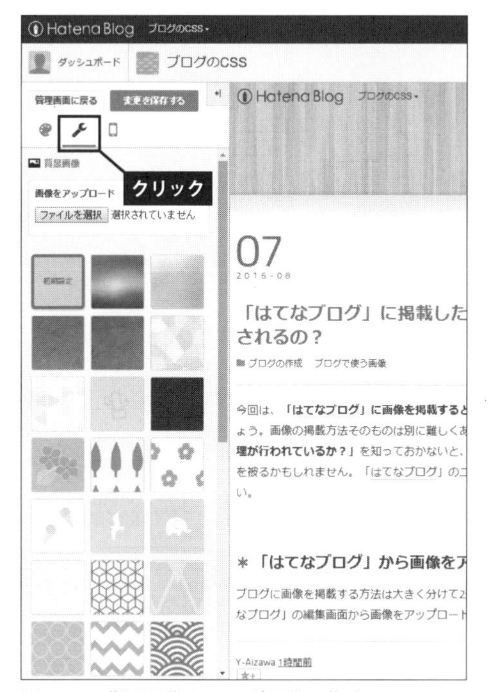

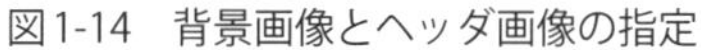

図1-14　背景画像とヘッダ画像の指定

02 画像を軽くするには設定変更が必要

続いては、記事に画像（写真）を掲載するときの注意点について解説します。すでに「はてなブログ」を利用している方は、画像の掲載を問題なく行えると思います。しかし、重要なポイントを見落としている方もいるようです。必ず以下の内容を確認しておいてください。

編集画面から画像をアップロードする場合

記事に画像を掲載する方法は大きく分けて２通りあります。１つ目の方法は、**「はてなブログ」の編集画面**から画像をアップロードする方法です。

具体的な例で示していきましょう。以下は、2048×1360ピクセル、1.29MBのデジカメ写真を「はてなブログ」の編集画面からアップロードした場合の例です。

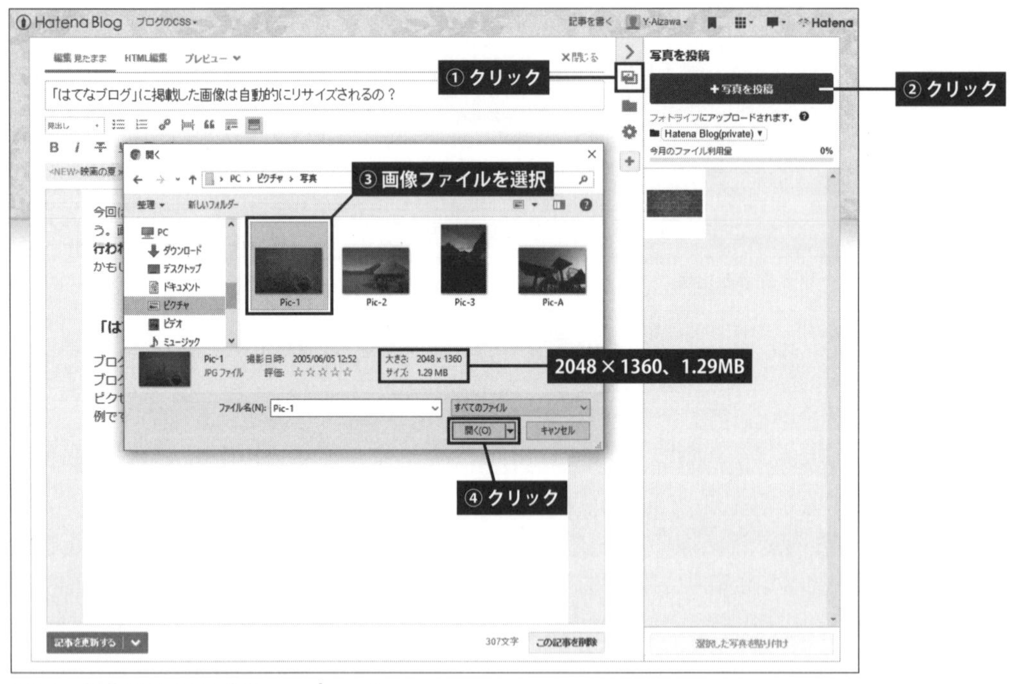

図2-1　編集画面から画像をアップロード

画像のアップロードが済んだら、ブログに掲載された画像をドラッグ＆ドロップしてパソコンにダウンロードしてみます。すると、画像ファイルが1024×680ピクセル、483KBにリサイズされているのを確認できます。

図2-2　掲載された画像の確認

このように「はてなブログ」では、アップロードした画像を**ブログ掲載用にリサイズする機能**が装備されています。「はてなブログ」の編集画面からアップロードした場合は、**長辺が1024ピクセル**になるように自動リサイズされます。これはこれで便利な仕様といえますが、全く問題がない訳ではありません。これについては後ほど詳しく解説します。

ちなみに、長辺が1024ピクセル以下のJPEG画像をアップロードした場合は、自動リサイズが行われず、アップロードした画像がそのままブログ掲載用として使用されます。

「はてなフォトライフ」にアップロードした画像を掲載する場合

画像を掲載する2つ目の方法は、あらかじめ「はてなフォトライフ」に画像ファイルをアップロードしておき、この画像を編集画面から選択して掲載する方法です。「はてなフォトライフ」のWebサイトは、[▦▾]から**「はてなフォトライフ」**を選択すると表示できます(※1)。

(※1) [▦▾]に「はてなフォトライフ」が追加されるまでに1日程度の時間を要する場合があります。会員登録してから間もない方は、「はてなフォトライフ」のWebサイト(http://f.hatena.ne.jp/)を開き、「マイフォト」をクリックして作業を進めてください。

図2-3　「はてなフォトライフ」の表示

「はてなブログ」に掲載する画像は、**「Hatena Blog」**というフォルダに保存するのが基本です。このフォルダを選択し、アップロードする画像ファイルを選択します。ここでは、「前回と同じ画像ファイル」を以下の手順でアップロードしました。

図2-4　「Hatena Blog」フォルダの選択とアップロード

図2-5　アップロードの操作手順

アップロードが済んだら「はてなブログ」の編集画面に戻り、画像をブログに掲載します。「前回アップロードした画像」と「今回アップロードした画像」が2つ並んでいるので、選択する画像を間違えないように注意してください。画像ファイルは、アップロード時刻が新しい順に表示される仕組みになっています。よって、左側にある画像が「今回アップロードした画像」となります。

図2-6　掲載する画像の選択

前回と同様に、ブログに掲載された画像をパソコンにダウンロードしてみると、画像ファイルが800×531ピクセル、306KBにリサイズされているのを確認できます。

図2-7　掲載された画像の確認

このように、「はてなフォトライフ」に画像を直接アップロードした場合は、**長辺が800ピクセル**になるように自動リサイズされる仕組みになっています。「はてなブログ」の編集画面からアップロードした場合より画像のピクセル数が少なくなるので、当然ながら**画像ファイルの容量も小さくなります**。

なお、長辺が800ピクセル以下のJPEG画像をアップロードした場合は、自動リサイズが行われず、アップロードした画像がそのままブログ掲載用として使用されます。

重要度 ★★★☆☆

リサイズ後の画像サイズ

「はてなフォトライフ」には、リサイズ後の「長辺のピクセル数」を指定できる設定項目が用意されています。この値を変更することで、リサイズ後の画像サイズをカスタマイズすることも可能です。

また、「オリジナルサイズの画像を保存」というチェックボックスも用意されています。この項目をチェックすると、「本来のサイズで画像ファイルが保存される」と思うかもしれませんが、実はそれだけではありません。この項目をチェックした場合も自動リサイズは行われ、リサイズされた画像がブログ掲載用として使用されます。つまり、この項目をチェックすると、「オリジナルの画像」と「リサイズされた画像」（ブログ掲載用）の両方が保存されることになります。間違えないように注意してください。

画像ファイルの容量は適切？

これまでに解説してきたように、「はてなブログ」に掲載する画像は、アップロード方法に応じて画像のサイズが変化する仕組みになっています。念のため、もう一度まとめておきましょう。

- **「はてなブログ」の編集画面からアップロード**
  ⇒ **長辺1024ピクセル**に自動リサイズされる
  ※長辺1024ピクセル以下の場合はリサイズされません。

- **「はてなフォトライフ」に直接アップロード**
  ⇒ **長辺800ピクセル**に自動リサイズされる
  ※長辺800ピクセル以下の場合はリサイズされません。

今回、例にした画像は色彩の変化が少ないため、画像1枚あたり300～500KB程度のファイル容量になりました。しかし、写真よっては1枚の画像で600KB以上になるケースも少なくありません。このような画像を1ページに何枚も掲載すると、画像だけで何MBもの容量になってしまいます。たとえば、600KB前後の画像を5枚掲載すると、画像だけで約3MBもの容量になります。これではスムーズなページ表示など期待できません。

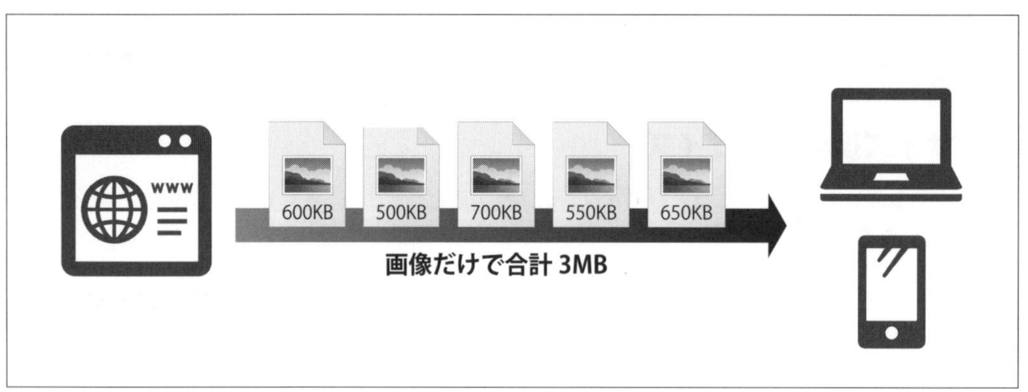

図2-8　ブログ閲覧時のデータ転送

皆さんもご存知のように、ページの表示が遅いサイトは敬遠される傾向が強くなります。通信速度(処理速度)が遅いスマートフォンでは、この傾向がさらに強くなります。要するに、ページが表示される前に「戻る」ボタンで直帰されてしまう可能性が高くなるのです。アクセス数としてはカウントされるかもしれませんが、内容を読まずに帰る人が多いようでは、せっかく作成した記事も台無しです。読んでもらえなければ、記事の良し悪しすら関係ありません。

このことは、自分がWebを閲覧しているときの状況を考えれば容易に想像できると思います。ページ全体が表示されるまでに何秒もかかるサイトを、気長に待つ人は少ないでしょう。たいていの場合、他の検索結果へ移動してしまうと思います。にもかかわらず、自分のブログだけは『多少遅くても見てもらえるはず…』と甘い期待を抱くのは大きな間違いです。

重要度　★★★★☆

ブラウザのキャッシュとスーパーリロード

ページの表示速度を確認する際に、[F5]キーを押して再読み込みを行う方もいると思います。しかし、この方法では厳密な表示速度を体感することはできません。というも、通常の再読み込みは、更新されていないデータをPC内のキャッシュから読み込む仕様になっているからです。

キャッシュを使わずにページを読み込むには、以下に示したキーを押してスーパーリロードを行わなければいけません。念のため覚えておいてください。

◆**Windows**

Chrome ……………[Shift]+[F5]
Firefox ……………[Ctrl]+[F5]

◆**Mac OS**

Safari ………………[⌘]+[R]
Chrome ……………[⌘]+[Shift]+[R]
Firefox ……………[⌘]+[Shift]+[R]

制作者の立場からすれば、『写真を綺麗に見せたい』と考えるのは当然ですが、内容を見る前に直帰されては意味がありません。むしろ、**画質を多少犠牲にしてでも表示速度を優先する**と考えるのが基本です。そうでなくても、色々なパーツが読み込まれる「はてなブログ」の表示速度は速い方ではありません。可能な限り自力で表示速度を改善していく必要があります。

最近は、スマートフォンでWebを閲覧する方が増えてきているため、スマートフォンでも表示速度を確認しておく必要があります。むしろ、処理が遅いスマートフォンを基準に表示速度を改善していくとよいでしょう。

また、画像ファイルが重く、表示が完了するまでに時間のかかるページは、SEOの観点からも大きなマイナス要因になります。Googleは、**「ページの表示速度」も順位決定の一つの指標**としています。つまり、必要以上に画像を重くすると、SEOに逆行する行為となってしまうのです。アクセスアップを目指すなら、画像ファイルの容量にも十分に気を付けるようにしてください。

ファイル容量を減らしてからアップロードしても無意味？

これまでに解説した内容を知っている方は、あらかじめファイル容量を小さくしてから画像をアップロードしていると思います。しかし、これも無駄な作業に終わってしまう可能性があります。具体的な例で示していきましょう。

以下は、ブログ掲載用に1080×717ピクセル、56.1KBの画像ファイルを用意した場合の例です。画像編集アプリでJPEGの圧縮率（画質）を操作することにより、画像ファイルの容量を小さくしています。

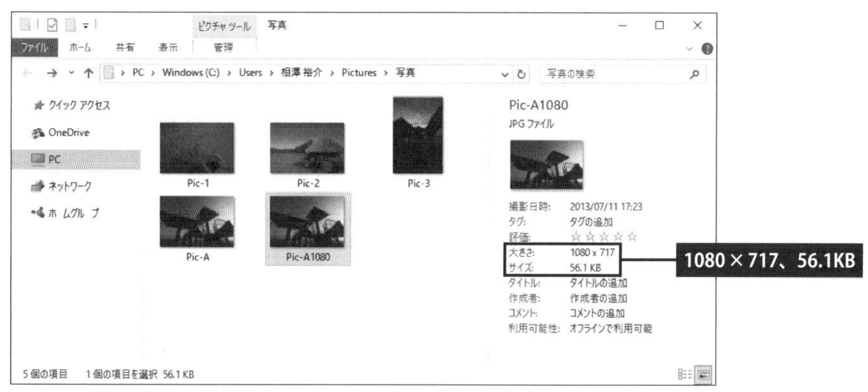

図2-9　ブログ用に編集した画像ファイル

これを「はてなフォトライフ」にアップロードすると、リサイズ後の画像ファイルは長辺800ピクセル、226KBになりました。リサイズ後の画像サイズは、「はてなフォトライフ」の編集画面でも確認できます。

図2-10　リサイズ後の画像ファイル

この結果を見ると、画像のピクセル数が少なくなっているにも関わらず、ファイル容量が約4倍に増加していることになります。これでは、事前に画像編集を行った意味がありません。

「はてなフォトライフ」は、画像のリサイズを行う際に**画質100%**でJPEG保存するように初期設定されています。このため、アップロード前よりファイル容量が大きくなってしまう場合があります。これは「はてなブログ」の編集画面から画像をアップロードした場合も同様です。

重要度　★★★★☆

Webに必要な画像のピクセル数は？

画像の長辺を800ピクセル以下に編集し、自動リサイズを回避することで、ファイル容量の増加を防ぐ方法もあります。ただし、ピクセル数を少なくしすぎると、スマートフォンで閲覧したときに画像がボケてしまうことに注意してください。最近のスマートフォンは画面解像度が高く、PCで閲覧するときより多くのピクセル数を必要とします。ピクセル数が不足している場合は、補完処理による画像の拡大表示が行われるため、全体的にボケたような画質になってしまいます。

Webに掲載する画像は、ある程度のピクセル数を維持しつつ、JPEGの圧縮率でファイル容量を小さくするのが基本です。スマートフォンでも綺麗に画像を表示し、かつファイル容量を小さくするテクニックとして覚えておいてください。

画像の圧縮率の変更

続いては、画像が自動リサイズされるときの設定を変更して、ファイル容量を小さくする方法を紹介します。この設定変更を行っておくと、事前に画像ファイルを編集しなくても、アップロード後の画像を最適なサイズに調整できるようになります。

それでは操作手順を解説していきましょう。まずは、**「はてなフォトライフ」**のWebサイトを開き、**「設定」**のメニューをクリックします。

「はてなフォトライフ」の設定画面が表示されるので、**「画像サイズ」**の項目に適当な数値を指定します。この数値は、**リサイズ後の長辺のピクセル数**を示しています。一般的なブログであれば、640～800ピクセルくらいの数値を指定しておけば十分でしょう。

続いて、**「画質」**を変更します。初期設定されている画質100%は、必要以上に高画質な設定であり、このままではファイル容量が無駄に大きくなってしまいます。75～85%くらいに画質を落としても、写真の見た目はそれほど変化しません。画質を5%下げるだけでもファイル容量をかなり縮小できるので、各自で最適な値を探してみるとよいでしょう。

最後に、**「オリジナルサイズの画像を保存」**のチェックを外します。この項目をチェックすると、リサイズ前のオリジナル画像も「はてなフォトライフ」に保存されるため、すぐに「今月のファイル利用量」（無料版は約30MB）を使い切ってしまいます。オリジナル画像は各自のPCで保管し、ブログ掲載用の画像だけを「はてなフォトライフ」に保存するとよいでしょう。

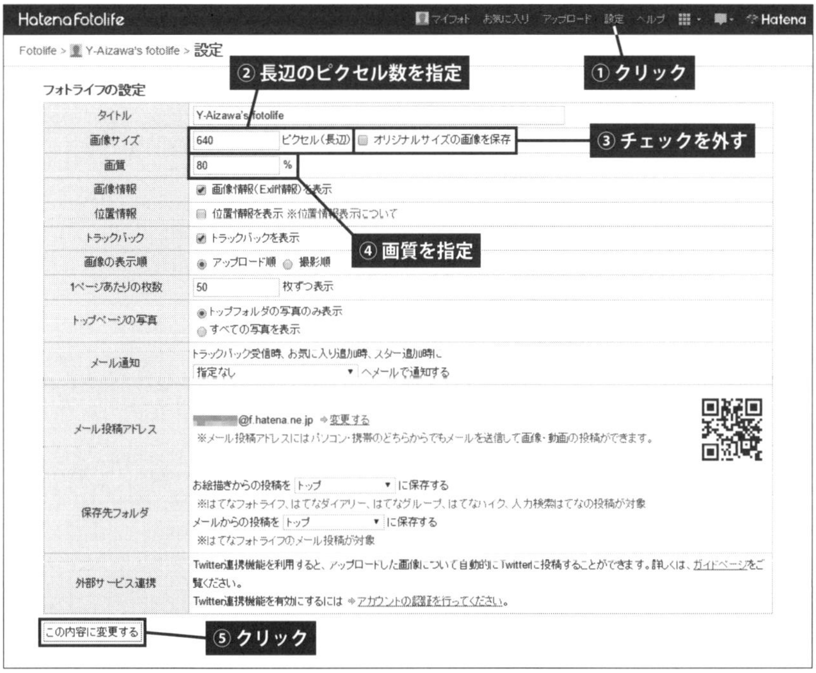

図2-11　「はてなフォトライフ」の設定画面

このように設定を変更しておけば、事前に画像ファイルを小さくしておく必要がなくなり、スピーディに記事を作成できるようになります。

試しに、P10ならびにP13で紹介した画像ファイル（2048×1360、1.29MB）を「はてなフォトライフ」にアップロードしてみると、リサイズ後の画像は長辺640ピクセル、38KBという結果になりました。これくらいのファイル容量であれば、表示速度に与える影響を最小限に抑えられます。

図2-12　リサイズ後の画像ファイル

ただし、**「はてなブログ」の編集画面**から画像をアップロードした場合は、「画像サイズ」の設定に関係なく、長辺1024ピクセルにリサイズされることに注意しなければいけません。「画質」の設定は反映されますが、ピクセル数が多くなるため、ファイル容量も大きくなってしまいます。

先ほど例にした画像の場合、リサイズ後の画像は長辺1024ピクセル、70KBという結果になりました。「はてなフォトライフ」に画像をアップロードした場合と比べて、約1.8倍のファイル容量です。

こういった仕様を考慮すると、画像は「はてなフォトライフ」に直接アップロートするのが基本といえます。効率よく記事を作成するためにも、「背後でどのような処理が行われているか？」をよく理解しておいてください。

03 「はてなフォトライフ」の画像を分類して管理する

ブログの記事を作成していくと、それに応じて「はてなフォトライフ」に保存される画像の数も増えていきます。続いては、「はてなフォトライフ」にフォルダを作成し、画像を分類して管理する方法を紹介します。

新規フォルダの作成

「はてなブログ」に掲載する画像は、**「はてなフォトライフ」**の**「Hatena Blog」フォルダ**に保存するのが基本です。とはいえ、画像の数が多くなると、「Hatena Blog」フォルダだけで何十枚もの画像を管理するのは困難になると思います。そこで、**新規にフォルダを作成**して、画像を分類して管理する方法を紹介しておきます。

まずは、「はてなフォトライフ」に新しいフォルダを作成するときの操作手順から解説します。「はてなフォトライフ」のWebサイトを開き、画面右側にある**「新規」**の文字をクリックします。

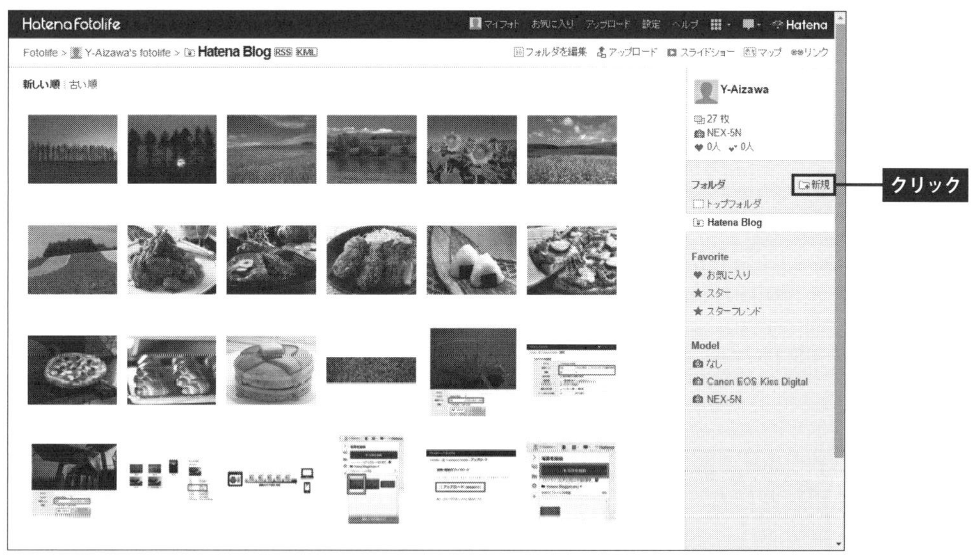

図3-1　新規フォルダの作成

以下の図のような画面が表示されるので、新しく作成する**フォルダの名前を入力**します。続いて、公開範囲を「**自分のみ**」に変更してから［**フォルダを作成する**］**ボタン**をクリックします。

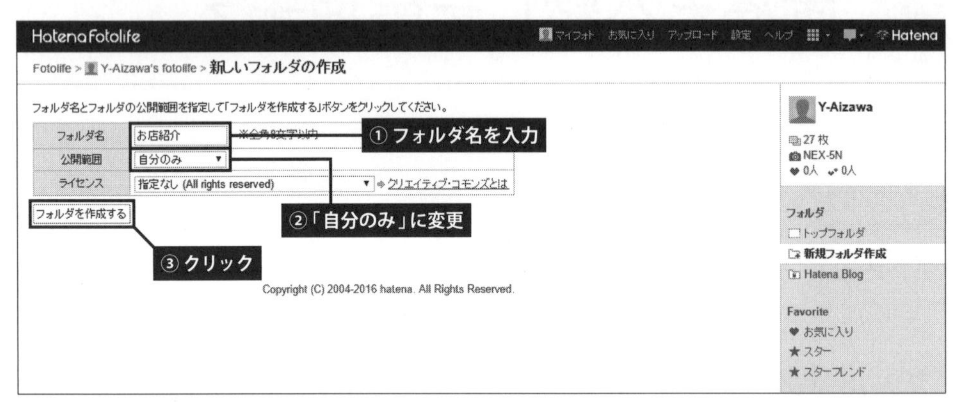

図3-2　新しく作成するフォルダの設定

図3-3　作成されたフォルダ

以上で新しいフォルダの作成は完了です。ブログ記事のカテゴリーに合わせてフォルダを作成したり、日付や月別のフォルダを作成したりして、各自で分類方法を工夫してみるとよいでしょう。

なお、フォルダを作成する際に、公開範囲を「トップと同じ」（初期設定）に設定すると、そのフォルダ内にある画像が他の「はてなユーザー」にも公開されてしまいます。ブログ掲載用にフォルダを作成するときは、公開範囲を「自分のみ」に変更するのを忘れないようにしてください。

重要度　★★☆☆☆

ラインセンスについて

フォルダの作成画面にある「ライセンス」の項目は、CC（クリエイティブ・コモンズ）の設定を行う項目となります。CCとは著作権に関する情報をまとめたもので、「他の人が勝手に画像を使用することを許可するか？」を示す記号となります。CCは条件に応じていくつかの種類があります。詳しく知りたい方は、「クリエイティブ・コモンズとは」のリンクをクリックして詳細を確認しておくとよいでしょう。

ちなみに、ライセンスの項目に「指定なし（All Rights Reserved）」（初期設定）を選択した場合は、「他の人が画像を使用するのを禁止する」という設定になります。

画像をフォルダに分類して管理

続いては、作成したフォルダに画像を移動する方法を解説します。まずは、移動元となる「Hatena Blog」フォルダ上へマウスを移動し、**「編集」**の文字をクリックします。

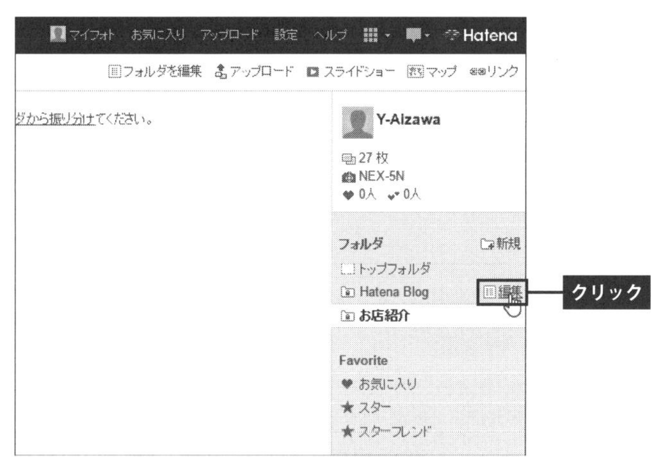

図3-4　「Hatena Blog」フォルダの編集画面を開く

フォルダ内に保管されている画像が一覧表示されるので、移動する**画像を選択**し、**移動先のフォルダ**を指定します。続いて、**［振り分け］ボタン**をクリックすると、選択した画像をフォルダへ移動できます。

図3-5　画像をフォルダに移動

念のため、画像が正しく移動されているか確認しておきましょう。画面右側で移動先のフォルダをクリックすると、そのフォルダ内に保管されている画像を確認できます。

図3-6　移動された画像の確認

このような手順で、画像をカテゴリー別（または日付別）のフォルダに分類しておくと、画像を管理しやすくなります。画像の数が増えて収拾がつかなくなる前に、フォルダの使い方を覚えておくとよいでしょう。

重要度 ★★★★★

ブログに掲載した画像の移動と削除

「Hatena Blog」フォルダの中には、すでにブログに掲載されている画像もあると思います。これらの画像を他のフォルダへ移動しても、ブログの表示は何ら影響を受けません。すでにブログに掲載されている画像であっても、好きなフォルダへ移動することが可能です。

ただし、ブログに掲載されている画像を「はてなフォトライフ」から削除してしまうと、その画像が表示されなくなってしまいます。画像の削除はブログ記事にも影響を与えるので、十分に注意しながら作業を進めるようにしてください。

フォルダを指定して掲載する画像を選択

最後に、フォルダに分類した画像をブログ記事に掲載するときの操作手順を解説しておきましょう。この場合は、先にフォルダを指定してから、掲載する画像を選択しなければいけません。

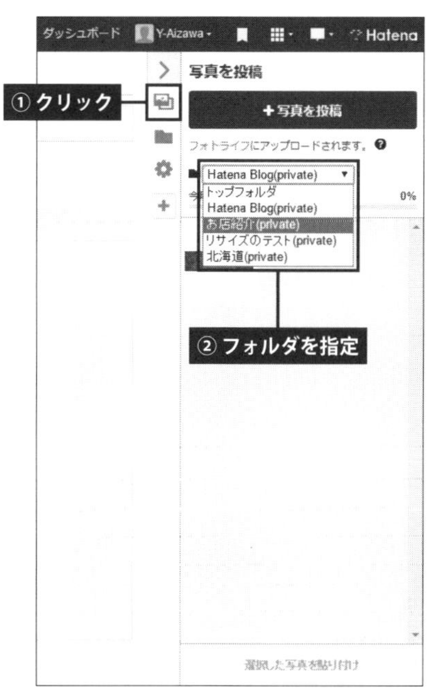

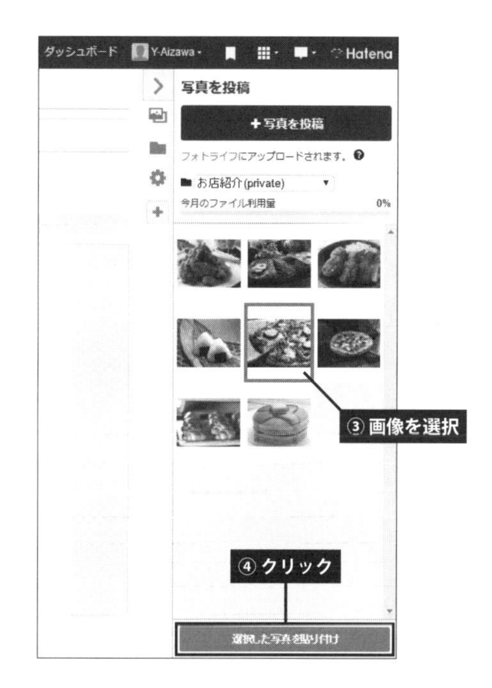

図3-7　フォルダを指定して画像を掲載

04 意外と重要なaltテキストの編集

続いては、画像にaltテキストを指定する方法を解説します。「はてなブログ」では、画像のaltテキストとして、画像ファイルの整理番号が付加される仕組みになっています。しかし、これは単なる英数字の羅列でしかなく、altテキストとしての機能を果たしていません。画像の内容を明確にし、適切なSEOを施すためにも、altテキストの指定方法を覚えておく必要があります。

altテキストの編集手順

ブログなどのWebページを作成するときは、画像に**altテキスト**を付加するのが基本とされています。altテキストは、何らかの原因により画像が表示されなかったときに、画面上に表示される代替文字となります。このため、通常は、画面上にaltテキストが表示されることはありません。

図4-1　altテキストの表示例

このように、altテキストは「画面に表示されない文字」となるため、多くの方が見過ごしてしまうデータといえます。しかし、SEOの観点からみると、altテキストは意外と重要な役割を担っています。

Googleなどの検索エンジンは、各ページに記載されている「見出し」や「本文」などをもとに検索用のデータを作成します。このとき、altテキストのデータもキーワードとしてピックアップされる仕組みになっています。altテキストのデータは、画像検索のキーワードとして利用されるのはもちろん、通常のWeb検索でもキーワードとして認識されるようです。よって、altテキストに適切な文字を指定しておくと、その分だけアクセスアップを期待できるようになります。

ここで問題となるのが、「はてなブログ」にaltテキストを編集する機能が用意されていないこと。記事に画像を掲載すると、その画像ファイルの整理番号がaltテキストとして自動指定されます。つまり、「f:id:（ユーザー名）:2016……」といった英数字の羅列がaltテキストとして指定されてしまうのです。

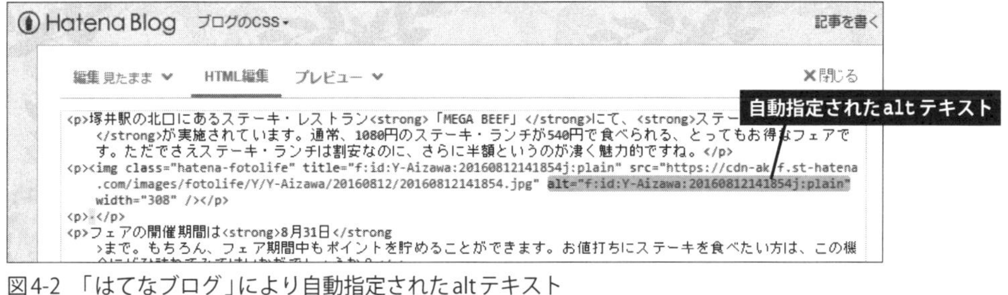

図4-2　「はてなブログ」により自動指定されたaltテキスト

これでは、altテキストを検索キーワードとして活用することができません。画像の内容を明確に示し、同時にアセスアップを実現するためにも、適切なaltテキストに修正しておくとよいでしょう。

altテキストを修正するには、HTMLの編集を行わなければいけません。初心者の方は『難しそうだな～』と思うかもしれませんが、altテキストの修正は初心者でも行える簡単な作業です。今後、HTMLをカスタマイズしていく場合に備えて、今からHTML編集の使い方に慣れておくとよいでしょう。

それでは、altテキストを修正する手順を解説していきましょう。まずは各記事の編集画面を開き、**「HTML」編集**のタブをクリックします。

図4-3　編集モードを「HTML編集」に切り替え

記事のHTMLが表示されます。<p>や</p>などの記号が並ぶ、少しだけ難解な表示になりますが、「見出し」や「本文」の文字はそのまま表示されているので、おおよその内容は把握できると思います。

この画面で本文を読み進めていくと、画像を掲載する位置に**<img** ……… **/>**という記述があるのを確認できます。これは**img要素**と呼ばれるもので、画像を掲載するためのHTMLとなります。

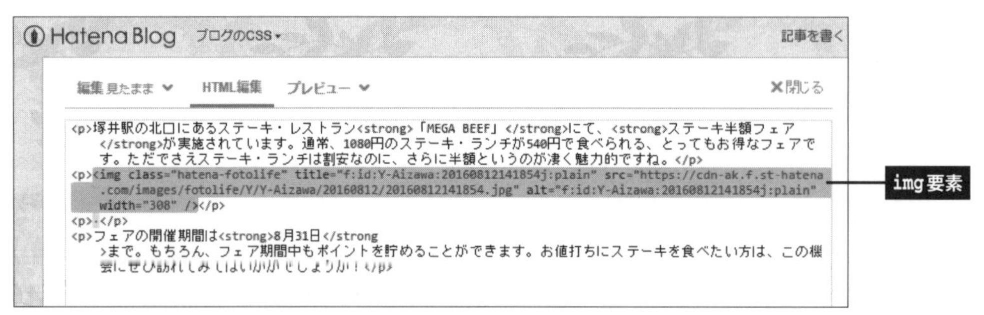

図4-4　img要素の記述

このimg要素の中にある**alt="**f:id:（ユーザー名）:20……**"**の部分がaltテキストの指定です。altテキストを修正するときは、**ダブルクォーテーション（"）で囲まれた文字**を好きな文字に変更します。

今回の例では、altテキストを「MEGA BEEFの半額ステーキ・ランチ」に修正しました。これで「MEGA BEEF」や「半額」「ステーキ」「ランチ」といった文字が画像の内容を示すキーワードとして認識されるようになります。

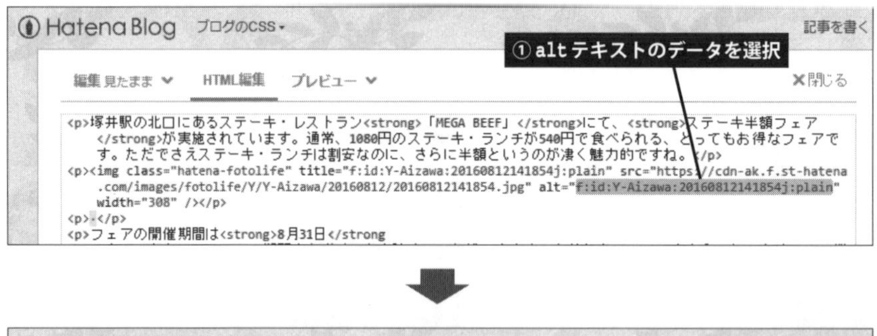

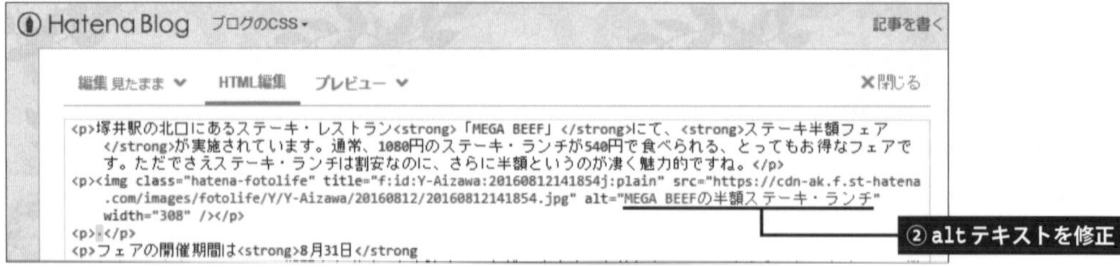

図4-5　altテキストの修正

なお、この作業を行うときに、間違って**src="……"**の部分を変更してしまわないように注意してください。この部分には画像ファイルの位置情報が記されているため、変更すると画像が表示されなくなってしまいます。

同様の手順を繰り返して、全ての画像のaltテキストを修正していきます。その後、**[記事を更新する]ボタン**（または[公開する]ボタン）をクリックすると、altテキストの修正が完了します。

正しく作業できているか不安な方は、[記事を更新する]ボタンをクリックする前に、プレビューを確認してみるとよいでしょう。記事が正しく表示されることを確認してから[記事を更新する]ボタンをクリックすると、より確実に作業を進められます。万一、記事の表示がおかしくなってしまった場合は、編集画面の右上にある**「×閉じる」**をクリックし、続いて**[OK]ボタン**をクリックします。すると、編集作業を行う前の状態に戻すことができます。編集内容を取り消すときの操作手順として覚えておいてください。

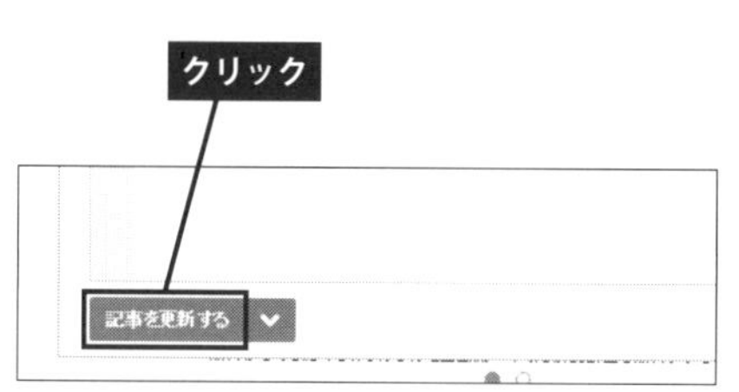

図4-6　altテキストの修正の確定

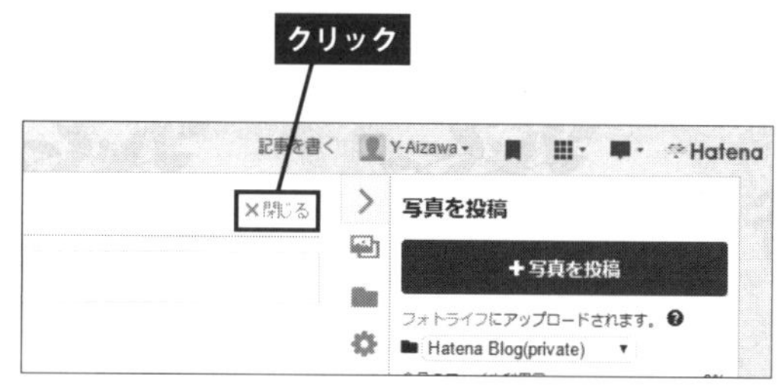

図4-7　変更せずに編集作業を終了する場合

Check Point & Attention

重要度　★★☆☆☆

title属性の編集

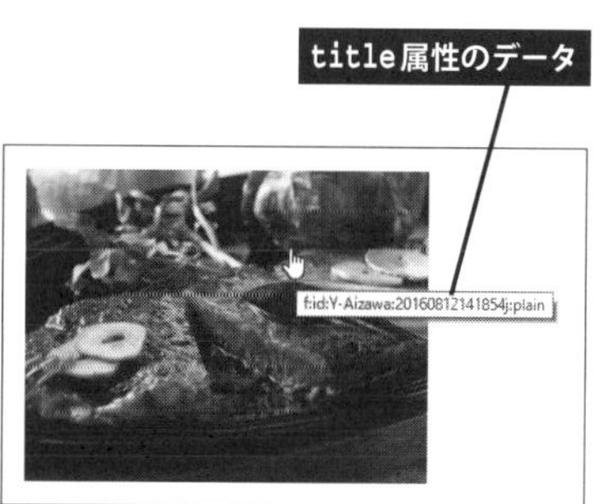

img要素の中には、title="……"という記述もあります。こちらは画像に名前を指定する項目で、title属性と呼ばれています。ブラウザで自分のブログを閲覧し、画像の上にマウスを移動すると、右図のようなポップアップが表示されます。ここに表示される文字がtitle属性のデータとなります。

title属性がSEOに与える影響はよく確認されておらず、論者によって意見が分かれるようです。alt属性ほどの効果はないので、初期値のまま放置しておくか、もしくはtitle="……"の記述そのものを削除しても構いません。こちらについては、各自の判断で対策を行うようにしてください。

重要度 ★★★★☆

キーワードの詰め込みすぎに注意

altテキストは画面上に表示されないデータとなるため、これ幸いと多くのキーワードをalt属性に詰め込む方もいるようです。このような使い方は、逆にSEOスパムとみなされ、検索結果の順位を大きく落とすことになります。altテキストには、画像の内容を端的に示す文字を指定するのが基本です。キーワードの詰め込みすぎには十分に注意してください。

altテキストを手軽に確認できる「Alt & Meta Viewer」

altテキストは画面に表示されないデータとなるため、正しくaltテキストが指定されているかを確認するには、そのつどHTMLを参照しなければいけません。このままでは面倒なので、手軽にaltテキストのデータを確認できるツールを紹介しておきましょう。

ここでは**「Alt & Meta Viewer」**というツールの使い方を紹介します。このツールはWebブラウザ「Chrome」の拡張機能となるため、動作させるにはChromeを起動する必要があります。Chromeは使い勝手がよく、HTMLやCSSの解析などにも使えるWebブラウザです。まだ導入していない方はこの機会にインストールしておくとよいでしょう。

Chromeを起動したら「Chrome ウェブストア」（https://chrome.google.com/webstore/）のWebサイトを開きます。続いて、検索欄に「alt」と入力し、［Enter］キーを押します。

図4-8 「Alt & Meta Viewer」の検索

検索結果の画面を下へスクロールしていくと、「拡張機能」の分類に「Alt & Meta Viewer」という項目が表示されているのを確認できます。この右側にある［**＋CHROMEに追加**］**ボタン**をクリックし、続いて［**拡張機能を追加**］**ボタン**をクリックします。

図4-9 「Alt & Meta Viewer」のインストール

以上で「Alt & Meta Viewer」のインストールは完了です。Chromeのツールバーに「Alt & Meta Viewer」のアイコン（Alt）が追加されます。あとは、altテキストを確認したいページ（自分のブログ）を開き、先ほどのアイコンから**「画像のAlt表示」をONにする**だけです。

図4-10 「画像のAlt表示」をONにする操作

すると、ページ上にある画像の情報がポップアップ表示されるようになります。この表示で各画像に指定されているaltテキストを確認します。

図4-11　ポップアップ表示された画像のaltテキスト

なお、Web表示を通常の表示に戻すときは、Alt をクリックし、「画像のAlt表示」をOFFにします。

05 画像のサイズ調整と配置

HTML編集の使い方を紹介したついでに、画像の表示サイズを数値で指定する方法を紹介しておきましょう。また、2枚の画像を横に並べて配置する方法も紹介します。画像の配置を調整するときに活用できるので、ぜひ覚えておいてください。

画像の配置と段落の関係

記事に2枚以上の画像を続けて掲載したい場合もあると思います。この作業を「はてなブログ」の編集画面から普通に行うと、以下の図のように画像が縦に並べて配置されます。画像の四隅をドラッグして表示サイズを小さくしても、画像が横に並ぶことはありません。

図5-1 画像を2枚続けて掲載した場合

このような結果になるのは、それぞれの画像が**別の段落**に配置されていることが原因です。状況を把握しやすくするために、**HTML編集**のタブをクリックしてHTMLを確認してみましょう。

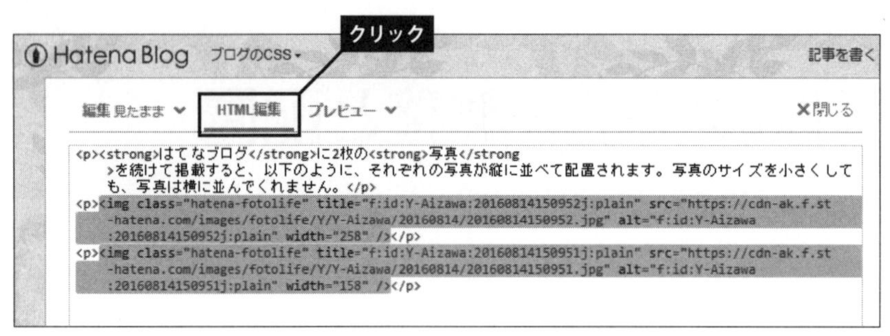

図5-2　HTMLの確認

HTMLを見ると、画像を掲載する2つの**img要素**が、それぞれ**<p> ～ </p>**の中に記述されているのを確認できると思います。この<p> ～ </p>は**段落**を示す要素となります。つまり、2つの画像（img要素）が別の段落（<p> ～ </p>）に分けて配置されていることになります。

このように、「はてなブログ」では、画像を「1つの段落」として扱う仕組みになっています。このため、画像が横に並べて配置されることはありません。とはいえ、画像を横に並べて、ページ全体をコンパクトに表示したい場合もあるでしょう。このような場合は、以降に示した方法で画像の配置をカスタマイズします。

画像を横に並べて配置するには？

画像を横に並べて配置するときは、**2枚目の画像の前**にカーソルを移動し、**［Back space］キー**を押します。すると、2枚の画像を横に並べて配置できるようになります。

図5-3　画像を横に並べて配置

念のため、この操作によりHTMLがどのように変化したのかを確認しておきましょう。**「HTML編集」**のタブをクリックしてHTMLを表示させると、**2つのimg要素**が同じ**<p> ～ </p>**の中に記述されているのを確認できます。つまり、2つの画像が「1つの段落」にまとめられたことになります。

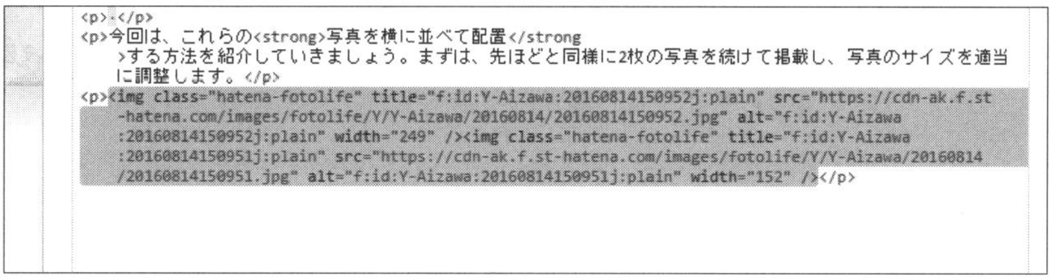

```
<p>-</p>
<p>今回は、これらの<strong>写真を横に並べて配置</strong
    >する方法を紹介していきましょう。まずは、先ほどと同様に2枚の写真を続けて掲載し、写真のサイズを適当
    に調整します。</p>
<p><img class="hatena-fotolife" title="f:id:Y-Aizawa:20160814150952j:plain" src="https://cdn-ak.f.st
    -hatena.com/images/fotolife/Y/Y-Aizawa/20160814/20160814150952.jpg" alt="f:id:Y-Aizawa
    :20160814150952j:plain" width="249" /><img class="hatena-fotolife" title="f:id:Y-Aizawa
    :20160814150951j:plain" src="https://cdn-ak.f.st-hatena.com/images/fotolife/Y/Y-Aizawa/20160814
    /20160814150951.jpg" alt="f:id:Y-Aizawa:20160814150951j:plain" width="152" /></p>
```

図5-4　HTMLの確認

このうように、［Back space］キーを使って2つの段落を1つにまとめ、画像を横に配置することも可能です。もちろん、HTMLを直接編集して、同様の作業を行っても構いません。

また、HTMLでは、画像を「巨大な文字」として扱う仕組みになっています。この仕組みを利用して画像と画像の間に間隔を設けることも可能です。たとえば、画像と画像の間に**全角スペース**を挿入すると、画像の間に1文字分の空白（スペース）を設けることができます。さらに、各画像の表示サイズを調整すると、図5-5のように画像の配置を調整できます。

図5-5　画像の間隔とサイズの調整

画像の表示サイズを数値で指定するには？

画像の表示サイズを変更するときは、画像の四隅をドラッグしてサイズ調整を行うのが一般的です。しかし、この方法は細かなサイズ調整が難しく、幅や高さを揃えて画像の配置する場合には向きません。そこで、HTML編集を使って、**表示サイズを数値で指定する方法**を紹介しておきます。

まずは、画像（img要素）のHTMLを見ていきます。表示サイズを変更した画像は、img要素の末尾に**width="**xxx**"**という記述が追加されます。この記述は、**画像の幅**を指定するもので、**width属性**と呼ばれています。

図5-6　img要素のwidth属性

今回の例の場合、1つ目の画像は幅362ピクセル、2つ目の画像は幅169ピクセルで表示する、という指定になります。もちろん、width属性の値（ピクセル数）を変更して、画像の幅を好きなサイズに変更することも可能です。

表示サイズを**画像の高さ**で指定したい場合は、width属性の代わりに**height属性**を使用します。たとえば、width属性をheight="260"という記述に変更すると、画像を高さ260ピクセルで表示できるようになります。

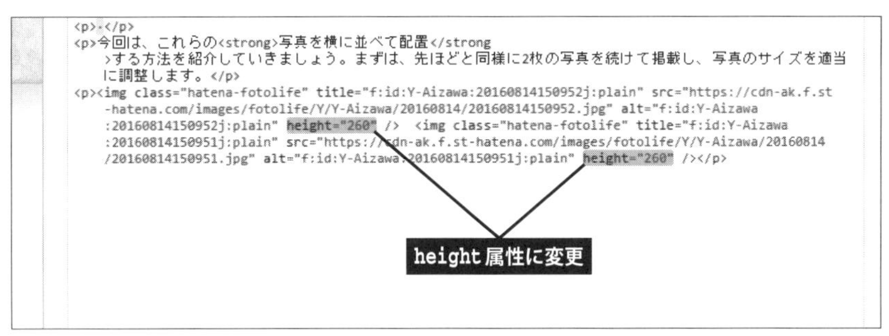

図5-7　width属性をheight属性に変更

図5-8　高さを揃えて横に並べた画像

今回の例のように画像を横に並べて配置するときは、「幅」ではなく「高さ」で表示サイズを指定した方が効率よく作業を進められます。画像の表示サイズを素早く指定する方法として覚えておいてください。

なお、この方法で画像の配置を調整できるのは、パソコンでブログを閲覧したときだけです。スマートフォンのように画面の小さい端末では、画像が横に並ばない場合があることに注意してください。

重要度　★★★★☆

width属性とheight属性の併用

画像の表示サイズをHTMLで指定するときは、width属性またはheight属性のどちらか一方だけを記述するのが基本です。width属性で幅を指定した場合は、画像の縦横の比率を保つように高さが自動決定されます。同様に、height属性で高さを指定した場合は、画像の縦横の比率を保つように幅が自動決定されます。

なお、width属性とheight属性の両方を記述することも可能です。ただし、この場合は画像の縦横の比率が変形されてしまうことに注意してください。

最後に、alt属性を変更して各画像の内容を示しておきます。この手順は前節（P26～32）で解説したとおりです。なお、今回の例では記述を短くするために、img要素からtitle属性を削除してあります。

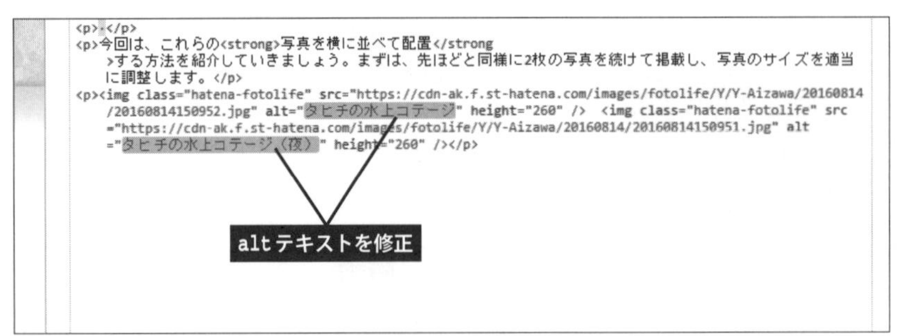

図5-9　alt属性の修正とtitle属性の消去

06 掲載していない画像をアイキャッチ画像に指定

続いては、アイキャッチ画像を指定するときに覚えておくと便利なテクニックを紹介します。アイキャッチ画像は、各記事に掲載した画像の中から選択するのが基本ですが、ここで紹介する手法を使うと、記事に掲載していない画像もアイキャッチ画像に指定できるようになります。

アイキャッチ画像とは？

アイキャッチ画像は「記事の顔」ともいえる存在で、サイドバーに表示される「最新記事」や「関連記事」、埋め込み形式のリンク、TwitterやFacebookでシェアされた記事など、様々な場面に活用される画像となります。

図6-1　アイキャッチ画像の表示例

記事の内容をイメージで伝え、アクセスアップにも貢献してくれる貴重な存在なので、よく考えてから指定するとよいでしょう。各記事のアイキャッチ画像を指定するときは、編集画面にある⚙のアイコンをクリックし、一覧（記事に掲載した画像）の中からアイキャッチ画像を選択します。

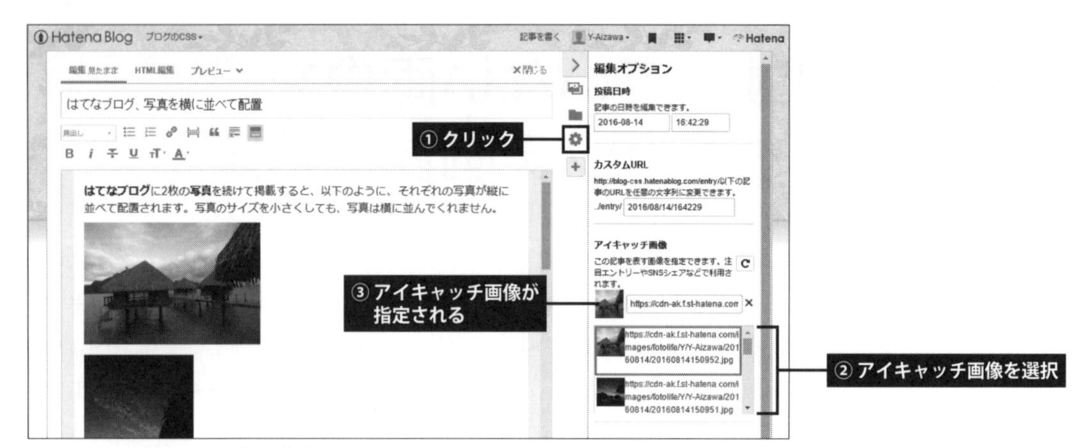

図6-2　アイキャッチ画像の指定

未掲載の画像をアイキャッチ画像に指定するには？

すでに「はてなブログ」を利用している方なら、アイキャッチ画像の指定方法は知っていると思います。ただ、画像を1つも掲載していない記事の場合、選択できるアイキャッチ画像もなくなってしまいます。また、記事内に画像を掲載している場合でも、アイキャッチとして適切な画像が見当たらないケースもあるでしょう。

このような場合は、**記事に掲載していない画像**をアイキャッチ画像に指定することも可能です。順番に解説していきましょう。まずは、アイキャッチとして使いたい画像を記事内に掲載します。これで掲載した画像をアイキャッチ画像に指定できるようになります。

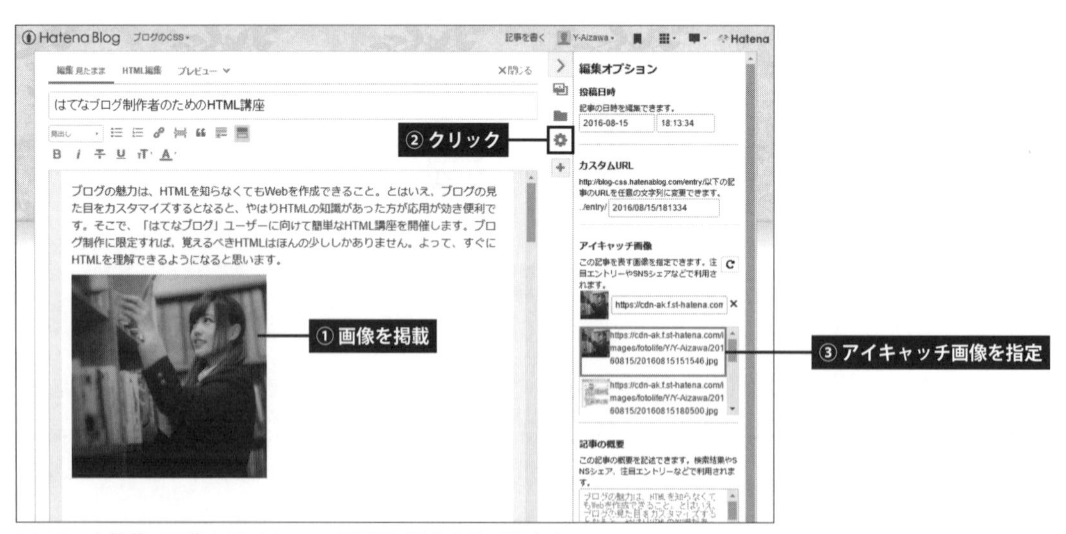

図6-3　未掲載の画像をアイキャッチ画像に指定する手順（1）

アイキャッチ画像を指定できたら、その**画像を記事から削除**します。続いて、［**記事を更新する］ボタン**をクリックします。

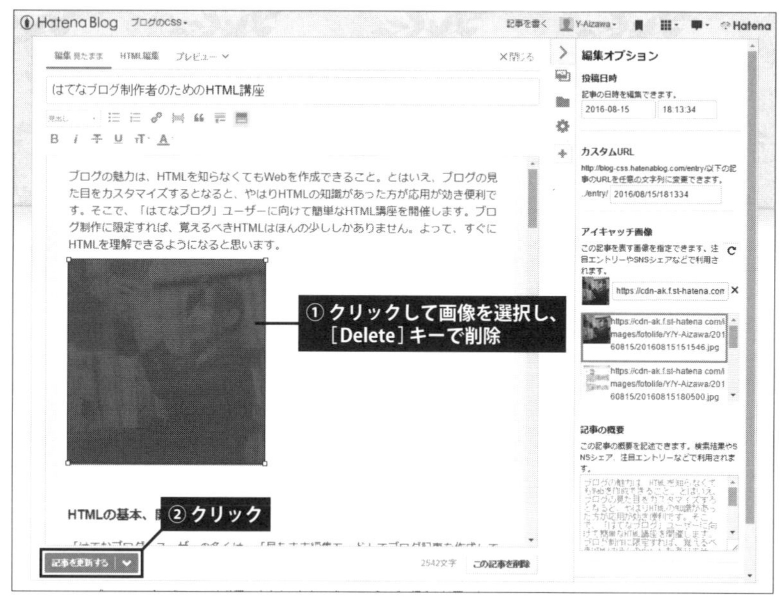

図6-4 未掲載の画像をアイキャッチ画像に指定する手順（2）

上記のように操作すると、記事に掲載していない画像をアイキャッチ画像に指定できます。アイキャッチ用の画像は一時的に掲載しただけで、最終的には記事から削除していますが、このような状態でもアイキャッチ画像を正しく指定することが可能です。

図6-5 アイキャッチとして指定された画像

記事内に適当な画像が見当たらない場合の対処法として覚えておいてください。

07 リンク先を新しいタブで開く

続いては、リンク先を「新しいタブ」に表示する方法を紹介します。この方法でリンクを指定しておくと、ブログを訪問した方がリンク先のページを見た後に、再び自分のブログに帰ってきてくれる可能性が高くなります。リンク先を「新しいタブ」に表示することについては賛否両論ありますが、必要なときにすぐに使えるように記述方法を覚えておいてください。

リンクの指定とa要素

文字に**リンク**を指定するときは、その文字を選択した状態で🔗のアイコンをクリックします。続いて、リンク先の**URLを入力**し、**リンクの形式を選択**すると、リンクを指定することができます。

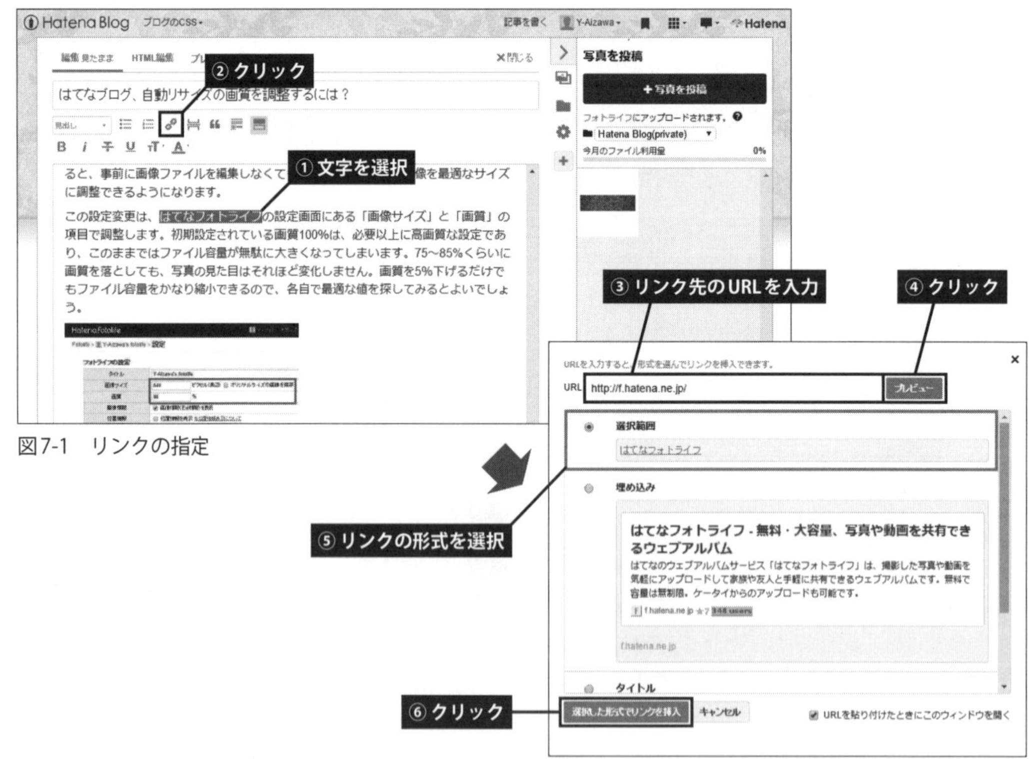

図7-1　リンクの指定

図7-2　リンクの形式の選択

リンクの指定は基本的な編集作業の一つとなるため、すでに「はてなブログ」を利用しているユーザーなら、ほとんどの方が知っている操作手順だと思います。では、リンクを指定した箇所のHTMLはどのように変化するのでしょうか？　HTML編集の画面で確認してみましょう。

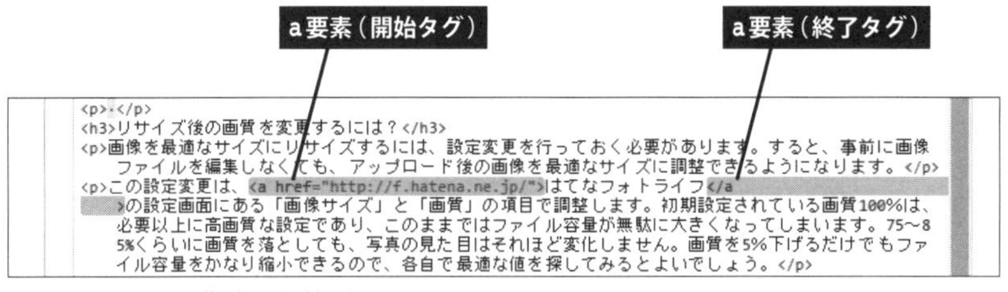

図7-3　リンクを指定した箇所のHTML

HTMLではリンクの指定に**a要素**を使用し、**<a> ～ </a>で囲まれた範囲**をリンクとして機能させる仕組みになっています。リンク先のURLは**href属性**で指定します。今回の例の場合、「はてなフォトライフ」の文字がリンクとして機能し、そのリンク先は「http://f.hatena.ne.jp/」となります。同様の手順で画像にリンクを指定することも可能です。この場合は、画像を掲載するimg要素を<a> ～ </a>で囲んだHTMLが出力されます。

リンク先を新しいタブで開くには？

前述した手順でリンクを指定した場合、そのリンクは通常のリンクとして動作します。すなわち、別のページへ移動するためのリンクとして機能することになります。Webを閲覧していると、こういった通常のリンクだけでなく、**新しいタブ**を自動的に作成し、そこにリンク先を表示するパターンもあることに気付くと思います。もちろん、このようなリンクを「はてなブログ」に設置することも可能です。

リンク先のページを「新しいタブ」に表示したいときは、a要素に**target属性**を追加し、その値に**"_blank"**を指定します。つまり、**target="_blank"**という記述をa要素に追加することになります。

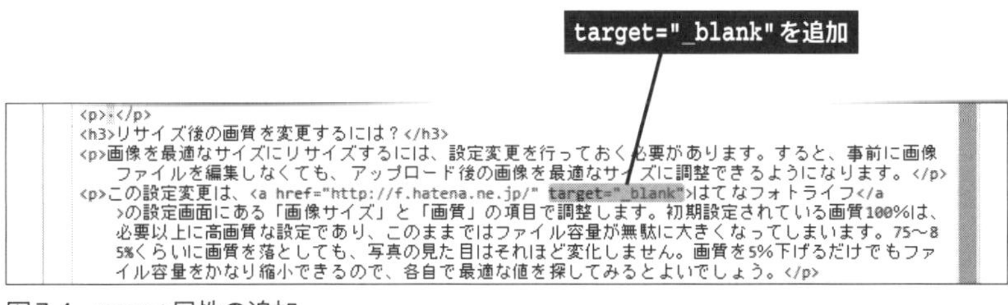

図7-4　target属性の追加

図7-5　target属性を追加したリンクの動作

リンク先を「新しいタブ」に表示するメリットは、訪問者が再び「自分のブログ」に帰ってきてくれる可能性が高くなることです。通常のリンクの場合、ブラウザの表示が「自分のブログ」から「リンク先のページ」に置き換わってしまうため、訪問者が「自分のブログ」に帰ってきてくれないケースも十分に考えられます。

一方、リンク先を「新しいタブ」に表示した場合は、タブを閉じたときに再び「自分のブログ」が表示されるので、「記事の続き」を読んでもらえたり、ブログ内にある「別の記事」へ移動してもらえたりする可能性が高くなります。

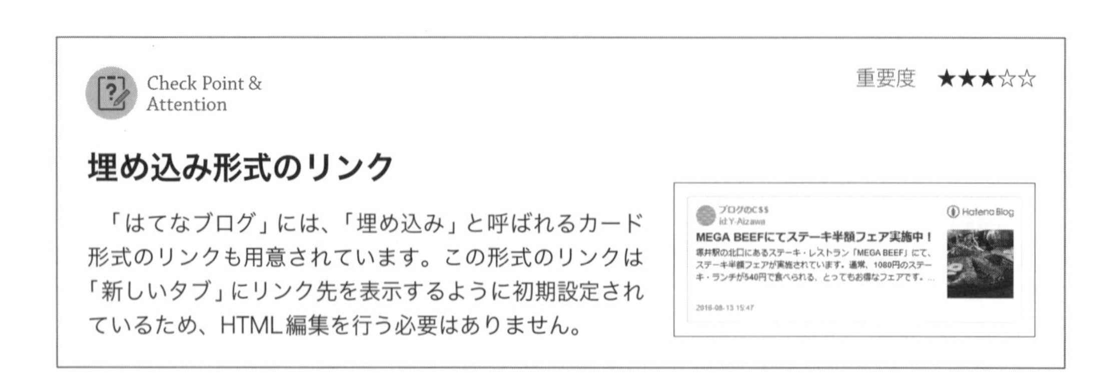
Check Point &
Attention

重要度　★★★☆☆

埋め込み形式のリンク

「はてなブログ」には、「埋め込み」と呼ばれるカード形式のリンクも用意されています。この形式のリンクは「新しいタブ」にリンク先を表示するように初期設定されているため、HTML編集を行う必要はありません。

target属性を使用するときの注意点

リンク先を「新しいタブ」に表示する手法は、制作者の立場から見ると、とてもメリットのあるテクニックといえます。しかし、訪問者の立場から見ると、かなり微妙な問題といえます。場合によっては、『使いづらい…』と思われるかもしれません。特にスマートフォンが普及している現在では、「新しいタブ」の自動作成は賛否が分かれる問題となっています。

ご存知のように、スマートフォンは画面全体にWebページを表示する仕様になっています。パソコンのように、見た目に分かりやすいタブの表示はありません。[戻る]ボタンが使えなくなった時点で初めて、「新しいタブ」が作成されていることに気付く人も多いでしょう。要するに、リンク先が「新しいタブ」に表示されたのか、それとも現在のページから移動したのかを判断しにくい画面構成になっているのです。このため、勝手に「新しいタブ」を作成し、[戻る]の操作を使えなくするサイトを嫌がるユーザーもいます。それ以前の問題として、タブ表示を切り替える操作手順そのものを知らないユーザーも少なからずいるようです。

図7-6　タブ表示の切り替え

そこで最近は、訪問者の利便性を考慮して「新しいタブ」の自動作成は辞めようという動きがあります。大手ショッピングサイトAmazon.co.jpも、パソコンで閲覧したときは商品ページを「新しいタブ」に表示、スマートフォンで閲覧したときは商品ページへ移動、というように端末に応じて動作を変化させています。このような仕組みを「はてなブログ」で実現することも不可能ではありませんが、JavaScript（またはjQuery）を使ったプログラミングを行わなければならず、それなりの知識を要求されます。

SEO的に見ても、「新しいタブ」の自動作成は効果があるのか、それとも効果がないのか、判断できかねる状況です。

リンク先を「新しいタブ」に表示するときは、こういったメリット&デメリットを十分に考慮し、状況に応じてtarget="_blank"の有無を使い分けなければいけません。「全てのリンクにtarget="_blank"を追加しておけばよい」と考えるのではなく、本当に必要な場合にのみtarget="_blank"を使用するようにしてください。

08 はてな記法を使って記事を作成

「はてなブログ」には、**はてな記法**と呼ばれる記事の作成方法も用意されています。「見たまま編集」にはない機能も用意されているので、気になる方は記述方法を確認しておくとよいでしょう。

はてな記法を使用するには？

「はてなブログ」で記事を作成するときに、**はてな記法**を使用することも可能です。「はてな記法」とは、**はてな独自の記号**を記述することで「見出し」や「画像」「リンク」などを指定する方法です。たとえば、「*」（アスタリスク）で見出しを指定したり、mediumやwなどの記号で画像の表示サイズを指定したりすることが可能となっています。

「はてな記法」を使って記事を作成するときは、編集画面の左上にある「編集 見たまま」のをクリックし、「はてな記法」を選択します。

図8-1 「はてな記法」への切り替え

編集モードが「はてな記法」に切り替わるので、後述するルールに従って記事の「見出し」や「本文」などを入力していきます。このとき、編集画面の右上にある をクリックすると**リアルタイムプレビュー**を表示できます。

図8-2　「はてな記法」の編集画面

図8-3　リアルタイムプレビューの表示

「はてな記法」を使用するには、次ページ以降で紹介する記号の使い方を覚えておく必要があります。通常の「見たまま編集」より少しだけ難しくなりますが、いちど慣れてしまえば快適に記事を作成できると思います。

ただし、各記事の**編集モードを途中で変更できない**ことに注意しなければいけません。「はてな記法」で作成した記事は、それ以降も「はてな記法」で編集作業を行う必要があります。途中から「見たまま編集」に切り替えることはできません。逆も同様で、「見たまま編集」で作成した記事を途中から「はてな記法」で編集する、といった使い方もできません。**編集モードは記事ごとに固定される**ことを覚えておいてください。

そのほか、「はてな記法」では「HTML編集」を使用できなくなることにも注意しなければいけません。本文にタグを直接記述してHTMLを編集する方法もありますが、通常のHTMLではないため、HTMLを積極的に活用していきたい方にはあまりお勧めできません。

なお、「はてな記法」を選択した場合も、画面上部にある**ツールバー**を利用することは可能です。この場合、クリックしたアイコンに応じて「HTMLタグ」や「はてな記法の記号」が自動挿入される仕組みになっています。

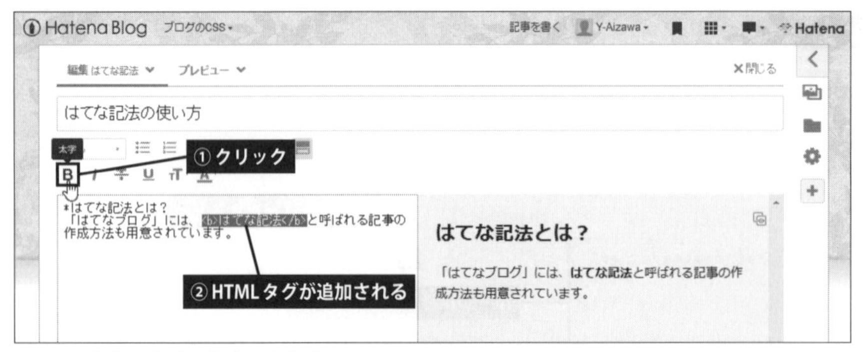

図8-4　太字の書式を指定した場合

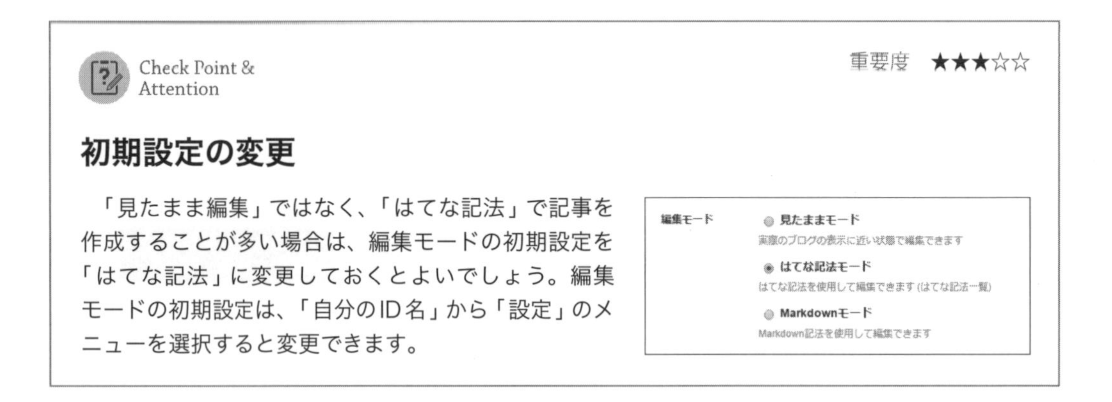

Check Point & Attention

重要度　★★★☆☆

初期設定の変更

「見たまま編集」ではなく、「はてな記法」で記事を作成することが多い場合は、編集モードの初期設定を「はてな記法」に変更しておくとよいでしょう。編集モードの初期設定は、「自分のID名」から「設定」のメニューを選択すると変更できます。

見出しの指定

それでは、「はてな記法」を使った具体的な記事の作成方法を紹介していきましょう。まずは、**見出し**の段落を指定する方法です。段落を「見出し」にするときは、先頭に＊（アスタリスク）を記述します。「＊」を記述する数に応じて、「見出し」の種類が以下のように変化します。もちろん、「＊」の記号は半角文字で入力しなければいけません。

＊ ………………… 大見出し
＊＊ ……………… 中見出し
＊＊＊ …………… 小見出し

図8-5　見出しの指定

画像の書式指定

続いては、記事に**画像**を掲載する方法を紹介します。「はてな記法」の場合も をクリックして記事に画像を掲載します。

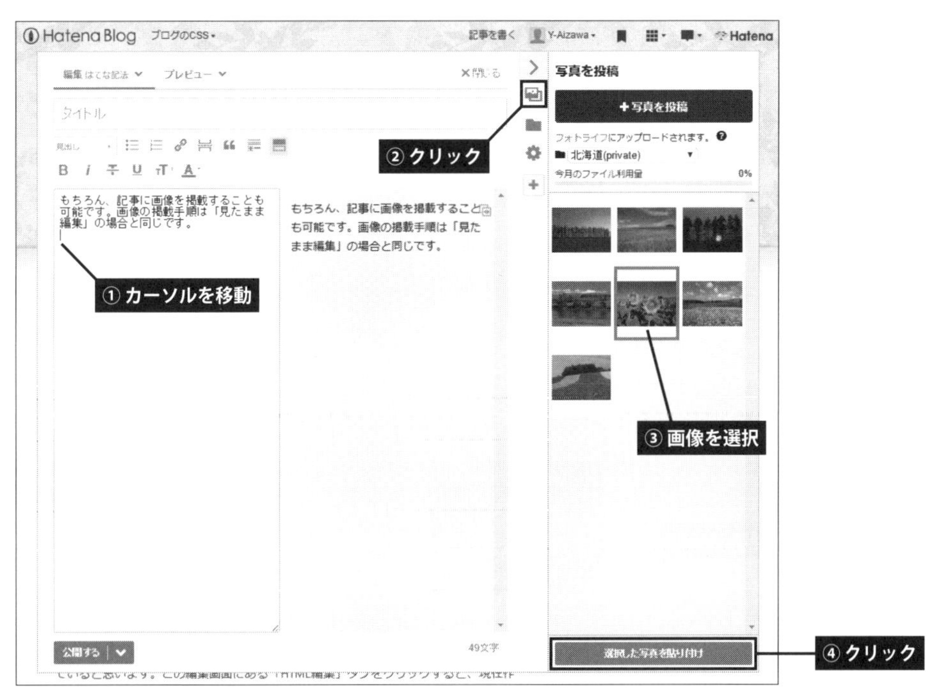

図8-6　画像の掲載手順

すると、[f:id:(ユーザー名):……:plain]という文字が編集画面に追加されます。このように「はてな記法」では、画像を**[ ]**の記号で示す仕組みになっています。

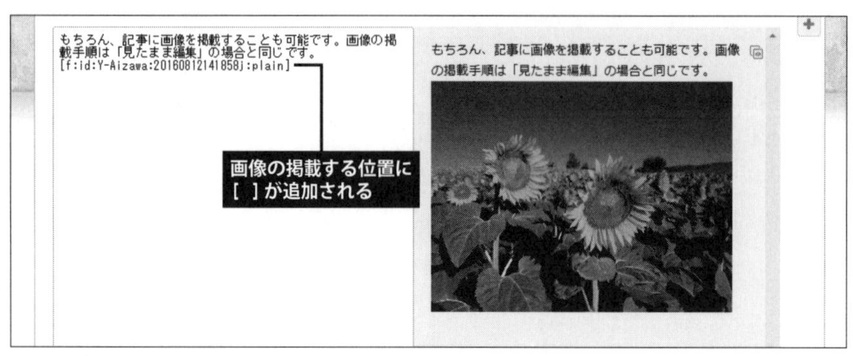

図8-7　掲載された画像

「はてな記法」の便利なところは、画像の表示サイズを手軽に指定できることです。この場合は[ ]内の末尾に**:**(コロン)を記述し、続けて以下の記号を使って表示サイズを指定します。

small ……………… 長辺60ピクセルので表示
medium …………… 長辺120ピクセルで表示
wxxx ……………………… 幅xxxピクセルで表示
hxxx ……………………… 高さxxxピクセルで表示

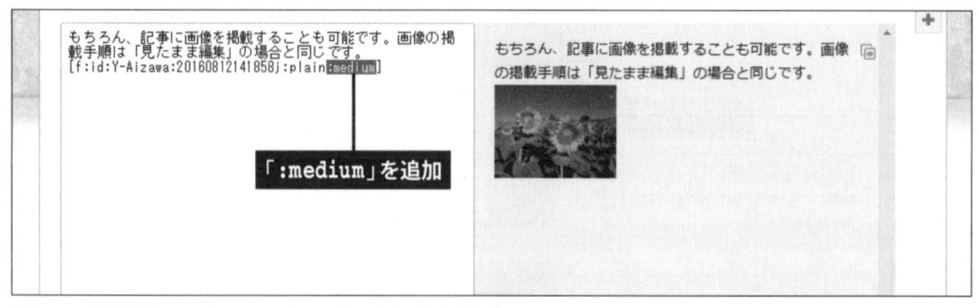

図8-8　画像をmediumのサイズで表示した場合

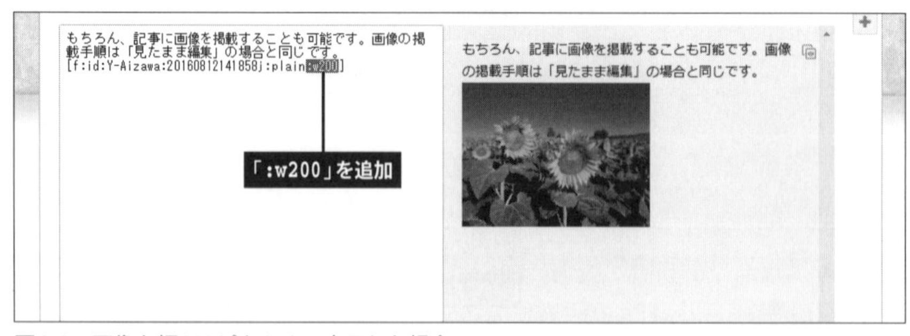

図8-9　画像を幅200ピクセルで表示した場合

また、画像の左右に本文を回り込ませて配置する記号も用意されています。この場合は、画像を示す**[ ]を本文の前に移動**し、以下の記号を使って画像の配置を指定します。

left ………… 画像を左寄せで配置
right ……… 画像を右寄せ配置

なお、この指定を行うときは、画像の表示サイズも一緒に指定しておく必要があります。それぞれの記号は **,**（カンマ）で区切って記述します。

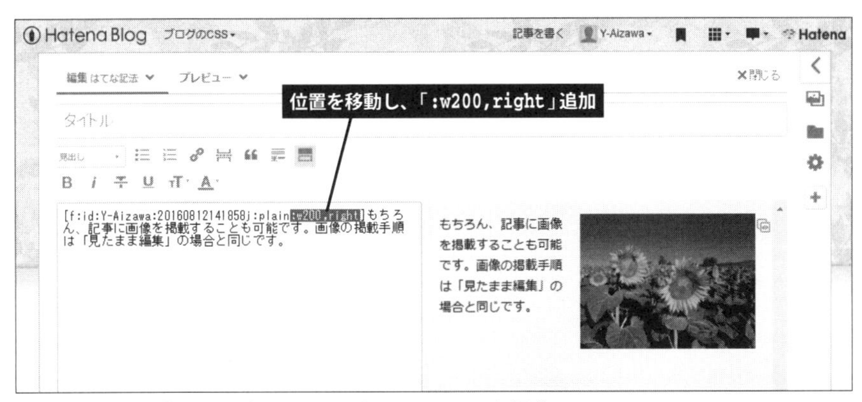

図8-10　画像を「幅200ピクセル、右寄せ」で配置した場合

リンクの指定

http://やhttps://などで始まるURLを記述すると、そのURLが自動的に**リンク**として機能します。このとき、**:**（コロン）に続けて以下の記号を記述すると、リンクをページタイトルやQRコードで表示できるようになります。

title ……………… リンクをページタイトルで表示
barcode ………… リンクをQRコードで表示

図8-11　リンクの指定

ただし、これらの指定はリアルタイムプレビューに反映されません。実際の表示を確認するには「**プレビュー**」を選択する必要があります。

図8-12　プレビューで表示を確認した場合

そのほか、ツールバーにある🔗をクリックして、「見たまま編集」と同じ手順でリンクを指定することも可能です。

リストの指定

各段落をリストで示す場合は、先頭に**-**（マイナス）や**+**（プラス）の記号を記述します。「-」を記述した場合は**通常のリスト**、「+」を記述した場合は**番号付きリスト**になります。このとき、「-」や「+」の記号を続けて記述し、階層化されたリストを作成することも可能です。

- ………… 通常のリスト（箇条書き）で表示
+ ………… 番号付きリストで表示

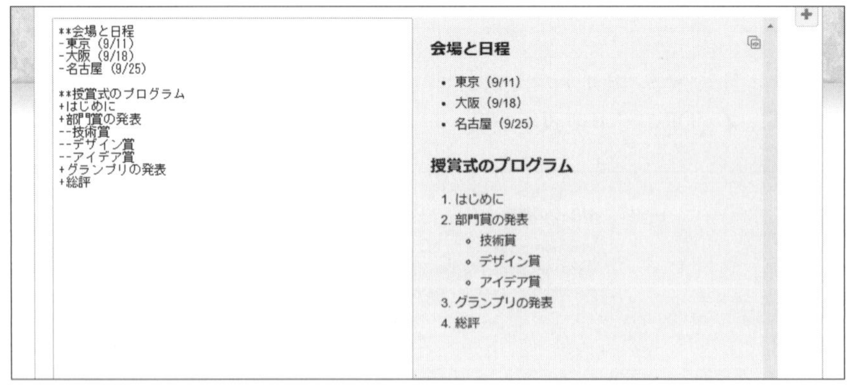

図8-13　リストの指定

「*」や「-」などで始まる文字をそのまま表示

これまでの解説からも分かるように、「はてな記法」では行頭の「*」や「-」が特別な意味を持つ記号として認識されます。これを「通常の文字」として表示させたい場合は、段落の先頭に**空白文字**（スペース）を入力します。

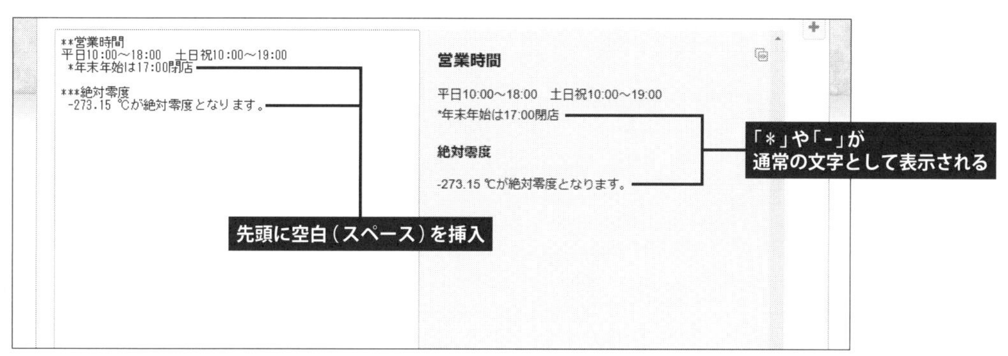

図8-14　記号を通常の文字として表示

引用、ソースコードとして表示

他のWebサイトから文章を引用するときは、その文章の前後に**>>**と**<<**を記述します。すると、その部分が**引用文**（blockquote）として扱われるようになります。

>> ～ **<<** ………… 引用として表示

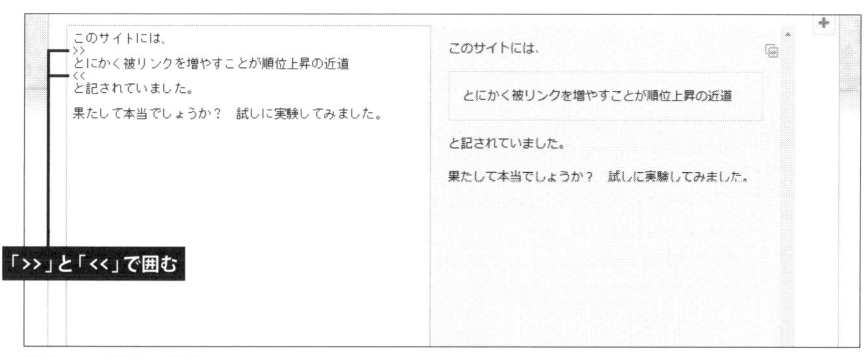

図8-15　引用の指定

また、Webやプログラムのソースコードを表示する際に活用できる**整形テキスト**の記号も用意されています。

>| ～ **|<** ………………… 範囲内の文字を等幅フォントで表示
>|| ～ **||<** ………… ソースコードとして表示
>|??| ～ **||<** ……… ??で指定した形式のソースコードとして表示
（属性、プロパティなどを色分けして表示）

「はてな記法」では、**<**（小なり記号）や**>**（大なり記号）を記述すると、その文字がHTMLタグとして扱われる仕組みになっています。このため、< や > の記号をそのまま表示するには、整形テキストとして文字を表示する必要があります。

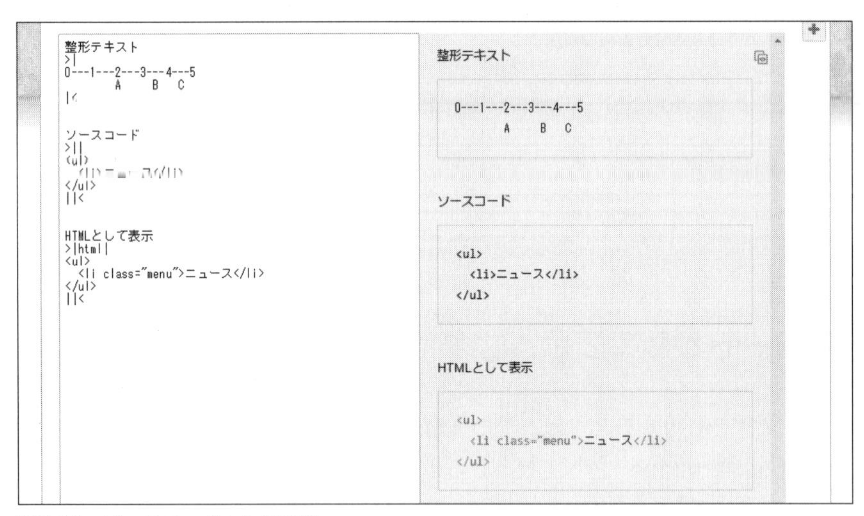

図8-16　ソースコードとして表示

「続きを読む」の指定

「はてなブログ」のトップページには、新しい順に記事が何件も表示されます。このため、ページ全体が非常に長くなってしまいます。これを回避するには**「続きを読む」**を挿入して、各記事の冒頭だけをトップページに表示する必要があります。

「はてな記法」で作成した記事に「続きを読む」を挿入するときは、**=**（イコール）の記号を4つ続けて記述します。

==== ………………… 「続きを読む」の挿入

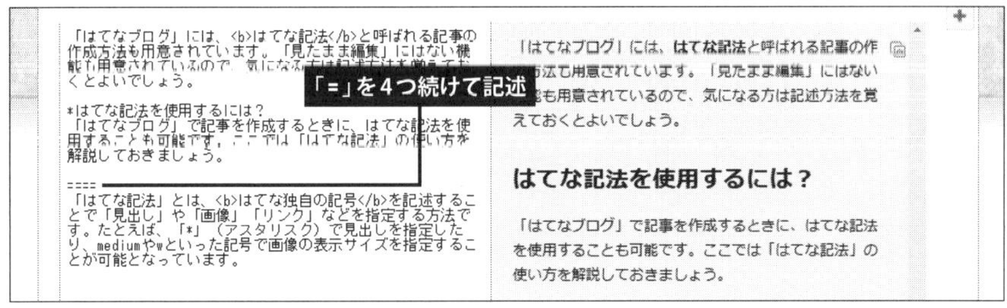

図8-17　「続きを読む」の挿入

図8-18　「続きを読む」の表示

もちろん、ツールバーにあるをクリックして「続きを読む」を挿入しても構いません。この場合は、カーソルがある位置に「====」の記号が自動入力されます。

Check Point &
Attention

重要度　★★☆☆☆

Markdown記法について

「はてなブログ」には「Markdown記法」と呼ばれる記事の作成方法も用意されています。こちらは、はてな独自の記述方法ではなく、軽量マークアップ言語として広く普及している記述方法となります。「はてな記法」とよく似ていますが、記号の使い方が異なるため、使用するにはMarkdownならではの記述方法を覚えなければいけません。気になる方は、「Markdown」などのキーワードでWeb検索してみるとよいでしょう。記述方法をまとめたページを見つけられると思います。

09 メールを使って ブログ記事を投稿

「はてなブログ」には、メールを使ってブログ記事を作成できる**投稿メールアドレス**が用意されています。外出先や電車移動中にブログ記事の執筆&投稿を行いたい方は試してみるとよいでしょう。この際にも、前節で解説した「はてな記法」が便利に活用できると思います。

投稿メールアドレスの確認

まずは、「はてなブログ」の**投稿メールアドレス**を確認する方法から解説します。「自分のID名」から「**設定**」のメニューを選択し、「**詳細設定**」のタブを選択します。

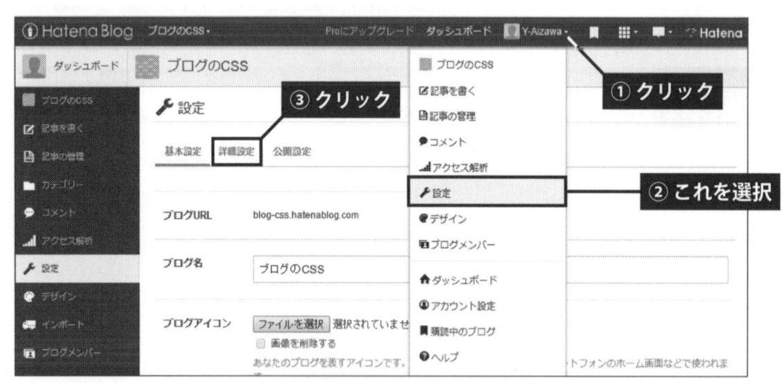

図9-1 「はてなブログ」の詳細設定の表示

詳細設定の画面を下へスクロールしていくと、「**メール投稿**」の項目に2つのメールアドレスが記載されているのを確認できます。上段に記載されているメールアドレスは、メール投稿した記事を即座に公開する場合に利用します。一方、下段に記載されているメールアドレスは、メール投稿を「下書き」として保存する場合に利用します。

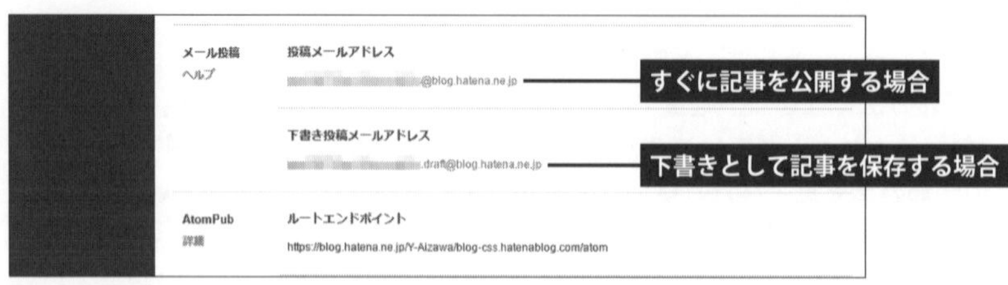

図9-2 投稿メールアドレスの確認

メール本文の処理方法

これらのメールアドレス宛にメールを送信すると、「メールの件名」が**記事のタイトル**、「メールの本文」が**記事の本文**として処理されます。このとき、編集モードの設定に応じて「メールの本文」の処理方法が変化することに注意してください。編集モードの設定は、「はてなブログ」の設定画面で**「基本設定」**のタブを選択すると確認できます。

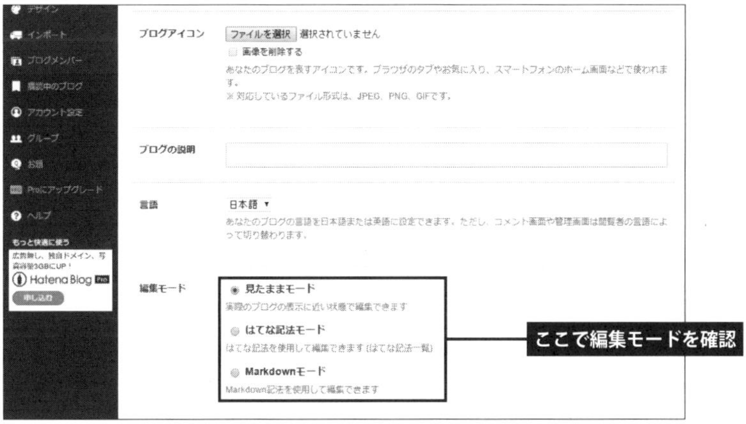

図9-3　編集モードの確認

■「見たままモード」に設定されていた場合

編集モードが**「見たままモード」**（初期値）に設定されていた場合は、「メールの本文」がそのまま「記事の本文」となります。よって、通常のテキスト（プレーンテキスト）でメールを送信すると、記事内に「見出し」が1つもないメリハリのない記事が作成されてしまいます。

図9-4　テキストメールで記事を送信した場合

メールをHTML形式で送信し、HTMLメールの内容をそのまま記事にすることも可能です。しかし、スマートフォンのメールアプリはHTMLメールの編集機能が用意されていない場合が多く、現実的な手法とはいえません。

また、メールに**画像ファイルを添付**して送信する方法もあります。この方法でメールを送信すると、記事の冒頭に画像が掲載され、その画像が「はてなフォトライフ」の「Hatena Blog」フォルダにアップロードされる仕組みになっています。ただし、スマートフォンのメールアプリは、画像を添付ファイルとして扱うのではなく、画像貼り付けたHTMLメールとして処理するものが多いことに注意しなければいけません。

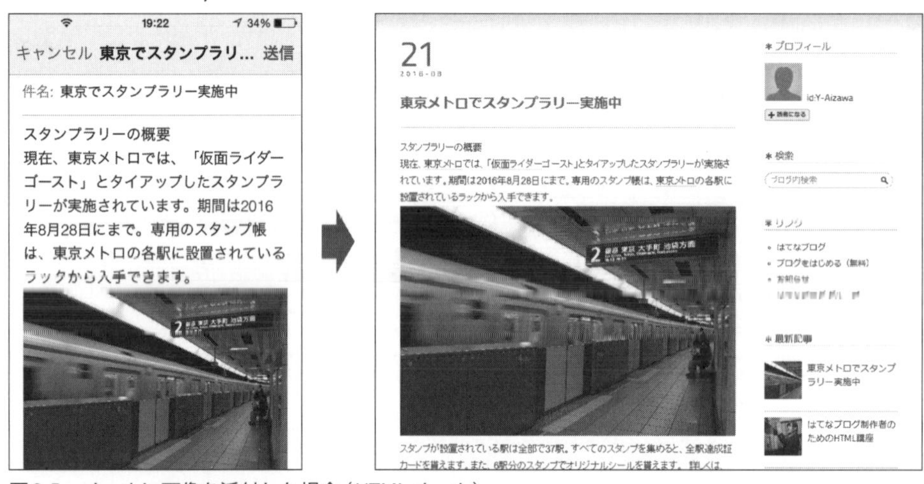

図9-5　メールに画像を添付した場合（HTMLメール）

本文をHTMLメールで送信した場合、メールアプリが独自にHTMLを指定するため、他の記事と整合性がとれなくなる問題が発生します。ノートパソコンを使えばHTMLメールを自由に作成できるかもしれませんが、この場合は普通に「はてなブログ」のWebサイトで記事を作成した方が早いので、メール投稿を利用する意味がなくなってしまいます。

このような状況を考えると、通常のテキストで「下書き」としてメール投稿しておき、自宅に帰ってから「見出し」などの書式を指定して公開する、というのが現実的な使い方になると思います。

■「はてな記法モード」に設定されていた場合

編集モードが「**はてな記法モード**」に設定されていた場合は、「メールの本文」が「はてな記法で書かれた記事」として処理されます。よって、「見出し」などの書式を指定した記事をメール投稿することが可能です。

もちろん、スマートフォンで撮影した写真を「はてなフォトライフ」にアップロードしておき、**[　]**の記号を使って好きな位置に画像を掲載することも可能です。アップロードした画像の整理番号を確認するときは、「はてなフォトライフ」のWebサイトを開き、**「フォルダを編集」**の画面に移動します。続いて、画像を選択し、**［ブログに貼り付ける］ボタン**をタップすると、画像の整理番号を確認できます。

図9-6　画像の整理番号を確認

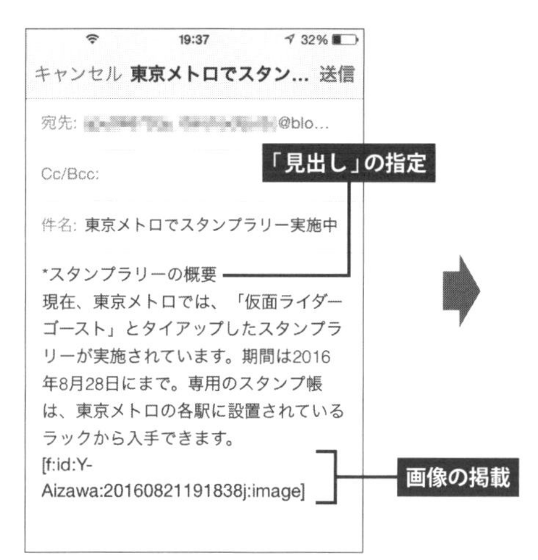

図9-7　「はてな記法」でメール投稿

　画面の小さいスマートフォンではパソコンほどスムーズに作業を進められませんが、移動中の空き時間を有効活用する手法として覚えておくとよいでしょう。

メール本文を必ず「はてな記法」として処理するには？

編集モードの設定に関わらず、メールの本文を必ず「はてな記法」として処理する方法も用意されています。この場合は**@の前に「.hatena」**を付けたにメールアドレスにメールを送信します。たとえば、投稿用メールアドレスがabcdef@blog.hatena.ne.jpであった場合、宛先をabcdef**.hatena**@blog.hatena.ne.jpに変更してからメール投稿すると、「メールの本文」が「はてな記法で書かれた記事」として処理されます。

普段は「見たままモード」でブログ記事を作成し、外出先からメール投稿するときだけ「はてな記法」を使用する、という場合に活用するとよいでしょう。

重要度 ★★☆☆☆

投稿メールアドレスの変更

「はてなブログ」の投稿メールアドレスは、誰でも自由に使える（送信できる）メールアドレスとなります。このため、投稿メールアドレスを他人に知られてしまうと、「自分のブログ」に勝手に記事が掲載されてしまう危険性があります。投稿メールアドレスは、それ自身がパスワードのような存在となるため、絶対に外部に漏れないように注意してください。

万一、投稿メールアドレスを他人に知られてしまった場合は、以下の手順で投稿メールアドレスを変更すると、現在の投稿メールアドレスを無効にできます（新しい投稿メールアドレスが作成されます）。

① [▦▾]から「プロフィール」を選択し、「Myはてな」の画面を開く
② 画面右上にある「設定」をクリックする
③「メール投稿」のカテゴリを選択する
④ 画面の一番下にある［投稿用メールアドレスを変更する］ボタンをクリックする

その他、アプリ、Webサイトからの投稿

そのほか、スマートフォンから記事を投稿する方法として、iPhone／Android用の**「はてなブログ」公式アプリ**も用意されています。「はてなブログ」ユーザーならすぐに使い方を覚えられると思うので、気になる方は試してみるとよいでしょう。

また、ブラウザから「はてなブログ」のWebサイトにアクセスし、記事の作成&投稿を行うことも可能です。ただし、スマホ用の編集画面には「画像の掲載」と「SNS連携」のアイコンしか用意されておらず、「見出し」などを指定する機能はありません。

図9-8　スマートフォン用の記事の作成画面

PC版のWebサイトに切り替えればパソコンと同じ編集画面を表示できますが、画面が小さく、ソフトキーボードしかないスマートフォンでは、かなり操作しづらい環境になると思います。また、OSやブラウザによっては動作しない機能もあります。こちらは「どうしても…」という方のみ試してみるとよいでしょう。

図9-9　PC版のWeb表示に切り替え

10 サイドバーのカスタマイズ

続いては、**サイドバー**のカスタマイズについて解説します。「はてなブログ」には、サイドバーに表示する内容を変更できる設定画面が用意されています。このため、初心者の方でも、ある程度はサイドバーをカスタマイズすることが可能です。ただし、サイドバーの幅や文字の書式などを変更するには、第2章で解説するCSSの記述が必要となります。

サイドバーのカスタマイズ手順

「はてなブログ」は、ページの右側（もしくはページの下部）に**サイドバー**と呼ばれる領域が用意されています。この領域に表示する内容を変更したいときは、「自分のID名」から**「デザイン」**のメニューを選択します。続いて、のアイコンをクリックし、**「サイドバー」**の項目を選択します。

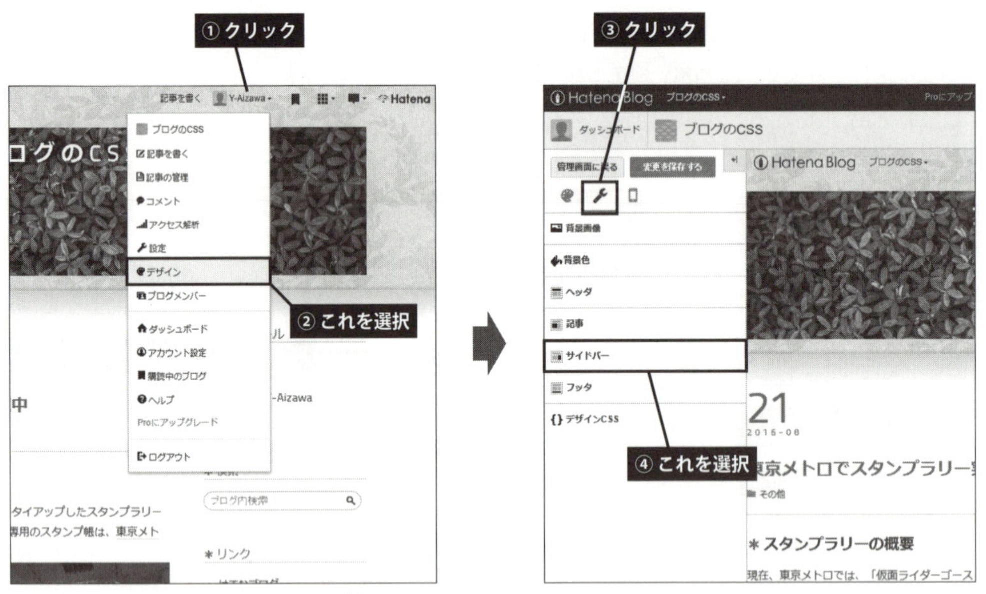

図10-1　サイドバーの設定画面の呼び出し

すると、サイドバーに表示されている**モジュール**が一覧表示されます。この画面にある**「編集」**の文字をクリックすると、各モジュールの表示内容をカスタマイズできます。

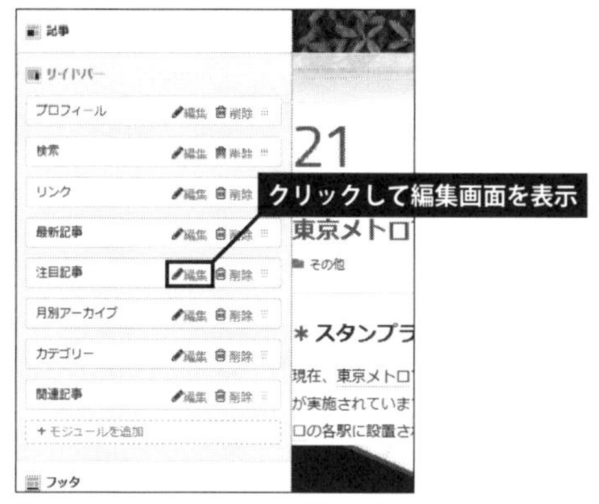

図10-2　各モジュールの設定画面の呼び出し

たとえば、「注目記事」のモジュールにある「編集」をクリックした場合は、以下のような設定画面が表示されます。ここでは、表示する記事の件数、アイキャッチ画像の有無、サイズなどを変更できます。続いて、**［適用］ボタン**をクリックすると、設定変更を反映したページ（プレビュー）を確認できます。

図10-3　「最新記事」モジュールの設定変更

変更結果を画面で確認しながら作業できるので、それぞれの設定項目について詳しく解説しなくてもカスタマイズを行えると思います。最後に、**［変更を保存する］ボタン**をクリックすると、変更内容が保存されます。

図10-4　設定変更の確定

なお、設定変更を保存せずに終了するときは、別のページ(「自分のブログ」のトップページなど)へ移動する操作を行い、[**このページを離れる**]**ボタン**をクリックします。

図10-5　設定変更を破棄する操作

すると、今回の設定変更が破棄され、元の状態に戻すことができます。設定変更を試してみるときの操作手順として、念のため覚えておいてください。

モジュールの並べ替えと削除

サイドバーに表示されているモジュールは、その順番を自由に並べ替えられます。この操作を行うときは、サイドバーの設定画面で**各モジュールを上下にドラッグ**します。

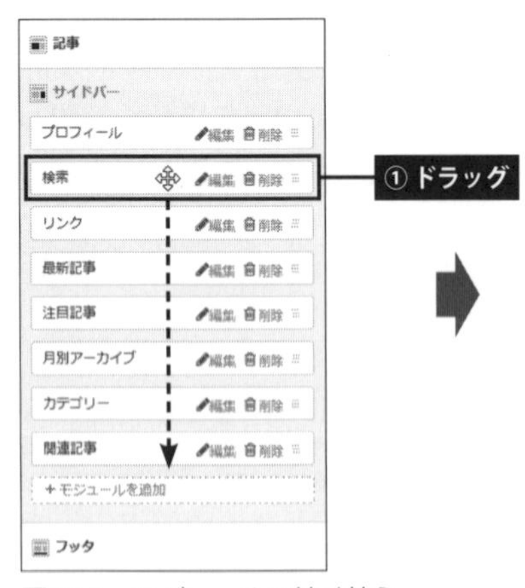

図10-6　モジュールの並べ替え

また、不要なモジュールをサイドバーから削除することも可能です。この場合は、そのモジュールの右側にある「削除」の文字をクリックします。

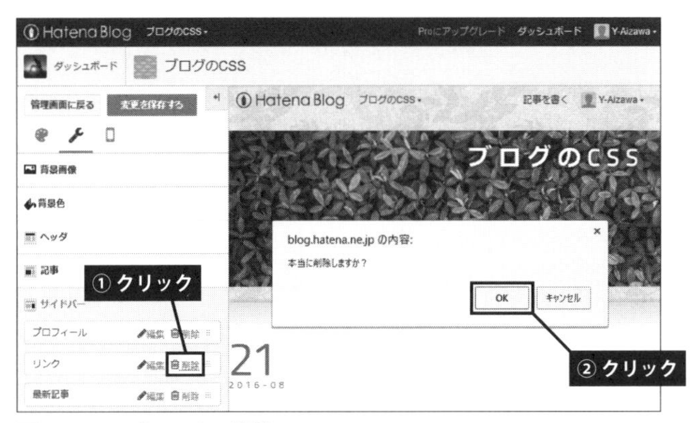

図10-7　モジュールの削除

もちろん、これらの操作を行った場合も、最後に［**変更を保存する**］**ボタン**をクリックして設定変更を保存しておく必要があります。

新しいモジュールの追加

サイドバーに新しいモジュールを追加するときは、「**＋モジュールを追加**」をクリックします。続いて、追加するモジュールの種類と表示内容を指定し、［適用］ボタンをクリックします。

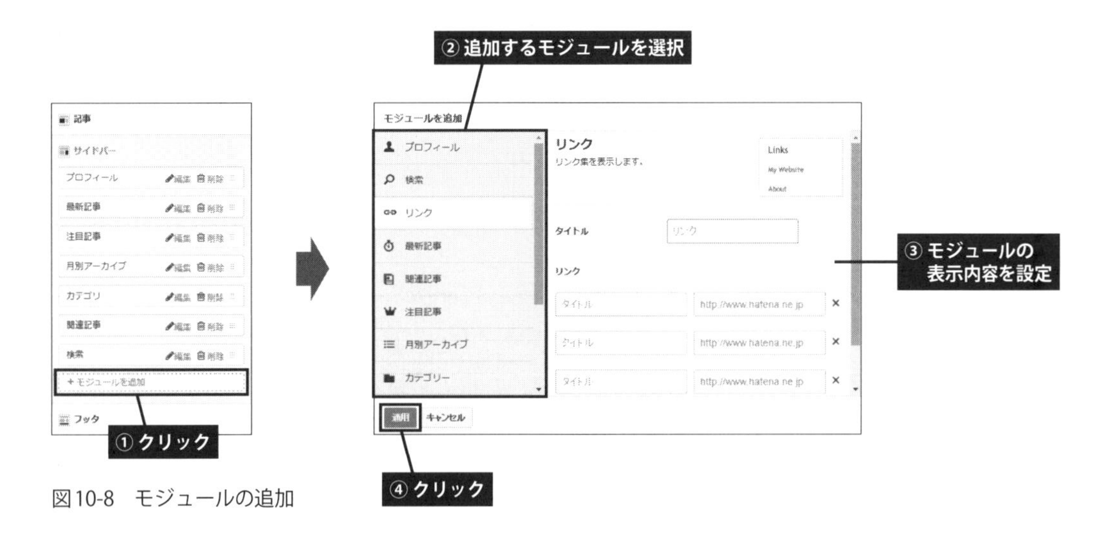

図10-8　モジュールの追加

間違ってモジュールを削除してしまった場合も、この方法でモジュールを再表示することが可能です。特に難しい操作は見当たらないので、画面を見ながら操作を進めていくだけで作業を完了できるでしょう。もちろん、追加したモジュールの並び順を変更することも可能です。

なお、**「関連記事」**のモジュールを追加したときは、**各記事のページ**へ移動してから表示を確認する必要があります。「関連記事」は、**同じカテゴリーの記事**を一覧表示する機能となります。このため、カテゴリー分類がないトップページには、「関連記事」のモジュールは表示されません。

HTMLのモジュールについて

モジュールの追加画面には、**「HTML」**というモジュールも用意されています。このモジュールは、HTMLで記述した内容をサイドバーに表示するときに利用します。

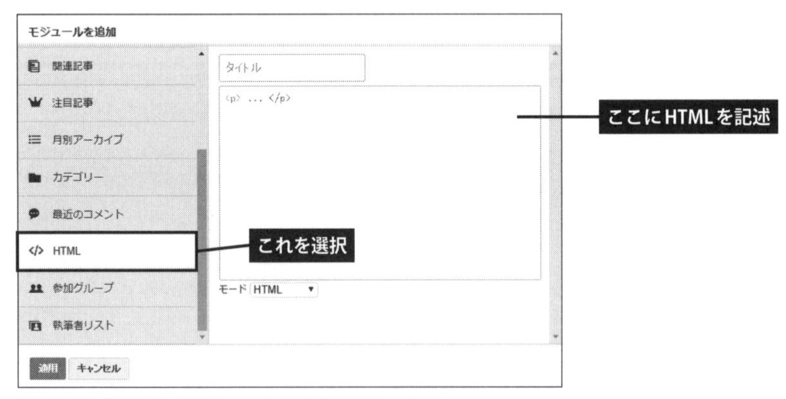

図10-9 「HTML」モジュールの追加画面

たとえば、サイドバーに文章（p要素）を表示したり、画像（img要素）を表示したりする場合に利用します。もちろん、CSS（style属性）を使って書式を指定することも可能です。

サイドバーにアフィリエイト広告を掲載するときも「HTML」のモジュールを利用します。ここにアフィリエイト用のHTMLを貼り付けると、サイドバーに広告を表示できます。ただし、**サイドバーの幅**はテーマごとに固定されているため、希望するサイズの広告を掲載できない場合があります。サイドバーの幅を変更するには、P144～150で解説する方法でCSSをカスタマイズしなければいけません。

サイドバーに表示すべき内容

若干、駆け足でサイドバーのカスタマイズについて解説してきましたが、初心者の方でも特に問題なく設定変更を進められると思います。それ以上のカスタマイズを行うには、CSSの記述が必要です。これについては、本書の第2章で詳しく解説します。

最後に、「はてなブログ」に用意されている各モジュールについて、それぞれの用途を簡単に紹介しておきましょう。

■プロフィール

自分のプロフィールやブログの説明文を掲載するためのモジュールです。このモジュールを設置するときは、プロフィール画像やブログの説明文を指定しておくのが基本です(※1)。特に必要ない場合は、モジュールそのものを削除しても構いません。

（※1）プロフィール画像は「はてなユーザー」の設定画面で指定します。
①［▦▾］から「プロフィール」を選択します。
② プロフィール欄にある「編集」の文字をクリックします。
③ プロフィールの設定画面が表示されるので、「プロフィールアイコン」を変更します。

■検索

ブログにキーワード検索の機能を追加できるモジュールです。必須ではありませんが、訪問者の利便性を考えると、設置しておいた方がよいでしょう。

■リンク

他のWebサイトへのリンクを設置できるモジュールです。リンクすべきサイトがない場合は、モジュールそのものを削除しても構いません。

■最新記事／注目記事／関連記事

ブログ内にある別の記事を紹介するモジュールです。これらのモジュールを設置しておくと、ブログを訪問してくれた方が他の記事も参照してくれる可能性が高くなります。ページビューの増加に貢献するパーツなので、必ず表示しておくとよいでしょう。効果的に活用するには、各記事にアイキャッチ画像を指定しておくことも重要なポイントとなります。

■カテゴリー

カテゴリー別の記事数を表示するモジュールです。カテゴリー別の記事を一覧表示するリンクとしても機能するので、必ず設置しておくとよいでしょう。

■ 月別アーカイブ

各月の投稿数を表示するモジュールです。必須ではありませんが、意外と利用される頻度は高いので、そのまま表示しておくとよいでしょう。

■ 最近のコメント

各記事に寄せられたコメントを表示できるモジュールです。コメントが頻繁に寄せられる場合は、記事の注目度を高めるパーツとして活用できるかもしれません。

■ HTML

HTMLを使って掲載内容を自由に指定できるモジュールです。アフィリエイト広告やサイトポリシー、連絡先フォームへのリンクなど、「はてなブログ」に用意されていない機能を表示するときに利用します。

■ 参加グループ

自身が参加しているグループの一覧を表示するモジュールです。グループについては、P69〜75で詳しく解説します。

■ 執筆者リスト

ブログを複数人で執筆している場合に、各執筆者の記事を一覧表示できるモジュールです。ブログを1人で運営している場合は、設置する必要はありません。

設置するモジュールの選択について絶対的な正解はありませんが、不要なモジュールを残しておいても意味がないことだけは確かです。不要なモジュールは速やかに削除し、空いたスペースを最新記事／注目記事／関連記事の表示（表示する記事数の増加）に割り当てるとよいでしょう。

また、意外と重要になるのがモジュールを並べる順番です。「関連記事」や「注目記事」のモジュールは、記事の本文を読んだ後に参照されるケースが多いので、なるべく下の方に配置するのが効果的です。初期設定のまま放置するのではなく、サイドバーの構成もいちど見直してみてください。

11 グループへの参加とスターの設定

「はてなブログ グループ」に参加すると、記事に**はてなスター**を付けてもらえたり、ブログの**読者**になってもらえたりします。続いては、「はてなスター」と「読者になる」の扱いについて考察していきます。

「はてなブログ グループ」への参加

「はてなブログ」には、**「はてなブログ グループ」**と呼ばれるコミュニティが用意されています。グループに参加すると、新たに公開した記事が所属グループのページに表示され、同じグループに所属している「はてなユーザー」からのアクセスを見込めるようになります。

自分が参加しているグループは、ブログの管理画面（ダッシュボード）で**「グループ」**の項目を選択すると確認できます。

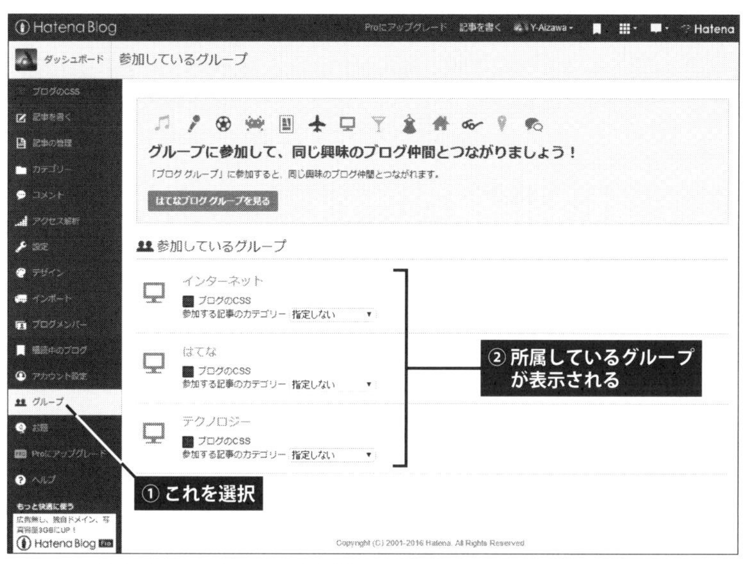

図11-1　所属しているグループの確認

もちろん、グループへの参加、退会はいつでも変更できます。グループから退会するときは、そのグループのページへ移動し、**［参加ブログの変更・退会］ボタン**をクリックします。続いて、×のアイコンをクリックすると、グループから退会できます。

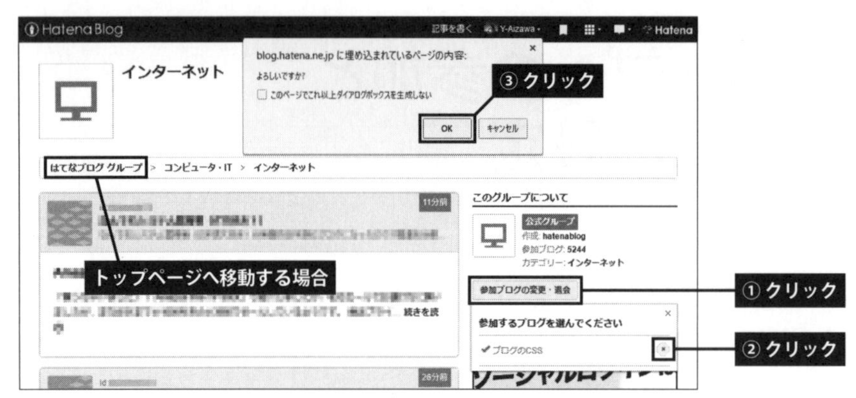

図11-2　グループから退会するときの操作手順

逆に、グループに参加するときは、「はてなブログ グループ」のトップページ（http://hatenablog.com/g/）へ移動し、参加するグループのカテゴリーを選択していきます。

図11-3 「はてなブログ グループ」のトップページ

参加したいグループのページを表示できたら、**［グループに参加］ボタン**をクリックし、**［参加する］ボタン**をクリックします。

図11-4 「はてなブログ グループ」への参加

この際に、グループのページに表示する記事のカテゴリーを限定することも可能です。グループに関係ない記事を表示したくない場合は、ここでカテゴリーを選択しておくとよいでしょう。「指定しない」を選択した場合は、カテゴリーに関係なく、全ての新着記事がグループのページに表示されます。

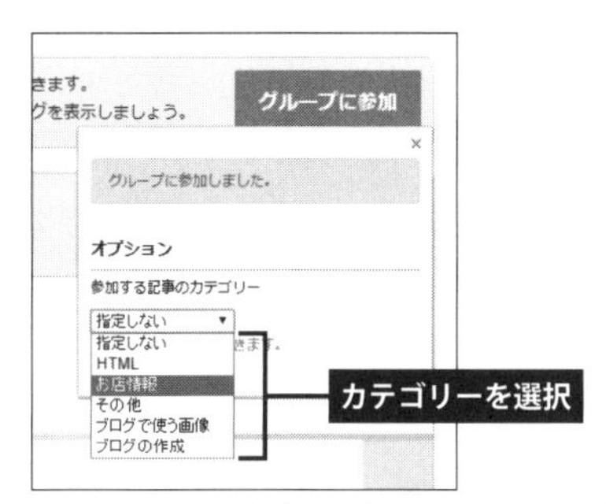

図11-5　表示する記事をカテゴリーで限定する場合

ちなみに、各ブログが参加できる公式グループの数は**最大3つまで**となっています。様々なカテゴリーについてブログで言及している場合は、新しく記事を公開するたびに所属グループを変更しても構いません。

「はてなブログ グループ」への参加は、若干ではありますが、アクセスアップに貢献してくれます。グループに参加してもマイナス要因は特に生じないので、必ず参加してくおくとよいでしょう。

「はてなスター」と「読者になる」について

「はてなブログ グループ」に参加すると、グループ経由で訪問してきた方が**「はてなスター」**を付けてくれたり、ブログの**読者**になってくれたりします。

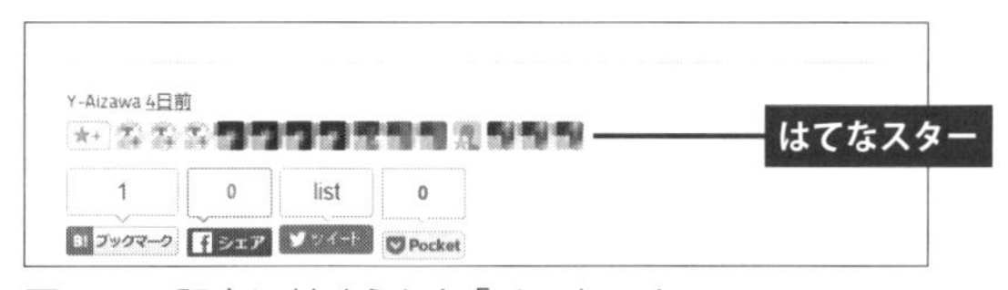

図11-6　記事に付けられた「はてなスター」

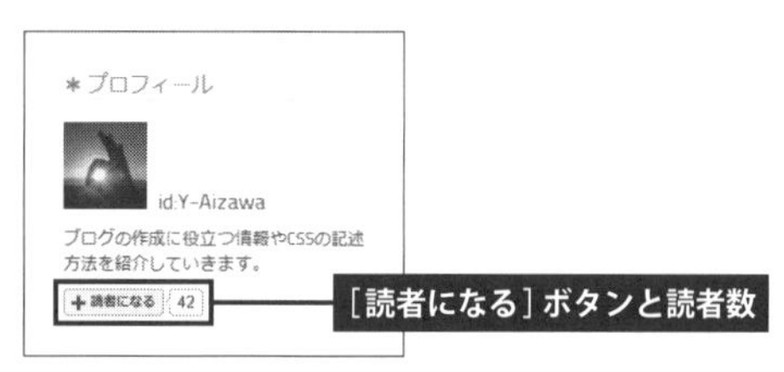

図11-7　［読者になる］ボタン

最初のうちは、スターや読者を獲得することがブログ運営の励みになると思います。しかし、残念なことに、スターや読者の獲得はあまりアクセスアップに貢献してくれません。それ以前の問題として、「はてなスター」や「読者になる」が本来の用途に使われていないケースも見受けられます。

「はてなスター」は、「この記事、面白かったよ」とか、「役に立ったよ」といった気持ちを示すマークとして使用するのが基本です。しかし、実際には、別の用途に利用しているユーザーが多いようです。たとえば、「スターを付けたから私のブログも見に来てね」という目的で利用しているユーザーもいます。グループに表示されている記事に片っ端からスターを付けて回るユーザーもいれば、ひどい場合はテスト用に公開した意味不明の記事にスターを付けてくるユーザーもいます。

要するに、記事を読まずにスターを付けて回っているユーザーが意外と多いのです。これではスターの意味がありませんし、スターの数に一喜一憂するのも馬鹿らしくなってしまいます。

ブログの**[読者になる]ボタン**も同様です。「はてなブログ グループ」に参加し、それなりの記事を執筆していると、読者の数は順調に増えていきます。にもかかわらず『ブログ全体のアクセス数はほとんど変わらない…』という状況をよく見かけます。こちらも、『お返しに私のブログの読者になってね』という目的で利用しているユーザーが多いようで、本当の意味で読者になってくれているかは疑問が残ります。

そもそも、「はてなスター」や「読者になる」は、「はてなユーザー」だけが使える機能であり、一般ユーザー向けの機能ではありません。本当の意味でアクセスアップを目指すなら、「はてなユーザー」だけを相手にするのではなく、検索エンジンやSNSからの集客に力を注がなければいけません。必要以上に「はてなスター」や「読者になる」を重視するのは考え物です。

となると、思い切って「はてなスター」や「読者になる」の表示を辞めてしまうのも一つの手段といえます。「はてなスター」や「読者になる」の表示を辞めると、ページの表示速度を少しだけ改善できます。

「はてなスター」の表示/非表示は、**「デザイン」**の設定画面で🔧をクリックし、**「記事」**の項目を選択すると変更できます。[読者になる]ボタンの表示/非表示は、**「サイドバー」**の項目を選択し、**「プロフィール」モジュールの設定画面**を開くと変更できます。

図11-8　「はてなスター」の表示／非表示

図11-9　［読者になる］ボタンの表示／非表示

検索エンジンの最大手であるGoogleは、「ページの表示速度」も順位決定の一つの指標としています。Googleに次いで利用者が多いYahoo!も、検索結果は基本的にGoogleと同じものを使用しているので、「ページの表示速度」が重要な要因になることに変わりはありません。そうでなくても、ページの表示速度は重視すべき項目の一つです。わずかな差とはいえ、こういった改善の積み重ねが大きな差につながります。アクセスアップを目指している方は、**「はてなスター」や［読者になる］ボタンの非表示**も検討してみるとよいでしょう。

もちろん、ブログの目的はアクセスアップだけではありません。友人や地域とのコミュニケーションを主軸においたブログでは、「はてなスター」や「読者になる」が重要な役割を担ってくれるかもしれません。ただし、この場合も**はてなユーザー限定の機能**であることを忘れないようにしてください。

また、この場合は**コメント**の設定も変えておく必要があります。初期設定では、「はてなユーザー」だけがコメントを記述できるように設定されています。このままでは一般のユーザーがコメントを残せないので、コメント設定を「ゲスト」に変更しておく必要があります。

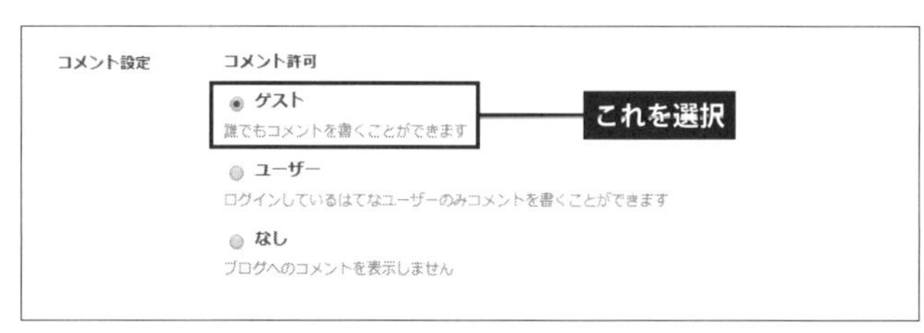

図11-10　コメント設定（自分のユーザ名→設定）

ソーシャルパーツについて

ブログの各記事には、FacebookやTwitterといった**SNSのシェアボタン**も配置されています。これらのパーツもページの表示速度を遅くする要因となります。しかし、それ以上にアクセスアップに貢献してくれる可能性が高いので、基本的には残しておいた方がよいと思われます。

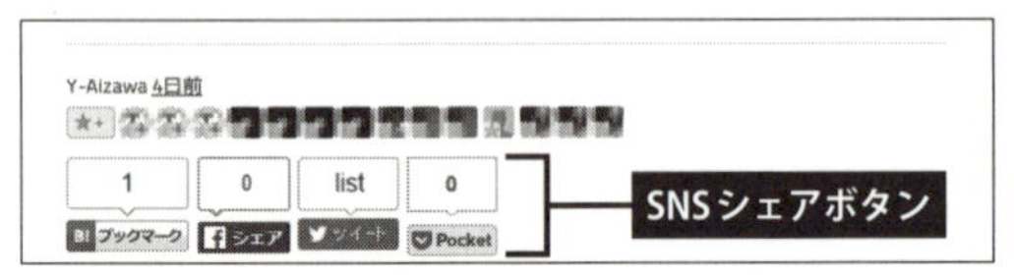

図11-11　SNSシェアボタン

たとえば、Twitterで記事が紹介され、次々とリツイートされていくと、かなりの数のアクセス数を稼ぐことができます。SNS経由の訪問者数が検索エンジンからの訪問者数を超えることも珍しくありません。

各ボタンの表示/非表示は、**「デザイン」**の設定画面で をクリックし、**「記事」**の項目を選択すると変更できます。

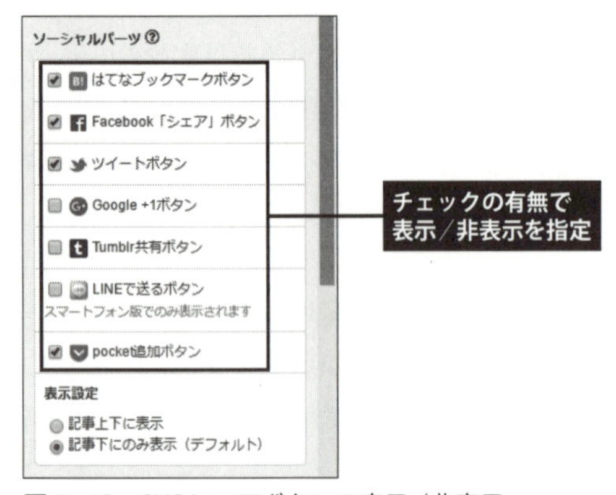

図11-12　SNSシェアボタンの表示/非表示

最近は、pocketの利用者も急増しているので、**「pocket追加ボタン」**も表示しておくとよいでしょう。さらに、スマートフォンで絶大な利用者数を誇るLINEの**「LINEで送るボタン」**も集客効果を期待できる可能性があります(※1)。

もちろん、全てのSNSシェアボタンを表示しておけば、それだけアクセス数の増加を期待できますが、そのぶん表示速度は遅くなります。よって、「とにかく表示しておけばよい」という考え方は推奨できません。状況を見ながら利用者が多そうなSNSだけを取捨選択するのが基本です。

（※1）スマートフォンでブログを閲覧したときだけ表示されます。

そのほか、カスタマイズしたSNSシェアボタンを設置する方法もあります。こちらの方がページ表示を高速化できますし、見た目もお洒落になります。気になる方は、本書のP184～191を参照してみてください。

12 その他、覚えておくと便利な機能

最後に、覚えておくと便利な機能をいくつか紹介しておきます。また、最近、「はてなブログ」に追加された新機能の使い方もここで紹介しておきます。すでに知っている機能かもしれませんが、念のため使い方を確認しておいてください。

記事の目次の自動作成

他の「はてなユーザー」が作成したブログを閲覧していると、記事の最初に**目次**を掲載しているサイトが多いことに気付くと思います。このような目次は、わずか1行の記述で簡単に作成できます。記事に目次を掲載するときは、**[:contents]** とだけ記した行を記述します。すると、記事内の「大見出し」「中見出し」「小見出し」が自動的にピックアップされ、記事の目次が表示されるようになります。

図12-1　目次の自動作成

この手法は「見たままモード」と「はてな記法モード」の両方の編集モードで利用できます。[:contents]と記した部分には、以下のような形式で目次が表示されます。もちろん、目次内にある「見出し」をクリックして、その箇所へ移動(ジャンプ)することも可能です。

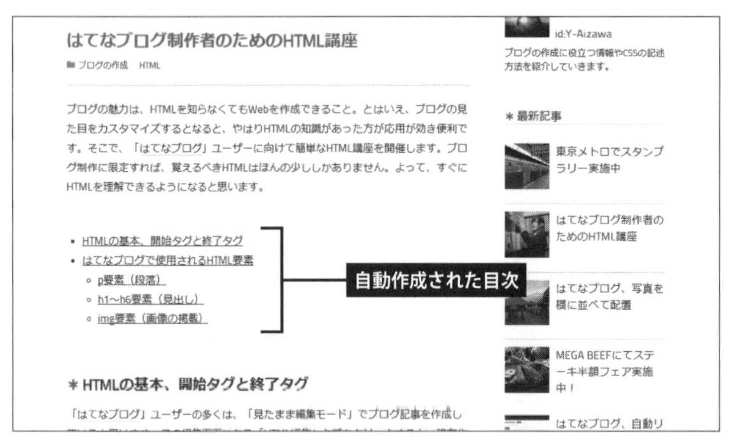

図12-2 [:contents]により自動作成された目次

ただし、この目次を見たときに、「よく見かける目次とは少し違う…」と感じる方もいると思います。単純に「見出し」が並べられているだけで、メリハリがありません。これを見やすい目次にカスタマイズするにはCSSの記述が必要となります。これについてはP151～156で詳しく解説します。

パンくずリストの表示

2016年8月から**「パンくずリスト」**を手軽に表示できる機能が追加されました。「パンくずリスト」とは、「ページの位置」(階層構造)を分かりやすく示したもので、各階層へ移動するためのナビゲーターとしての役割も果たしてくれます。このため、ブログの「トップページ」や「カテゴリー別の記事一覧」へ誘導するためのリンクとして活用できます。

図12-3 パンくずリスト

「パンくずリスト」を表示するときは、**デザイン**の設定画面で🔧をクリックし、**「記事」**の項目を選択します。続いて、**「パンくずリスト」**のチェックボックスをONにすると、**トップ>（カテゴリー名）>（記事タイトル）**という構成の「パンくずリスト」を表示できます。

図12-4 「パンくずリスト」の表示設定

なお、上記の設定変更を行っても、スマホサイトには「パンくずリスト」が表示されないことに注意してください。また、記事に複数のカテゴリーを指定している場合は、最初に表示されているカテゴリーだけが「パンくずリスト」に表示される仕組みになっています。

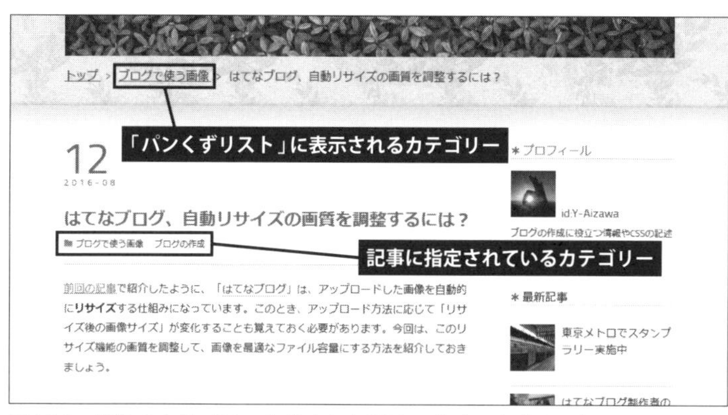

図12-5 複数のカテゴリーを指定した記事の「パンくずリスト」

「パンくずリスト」も、初期設定のままでは文字が大きすぎる傾向があります。これを適当なサイズに修正するには、やはりCSSを自分で記述する必要があります（P157～161参照）。

削除した記事の復元

こちらも2016年8月から追加された新しい機能となります。以前は、いちど削除した記事を復元することはできませんでした。しかし、今後は**記事の削除から30日以内**であれば、記事を復元することが可能になっています。間違って記事を削除してしまったときの対処法として覚えておくとよいでしょう。

削除した記事を復元するときは、**「記事の管理」**の画面を開き、画面の一番下にある**「ゴミ箱」**の文字をクリックします。

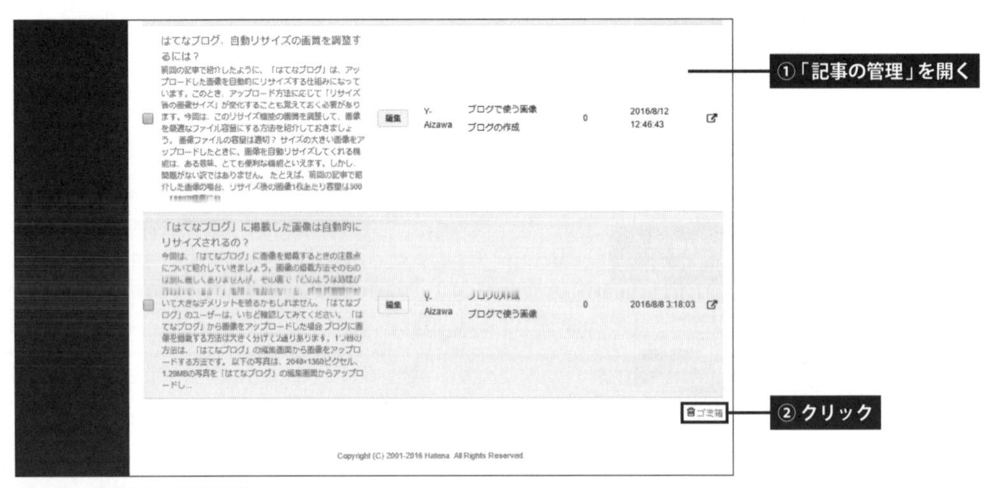

図12-6　削除した記事の表示

すると、削除されている記事の一覧が表示されます。この画面にある**［復元する］ボタン**をクリックすると、その記事の編集画面を開くことができます。

図12-7　削除された記事の復元

記事の編集画面が表示されるので、必要に応じて記事を修正し、**［公開する］ボタン**をクリックすると、その記事をブログに再掲載できます。もちろん、［下書きを更新する］ボタンで記事を「下書き」として保存しておくことも可能です。

なお、この方法で復元させた記事は、編集モードが**「見たままモード」**に固定される仕組みになっています。「はてな記法」で作成した記事も、復元後は「見たままモード」で作成した記事として扱われます。

図12-8　復元した記事の編集モード

この仕組みを応用して、**「はてな記法」で作成した記事を「見たままモード」の記事に変換**することも可能です。その手順は、いちど記事を削除し、先ほど示した手順で復元させるだけ。「はてな記法」でメール投稿した記事を「見たままモード」で編集しなおす場合などに活用できると思います。もしかすると、削除した記事を復元する場合ではなく、編集モードを変換する目的で利用する機会の方が多いかもしれません。いちど操作手順を確認しておくとよいでしょう。

予約投稿で記事を自動的に公開

「はてなブログ」には、日時を指定して記事を公開できる**予約投稿**という機能も用意されています。こちらは新機能ではなく、以前から装備されていた機能となります。

予約投稿を行うときは、記事の編集画面で⚙をクリックし、投稿日時を指定します。さらに、**「指定日時で予約投稿する」**をチェックした状態で**[予約投稿する]ボタン**([公開する]ボタン)をクリックします。

図12.9　予約投稿の指定

このような手順で記事を投稿すると、指定した日時に記事を自動公開できるようになります。もちろん、公開する記事は指定した日時までに完成させておかなければいけません。つまり、完成した記事を即座に公開するのではなく、あえて時間をおいてから公開する、という流れになります。

連載している記事を「毎週月曜日の17:00に公開する」といった場合などに活用できますが、少し特殊な状況であることに変わりはないため、気になる方のみ試してみるとよいでしょう。

はてなブログのCSSカスタマイズ

第2章では、自分でCSSを記述して「はてなブログ」をカスタマイズする方法を解説します。ある程度CSSの知識が必要になりますが、それ以上に重要となるのが「テーマに指定されているCSS」を読み解く力です。本書で示した例を参考にしながら、「はてなブログ」のCSSをカスタマイズする方法を学んでください。

13 はてなブログの記事に使用されるHTML

ブログはHTMLを知らなくても作成できるのが魅力です。しかし、ブログをカスタマイズするとなると、やはりHTMLの知識があった方が応用が効いて便利です。そこで、まずは「はてなブログ」でよく使用されるHTMLについて解説しておきます。

HTMLの基本

ブログ記事の作成、編集を行うときに、「見たままモード」を利用している方も多いと思います。この編集画面にある**「HTML編集」**のタブをクリックすると、現在編集している記事のHTMLを参照できます。たとえば、図13-1に示したの記事の場合、図13-2のようにHTMLが表示されます。

図13-1 「見たままモード」で作成した記事

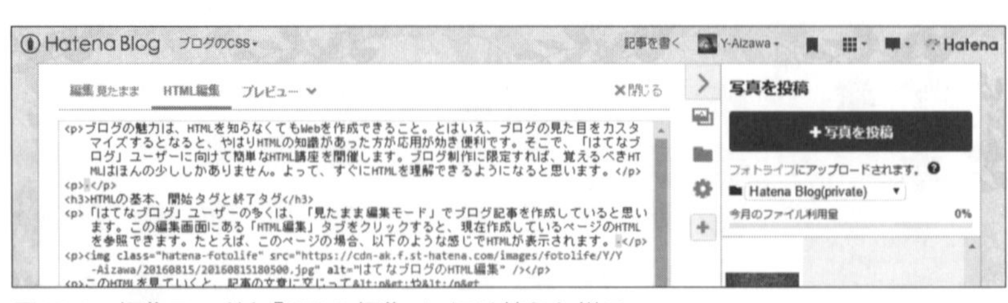

図13-2 編集モードを「HTML編集」に切り替えた様子

このHTMLを見ていくと、記事の文章に交じって<p>や</p>などの記号が記載されているのを確認できると思います。この記号のことをタグといいます。たとえば、記事の冒頭にある文章は、<p>と</p>のタグで囲まれています。同様に、「HTMLの基本、開始タグと終了タグ」の見出しは、<h3>と</h3>のタグで囲まれています。

このように、HTMLでは**<英数字>**と**</英数字>**のタグを使ってページ内容を記述していくのが基本です。<p>や<h3>のように**<英数字>**と表記されているタグは**開始タグ**と呼びます。</p>や</h3>のようにスラッシュを付けて**</英数字>**と表記されているタグは**終了タグ**と呼びます。また、「開始タグ」〜「終了タグ」の範囲を**要素**と呼びます。

HTMLを習得するには、<p>〜</p>や<h3>〜</h3>などの要素が「それぞれ何を示しているか？」を学習しなければいけません。要素は全部で100種類以上あり、その全てを覚えるのはかなり大変です。でも安心してください。「はてなブログ」で使用される要素は、ほんの数種類しかありません。よって、少し勉強するだけで、ブログに必要となるHTMLを覚えられます。

それでは、「はてなブログ」で使用される最も基本的な要素について解説していきましょう。「はてなブログ」で頻繁に使用されるのは、**p**、**h3**、**img**、**a**といった要素です。これらの要素を学習するだけで、HTMLの大部分を読み解けるようになります。

段落の指定　<p>〜</p>

最初に解説するのは**段落**を示す**p要素**です。HTMLでは、**<p>〜</p>**で囲まれた範囲を1つの段落とみなします。

「見たままモード」で記事を編集した場合、**[Enter]キー**を押して文章を改行するごとに段落が区切られ、それぞれの文章が<p>〜</p>で囲まれる仕組みになっています。このとき、段落と段落の間に少しだけ間隔が設けられるように設定されています。なお、改行だけを入力した段落は<p>　</p>というHTMLが出力され、「内容が空白の段落」として扱われます。

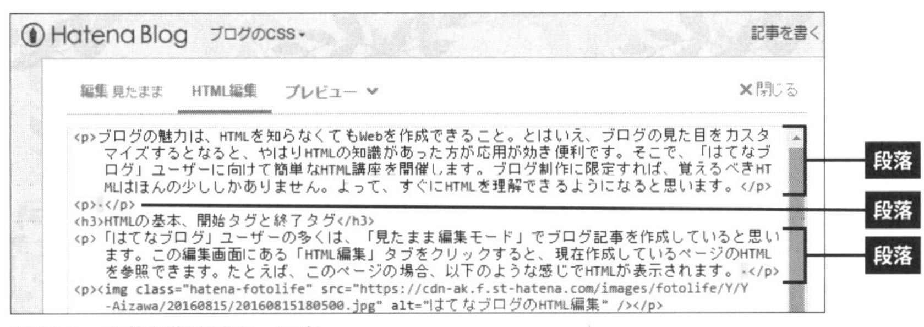

図13-3　段落を指定するp要素

見出しの指定　<h3>～</h3>、<h4>～</h4>、<h5>～</h5>

<h3>～</h3>などの要素は、その段落が**見出し**であることを示す要素となります。見出しの要素は、**h1**、**h2**、**h3**、**h4**、**h5**、**h6**の6種類が用意されており、数字が小さい要素ほど「上位レベルの見出し」として扱われます。

「はてなブログ」では、「記事のタイトル」が<h1>～</h1>（最上位の見出し）となります。このため、「HTML編集」の画面にh1要素が表示されることはありません。「HTML編集」の画面に登場するのは、h3、h4、h5の3種類です。**「大見出し」**を指定した段落は**<h3>～</h3>**、**「中見出し」**を指定した段落は**<h4>～</h4>**、**「小見出し」**を指定した段落は**<h5>～</h5>**で囲まれたHTMLが出力されます。

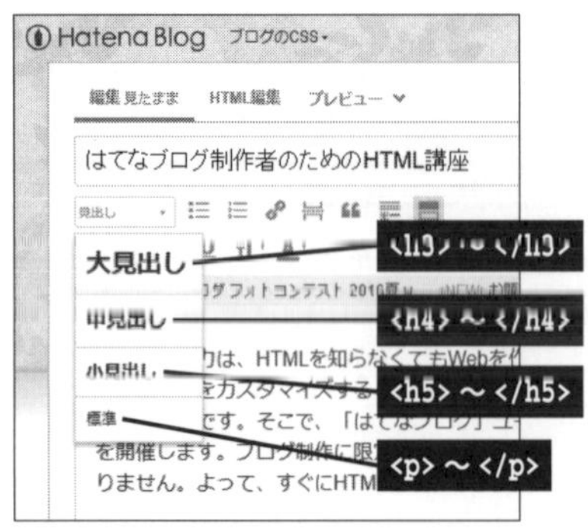

図13-4　見出しの指定

なお、「標準」を指定した段落は本文として扱われるため、<p>～</p>で囲まれたHTMLが出力されます。

画像の掲載　<img />

img要素は**画像**を掲載する要素です。まずは、img要素の出力例から見ていきましょう。

```
<p>-</p>
<p><img class="hatena-fotolife" title="f:id:Y-Aizawa:20160812141848j:plain" src="https
    ://cdn-ak.f.st-hatena.com/images/fotolife/Y/Y-Aizawa/20160812/20160812141848.jpg" alt
    ="f:id:Y-Aizawa:20160812141848j:plain" width="340" /></p>
<p>-</p>
```

図13-5　img要素の例

img要素では、**属性**を使って掲載する画像の情報を指定します。最初に登場する**class="**xxx**"**の記述は、画像の書式（表示方法）を指定するもので、少し特殊な属性となります。よって、ここでは無視しておいてください。

次に登場する**title="xxx"**の部分は、画像の名前を示しています。「はてなブログ」では画像の整理番号が「画像の名前」に採用される仕組みになっています。この属性は必須項目ではないため、削除しても構いません。

その後に続く、**src="xxx"**が最も重要な部分です。src属性は、画像の位置情報を示すもので、このURLに保存されている画像が実際に掲載される画像となります。

alt="xxx"の部分には、画像の内容を示す文字（**altテキスト**）を記述するのが基本です。しかし、「はてなブログ」では、画像の整理番号が指定されています。この属性はSEOにも影響を及ぼすので、画像の内容に応じてxxxの部分を書き換えておくのが理想的です。これについてはP26～30で解説したとおりです。

width="xxx"の部分は、画像の表示サイズを示しています。この例の場合、幅340ピクセルで画像を表示することになります。ちなみに、画像の表示サイズを高さで指定することも可能です。この場合は、width="xxx"の代わりに**height="xxx"**という属性を使用します。これについても、P36～38ですでに解説済みです。

img要素の末尾にある**/>**の記述は、**終了タグの省略**を意味しています。本来であれば、終了タグである</img>を記述しなければいけませんが、img要素は<img>～</img>の中に記述すべき文字がありません。このように、「開始タグ」と「終了タグ」の間に記述する文字がない要素（**空要素**）は、開始タグの末尾を/>とすることで、終了タグの記述を省略してもよい決まりになっています。

また、「はてなブログ」ではimg要素が<p>～</p>で囲んで出力される仕様になっています。このため、画像は1つの段落として扱われます（P33～36参照）。

リンクの指定　<a>～</a>

のアイコンを使って文字や画像に**リンク**を指定すると、その前後を**<a>～</a>**で囲んだHTMLが出力されます。

詳しい情報は東京スカイツリーの公式サイトでご確認ください。

```
<p>詳しい情報は<a href="http://www.tokyo-skytree.jp/">東京スカイツリーの公式サイト</a
    >でご確認ください。</p>
```

図13-6　a要素の例

a要素はリンクを指定する要素で、リンク先のURLを**href属性**で指定します。前ページの例の場合、「東京スカイツリーの公式サイト」の文字がリンクとして機能し、そのリンク先は「http://www.tokyo-skytree.jp/」となります。なお、画像にリンクを指定した場合は、img要素が<a>～</a>で囲まれます。

a要素に**target属性**を追加し、リンク先を表示するウィンドウ（タブ）を指定することも可能です。新しいウィンドウ（タブ）にリンク先を表示するときは、target="_blank"の記述をa要素に追加します（P42～46参照）。

その他、ブログ記事で使用されるHTML

そのほか、「見たままモード」の編集画面にあるアイコンを使って書式指定を行うと、以下のようなHTMLが出力される仕組みになっています。頻繁に登場する要素ではないため、参考程度に確認しておくとよいでしょう。

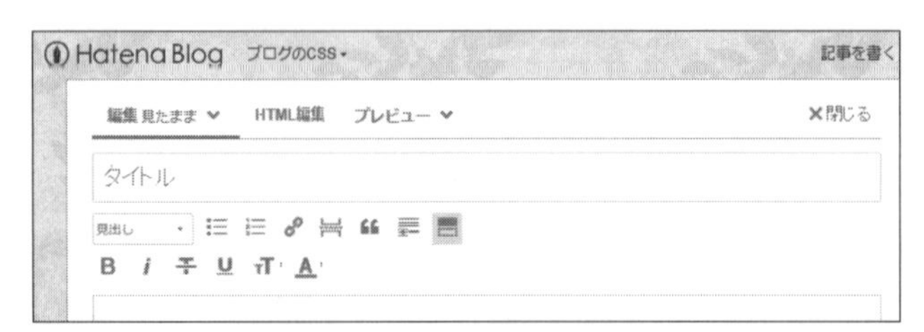

図13-7　「見たままモード」の編集画面に用意されているアイコン

■太字／斜体

太字を指定した文字は**<strong>～</strong>**、斜体を指定した文字は**<em>～</em>**で囲まれてHTML出力されます。

■打消／アンダーライン／文字の大きさ／文字色

書式を指定した文字が**<span>～</span>**で囲まれてHTML出力されます。それぞれの書式は、style属性（CSS）を使って以下のように指定されます。

打消 ……………… <span style="**text-decoration: line-through;**">～</span>
アンダーライン …… <span style="**text-decoration: underline;**">～</span>
文字の大きさ ……… <span style="**font-size: xxx%;**">～</span>
文字色 ……………… <span style="**color:**（色コード）**;**">～</span>

■箇条書き／番号付きリスト

箇条書き（リスト）を指定した範囲が**<ul> ～ </ul>**で囲まれ、各項目を**<li> ～ </li>**で囲んだHTMLが出力されます。番号付きリストを指定した場合は、<ul> ～ </ul>の代わりに**<ol> ～ </ol>**が出力されます。さらに、行間の調整用の<span> ～ </span>が各項目に追加されます。

```
<ul>
<li><span style="line-height: 1.5;">東京</span></li>
<li><span style="line-height: 1.5;">神奈川</span></li>
<li><span style="line-height: 1.5;">大阪</span></li>
</ul>
```

図13-8　箇条書きの指定と出力されるHTML

1. 東京
2. 神奈川
3. 大阪

```
<ol>
<li><span style="line-height: 1.5;">東京</span></li>
<li><span style="line-height: 1.5;">神奈川</span></li>
<li><span style="line-height: 1.5;">大阪</span></li>
</ol>
```

図13-9　番号付きリストの指定と出力されるHTML

■続きを読む

<p><!-- more --></p>という記述（p要素）が出力されます。ただし、このHTMLだけで「続きを読む」の機能が実現される訳ではありません。サーバーにより自動処理される、「はてなブログ」独自の記述方法となります。

■引用

引用を指定した段落（p要素）が**<blockquote> ～ </blockquote>**で囲まれてHTML出力されます。

■脚注

脚注に指定した部分が**((～))**で囲まれて出力されます。ただし、この記述は一般的なHTMLではありません。「はてなブログ」のサーバーにより自動処理される記述となります。

14 CSSの基本

続いては、各要素の書式を指定するCSSの記述方法について解説します。Webの作成経験がない方は、ここでCSSの基本を学んでおいてください。また、CSSで色指定を行う方法も解説しておきます。

CSSの役割

Webを作成するときは、HTMLを使って「見出し」や「段落」、「画像の掲載」などを指定していくのが基本です。ただし、**「各要素をどのように表示するか？」**までをHTMLで指定することはできません。

たとえば、<h3> ～ </h3> で囲った文字は「レベル3の見出し」として扱われますが、「どれくらいの文字サイズで表示するのか？」、また「見出しをどのように装飾するか？」といった書式までをHTMLで指定することはできません。

これらの書式を指定するには**CSS**の記述が必要となります。つまり、**HTMLでページの構成を指定し、CSSで表示方法（書式）を指定する**というのが基本的なWebの作成手順になります。

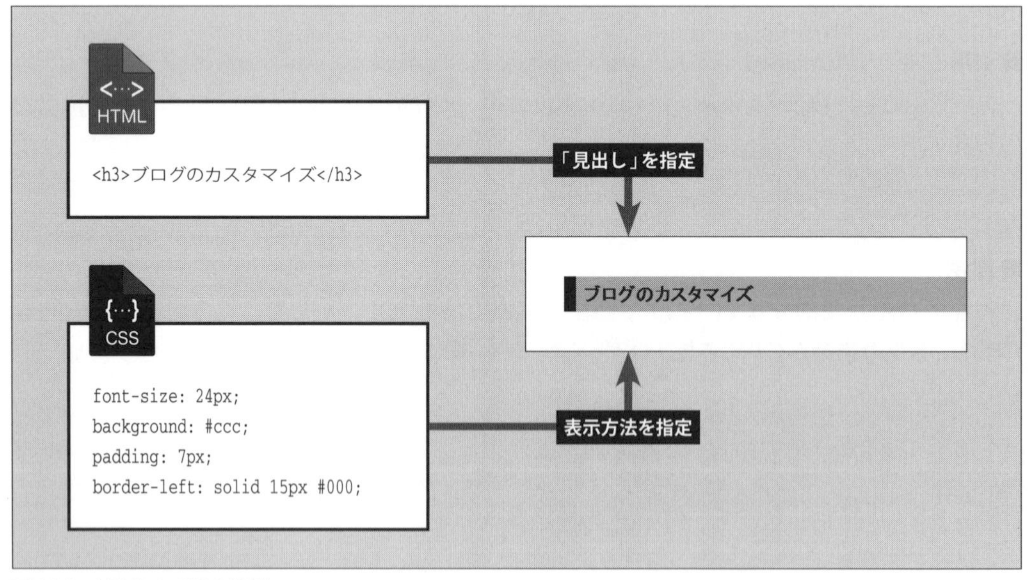

図14-1　HTMLとCSSの役割

「はてなブログ」の場合、選択した**テーマ**に応じて「あらかじめ用意されているCSS」が自動的に読み込まれる仕組みになっています。よって、自分でCSSを記述しなくても、デザインが施されたWeb（ブログ）を作成できます。

とはいえ、選択したテーマのデザインを部分的に変更したい場合もあるでしょう。このような場合は自分でCSSを記述し、「あらじかじめ用意されているCSS」を変更しなければいけません。

CSSの記述方法

それでは、CSSの記述方法を解説していきましょう。CSSでは、**プロパティ：値；**という形で書式を指定するのが基本です。プロパティの部分には「どの書式を指定するか？」を記述します。たとえば「文字サイズ」を指定する場合は、font-sizeというプロパティを記述します。続いて、**：**（コロン）を記述し、その後に書式の値を記述します。文字サイズの場合は、16pxや12ptのように単位付きの数値で値を指定するのが一般的です。

以上をまとめると、「文字サイズ16px」の書式指定は、

```
font-size:16px;
```

とCSSを記述することになります。

最後の**；**（セミコロン）は、それぞれの書式指定を区切る役割を担っています。通常、CSSで書式を指定するときは、「文字サイズ」や「文字色」、「フォントの種類」など、様々な書式（プロパティ）について値を指定していく必要があります。たとえば、文字サイズ（font-size）を16px、文字色（color）を赤色に指定するときは、以下のように「プロパティ：値；」を列記したCSSを記述します。

```
font-size:16px;color:red;
```

書式指定の区切り

このとき、それぞれの書式指定を改行して記述することも可能です。CSSでは、**改行**や**半角スペース**が無視される仕様になっています。よって、以下のように途中で改行したり、「：」の後に半角スペースを挿入したりしても、問題なく書式指定を行えます。

```
font-size: 16px;
color: red;
```

なお、本書の読者の中には、「プロパティ」や「値」の記述方法がよく分からない方もいると思います。そこで、巻末の付録に「ブログのカスタマイズでよく使用するCSS」をまとめておきます。CSSの記述に慣れていない方は、こちらも参考にしながら書式の指定方法を学習していくとよいでしょう。

色の指定について

CSSで書式を指定する際に、値に色を指定する場合もあります。赤色（red）や黄色（yellow）、緑色（green）のように基本的な色は**カラーネーム**で色を指定できますが、それ以外の微妙な色合いを指定するには、RGBの16進数を使って色指定を行わなければいけません。

色を16進数で指定するときは、**#**（シャープ）に続けて、赤（R）、緑（G）、青（B）の明るさを2桁の16進数で指定するのが一般的です。それぞれの数値は00が最も暗く、FFが最も明るい色になります。

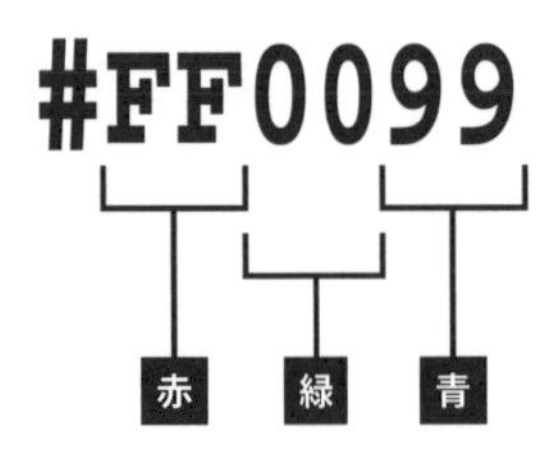

上記の例の場合、赤は最も明るい（FF）、緑は最も暗い（00）、青はそこそこ明るい（99）という色指定になります。その結果、「赤が強めの紫色」が指定されることになります。

重要度 ★★★☆☆

16進数とは？

普段、私たちが使用している10進数では、0～9の10種類の文字を使って数値を表します。一方、16進数では、0～9とA～Fの16種類の文字を使って数値を表します。Aの文字は10進数の「10」に相当し、Bは「11」、Cは「12」、…、Fは「15」の数値に対応する仕組みになっています。そして、数値が10進数の「16」になると、桁数を増やして10と表記します。16進数表記の00～FFは10進数の「0～255」に相当するため、赤、緑、青の明るさをそれぞれ256段階で示すことが可能です。

色指定の16進数表記に使用するA～Fは、小文字で記述しても構いません。つまり、#FF0099と#ff0099は同じ色を示していることになります。

そのほか、#F09のように赤(R)、緑(G)、青(B)を1桁ずつ記述する方法もあります。この場合は、赤、緑、青の明るさをそれぞれ16段階で示すことになるため、全部で4096色の色を指定できます。

色をRGBの16進数で指定するには、それなりの経験を必要とします。CSSに慣れている方でも思いどおりの色を指定するのは難しいかもしれません。「カラーコード」などのキーワードでWeb検索すると、色指定の一覧表や変換ツールを掲載しているページを見つけられるので、これらを参考にしながら色指定を行うとよいでしょう。

15 style属性を使ったCSSの指定

ここからは、CSSを使った書式指定の具体的な例を紹介していきます。まずは、HTMLにstyle属性を追加してCSSを指定する方法を解説します。この方法は考え方が最も簡単で、確実に書式を指定できるのが利点となります。

style属性でCSSを指定

各要素の書式を指定する最も簡単な方法は、HTMLに**style属性**を追加する方法です。この場合は、HTMLの中にCSSを直接記述することが可能となります。具体的な例で見ていきましょう。

次ページに示した図は、「大見出し」(h3要素)に「文字サイズ24px」の書式を指定した場合の例です。通常の表示より文字サイズが少しだけ大きくなっているのを確認できると思います。

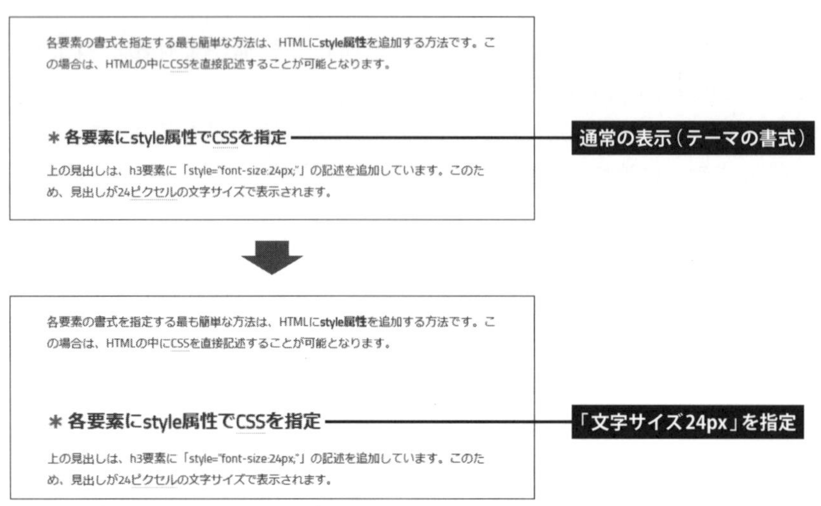

図15-1　「大見出し」の文字サイズを変更

「HTML編集」の画面を使ってh3要素にstyle属性を追加し、その値に「font-size:24px;」のCSSを記述することで書式を指定しています。

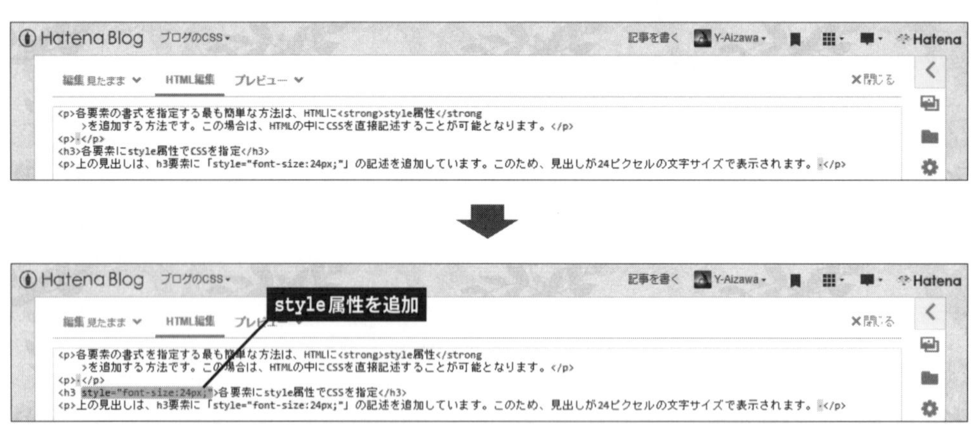

図15-2　style属性を使ったCSSの指定

画面キャプチャでは記述を見にくいと思うので、テキストでも記述内容を示しておきましょう。

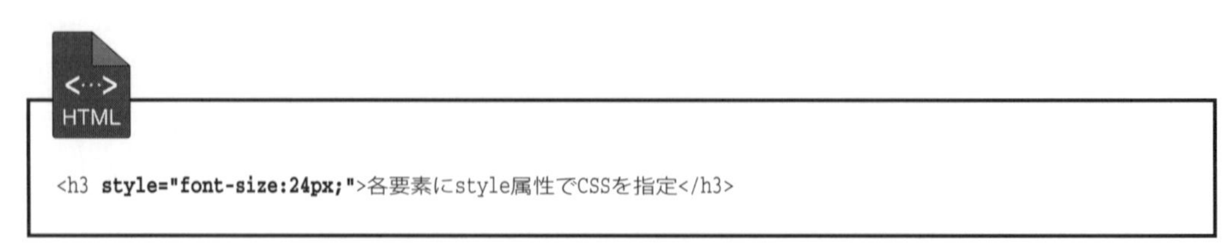

```
<h3 style="font-size:24px;">各要素にstyle属性でCSSを指定</h3>
```

もちろん、複数のプロパティを列記することも可能です。たとえば、文字サイズ（font-size）に24px、背景色（background）に「薄い灰色」を指定し、さらに内余白（padding）を7px、左の枠線（border-left）を「実線、15px、黒色」に指定するCSSを記述していくと、図15-3のように「大見出し」（h3要素）を表示できます。

```
<h3 style="font-size: 24px; background: #ccc; padding: 7px; border-left: solid 15px #000;">各要素に
style属性でCSSを指定</h3>
```

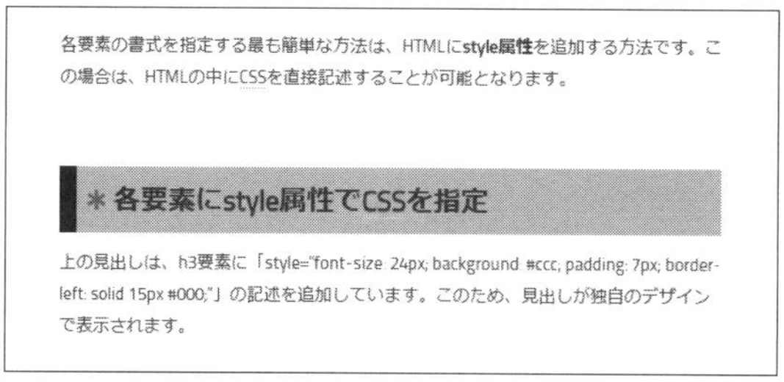

各要素の書式を指定する最も簡単な方法は、HTMLに**style属性**を追加する方法です。この場合は、HTMLの中にCSSを直接記述することが可能となります。

＊各要素にstyle属性でCSSを指定

上の見出しは、h3要素に「style="font-size: 24px; background: #ccc; padding: 7px; border-left: solid 15px #000;"」の記述を追加しています。このため、見出しが独自のデザインで表示されます。

図15-3　複数のプロパティを指定した「大見出し」

style属性の欠点

前述した例のように、style属性を使うと「HTML編集」の画面でCSSを指定できるようになります。難しいことを考えなくても確実に書式を指定できるのが、style属性の利点といえるでしょう。その反面、**style属性を記述した要素**しか書式指定の対象にならないことが欠点となります。

たとえば、ページ内に「大見出し」（h3要素）が何回も登場する場合を考えてみましょう。この場合、そのつどstyle属性を記述していかないと「大見出し」の見た目を統一できなくなってしまいます。style属性を記述しなかったh3要素は、テーマに指定されている書式で「大見出し」が表示されます。

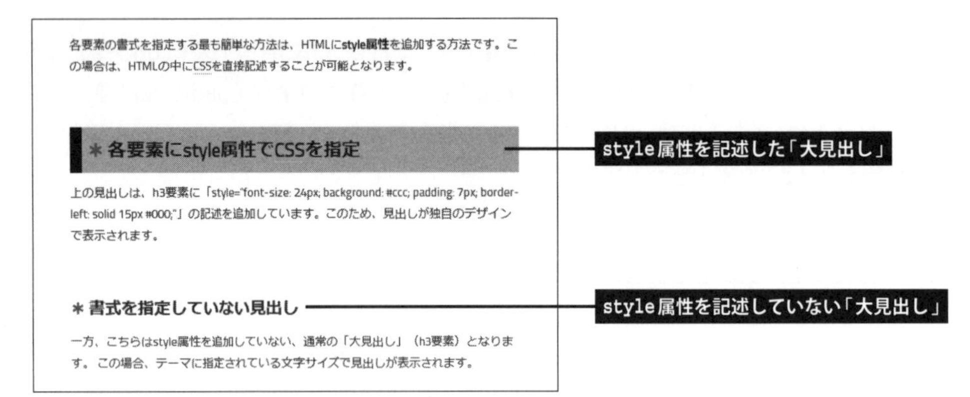

図15-4　書式指定の対象となる要素

つまり、「大見出し」（h3要素）が登場するたびにstyle属性を記述する必要があり、かなり面倒な作業を強いられます。もちろん、別の記事でも、そのつどstyle属性を記述しなければいけません。よって、この方法で書式指定を行う機会はあまり多くありません。例外的に、他とは異なる書式で要素を表示したい場合にのみ、style属性を活用するのが一般的です。

16 要素名やクラス名を使ったCSSの指定

ブログ全体を対象にして書式指定を行うには、外部CSSを記述しなければいけません。続いては、要素名やクラス名に対して書式指定を行う方法を解説します。CSSカスタマイズの基本となるので、よく仕組みを理解しておいてください。

はてなブログで外部CSSを指定する方法

通常のWebでは、HTMLでページ構成を指定し、HTMLとは別に用意した**外部CSS**で各要素の書式を指定するのが一般的です。「はてなブログ」でも同様の手法を使って書式指定を行うことが可能です。

外部CSSを編集するときは、「自分のID名」から「**デザイン**」のメニューを選択し、のアイコンをクリックします。続いて「**デザインCSS**」の項目を選択すると、外部CSSを表示できます。

図16-1　外部CSSの表示

外部CSSのエリア内をクリックすると、図16-2のように外部CSSの領域が拡大され、CSSの記述を自由に変更できるようになります。

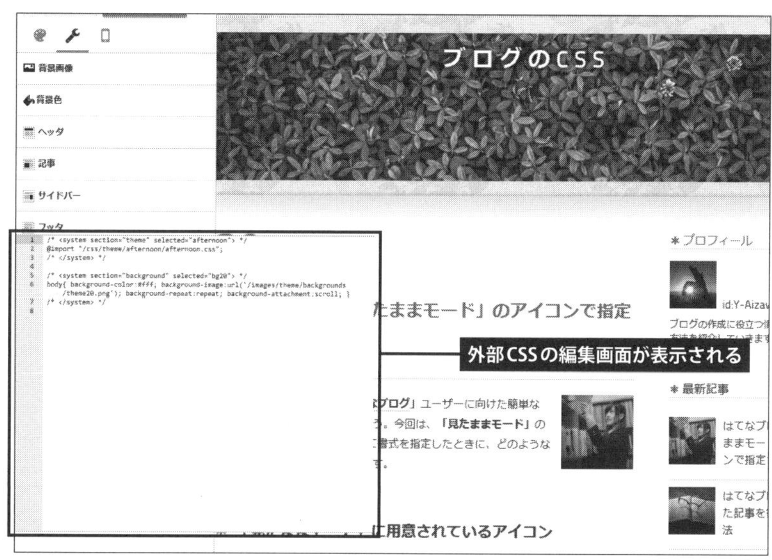

図16-2　外部CSSの編集画面

ここに最初から記述されているCSSは、「テーマの読み込み」や「背景の書式指定」となるので、**絶対に削除しない**ように注意してください。自分で記述するCSSは、この記述の後に追記していくのが基本です。

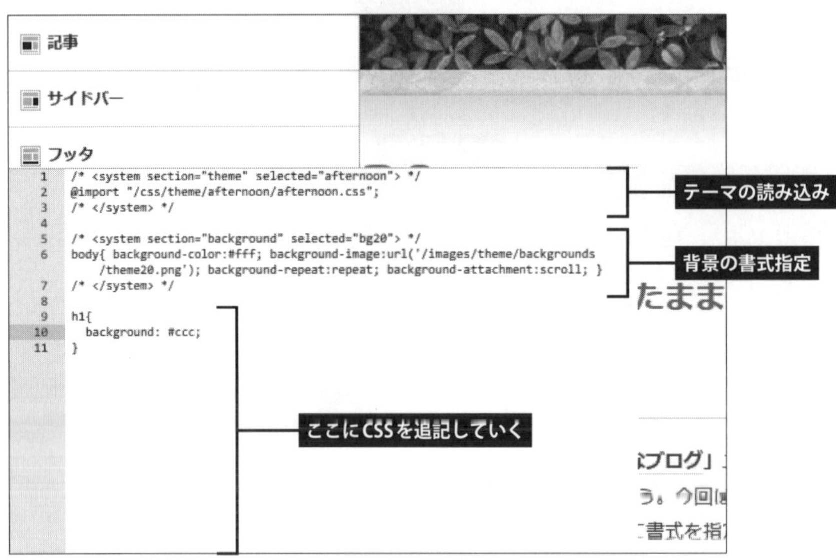


```
1  /* <system section="theme" selected="afternoon"> */
2  @import "/css/theme/afternoon/afternoon.css";
3  /* </system> */
4
5  /* <system section="background" selected="bg20"> */
6  body{ background-color:#fff; background-image:url('/images/theme/backgrounds
       /theme20.png'); background-repeat:repeat; background-attachment:scroll; }
7  /* </system> */
8
9  h1{
10   background: #ccc;
11 }
```

図16-3　外部CSSの追記

編集画面のエリア外をクリックすると、追記したCSSがプレビューに反映されます。この状態で**［変更を保存する］ボタン**をクリックすると、外部CSSを保存できます。

図16-4　外部CSSの保存

なお、外部CSSを保存しないで編集作業を終了するときは、別のページ（「自分のブログ」のトップページなど）へ移動する操作を行い、［**このページを離れる**］**ボタン**をクリックします。すると、今回の編集内容が破棄され、外部CSSを元の状態に戻すことができます。念のため、覚えておいてください。

図16-5　今回の編集内容を破棄する操作

要素名を対象にCSSを指定

それでは、外部CSSを使って書式指定を行う方法を解説していきましょう。まずは、**要素名**を対象に書式指定を行う方法から解説します。特定の要素に対して書式を一括指するときは、

```
要素名 {
  プロパティ : 値;
  プロパティ : 値;
  プロパティ : 値;
      ⋮
}
```

という形式でCSSを記述します。

たとえば、全てのh3要素を対象に、文字サイズ（font-size）を30px、背景色（background）を「薄い灰色」に指定するときは、以下のようにCSSを記述します。

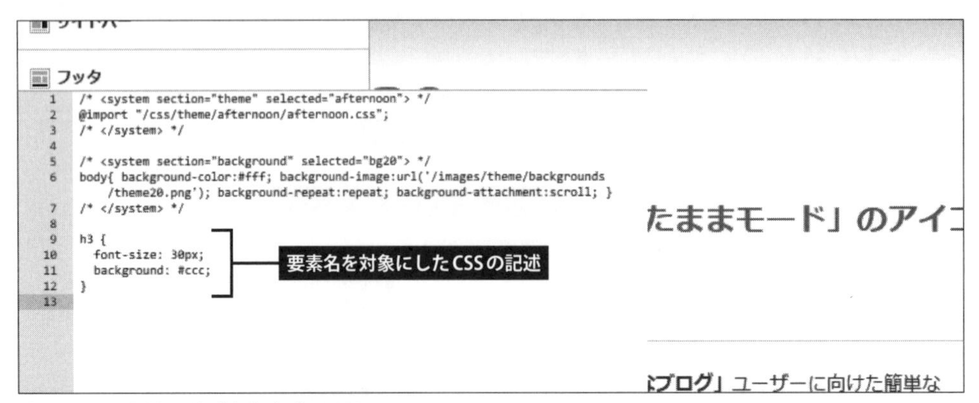

図16-6　h3要素の書式を指定するCSS

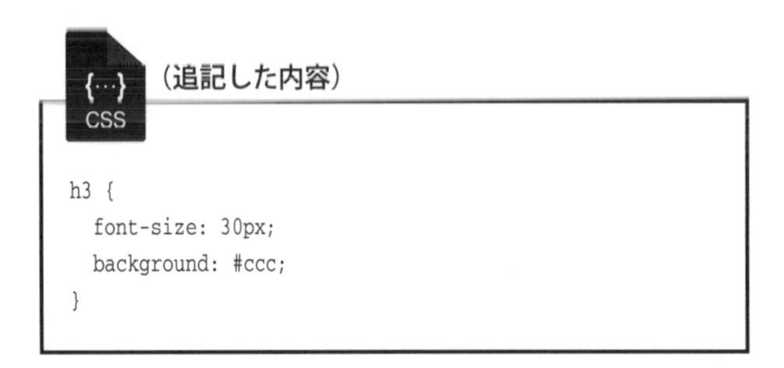

（追記した内容）

```
h3 {
  font-size: 30px;
  background: #ccc;
}
```

編集画面のエリア外をクリックしてプレビューを見ると、背景色の書式は正しく反映されていますが、**文字サイズの書式が反映されていない**ことを確認できると思います。

図16-7　CSSを追記した後のプレビュー

ある程度CSSの知識があり、ブログのCSSカスタマイズに挑戦したことがある方は、似たような失敗を経験しているかもしれません。背景色(background)は正しく指定されるのに、文字サイズ(font-size)の指定は無視される…。このような結果になってしまうのは、しかるべき理由があります。これについては後ほど詳しく解説します。

クラス名を対象にCSSを指定

続いては、**クラス名**を対象に書式指定を行う方法を解説します。HTMLには、**class属性**と呼ばれる属性が用意されています。この属性を指定すると、クラス名を使って書式を指定することが可能となります。具体的な例で見ていきましょう。

たとえば、あるh3要素にclass="midashi"というクラス名を追加したとしましょう。この場合、midashiのクラス名に対してCSSを指定することが可能となります。クラス名に対して書式を一括指定するときは、

```
.クラス名 {
   プロパティ：値;
   プロパティ：値;
   プロパティ：値;
         ⋮
}
```

という形式でCSSを記述します。クラス名の前に **.**（ピリオド）を記述する必要があることを忘れないようにしてください。

たとえば、「HTML編集」を使ってh3要素にclass="midashi"というクラス名を追加したとします。

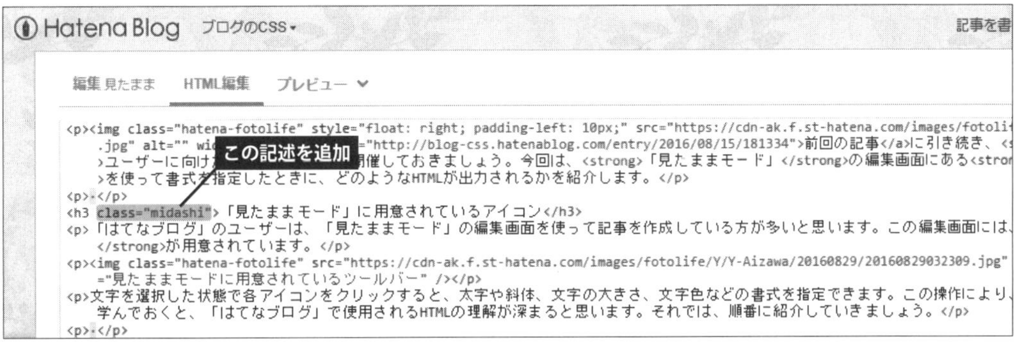

図16-8　class属性の追加

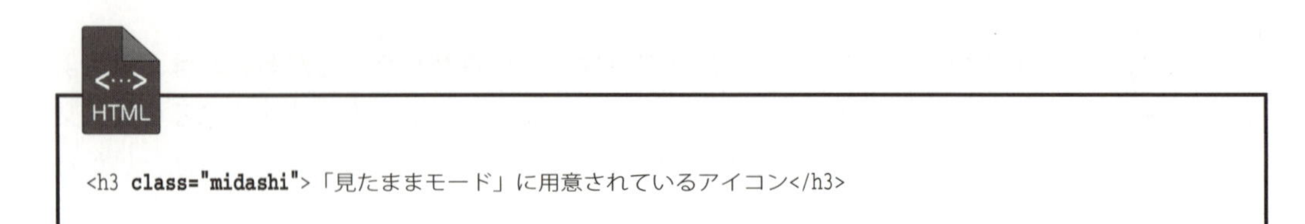

```
<h3 class="midashi">「見たままモード」に用意されているアイコン</h3>
```

続いて、このクラス(.midashi)に対して、文字サイズ(font-size)を30px、背景色(background)を「薄い灰色」にする書式を指定します。

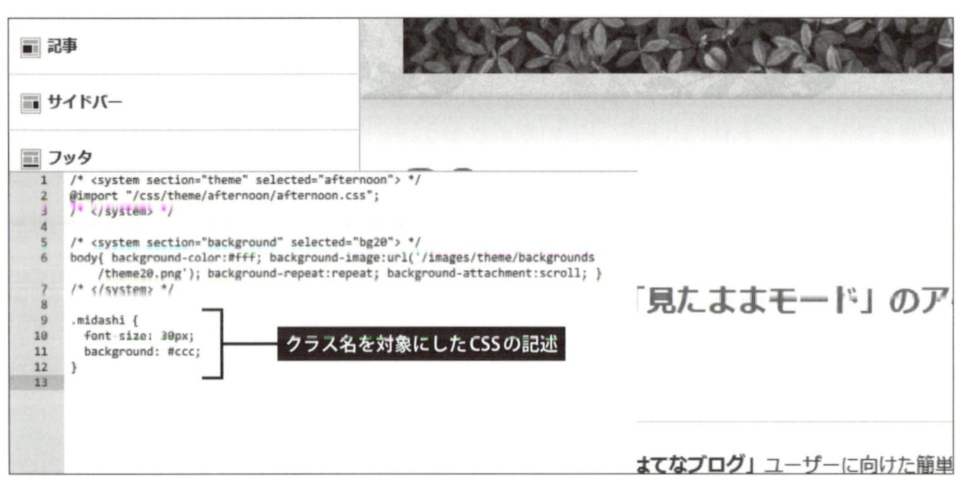

図16-9　midashiクラスの書式を指定するCSS

CSS (追記した内容)

```
.midashi {
  font-size: 30px;
  background: #ccc;
}
```

すると、図16-10のようにプレビューが表示されるのを確認できます。この場合も、背景色の書式は正しく反映されますが、**文字サイズの書式は反映されない**状態になり、先ほどと同じ結果になってしまいます。

また、この方法で書式を指定するときは、全てのh3要素にclass="midashi"の記述を追加しておく必要があり、とても実用的とはいえません。class属性を指定していないh3要素には、.midashi{……}の書式は適用されません。これは当然といえば当然の結果です。

図16-10 CSSを追記した後のプレビュー

ブログのCSSカスタマイズは意外と難しい

今回紹介した例のように、ブログのカスタマイズでは、**要素名**を対象にしても、**クラス名**を対象にしても、CSSの書式指定がうまく反映されない場合が多くあります。もしかすると、Webの作成経験がある方ほど、『なぜだろう？』と不思議に感じているかもしれません。

実は、ブログのCSSカスタマイズは意外と難しく、自分でゼロからWebを作成する場合よりCSSの記述が難解になるケースが少なくありません。というのも、テーマにより指定されているCSSを解析し、それを上書きするように「自作のCSS」を追記しなければならないからです。

「自作のCSS」を正しく適用されるには、「各テーマがどのようなセレクタでCSSを指定しているか？」を調べておく必要があります。次節では、この手順について詳しく解説していきます。

重要度 ★★★★★

スマホサイトのCSSカスタマイズ

→「デザインCSS」の項目でカスタマイズできるCSSは、PCサイトのブログ表示だけです。スマホサイトのブログ表示をカスタマイズするには、有料のPro版にアップグレードし、→「ヘッダ」の項目でCSSを記述する必要があります（P256～257参照）。

17 有効なセレクタを確認するには？

「自作のCSS」を正しく反映させるには、「**テーマ**がどのようなセレクタでCSSを指定しているか？」を調べておく必要があります。続いては、Chromeの**デベロッパー ツール**を使って、テーマにより指定されているCSSのセレクタを調べる方法を解説します。

セレクタとは？

まずは、**セレクタ**という用語について解説しておきましょう。たとえば、h3要素の書式を一括指定するときは、h3{……}という形でCSSを記述します。同様に、midashiクラスの書式を一括指定するときは、.midashi{……}という形でCSSを記述します。これらの記述において、{……}の前にあるh3や.midashiのことをセレクタと呼びます。

あらためてセレクタと呼ぶと、なんか難しい感じがしてしまいますが、要は「書式指定の対象」とする**要素名**や**クラス名**のことをセレクタと呼んでいるに過ぎません。以降の解説を進めるにあたって重要な用語となるので、必ず覚えておいてください。

Chromeを使ったセレクタの確認

前節でも解説したように、「はてなブログ」では、**要素名**や**クラス名**を対象にCSSを記述しても、書式指定がうまく反映されない場合が多くあります。たとえば、h3{……}という形でCSSを記述しても、「大見出し」（h3要素）の書式を思いどおりに指定できません。

この問題を解決するには、あらかじめテーマにより指定されているCSSが「どのようなセレクタでCSSを記述しているか？」を確認しておく必要があります。この際に活用できるのが、WebブラウザChromeの**デベロッパー ツール**です。ここでは、デベロッパー ツールを使って各テーマのCSSを解析する方法を紹介していきます。

まずはChromeを起動し、自分のブログ記事を閲覧します。このとき、ブログの「トップページ」ではなく「個々の記事ページ」を閲覧するようにしてください。ページ全体が表示されたら、**[F12]キー**(※1)を押してデベロッパー ツールを表示させます。

（※1）Mac OSの場合は[⌘]＋[Option]＋[I]キーを押します。

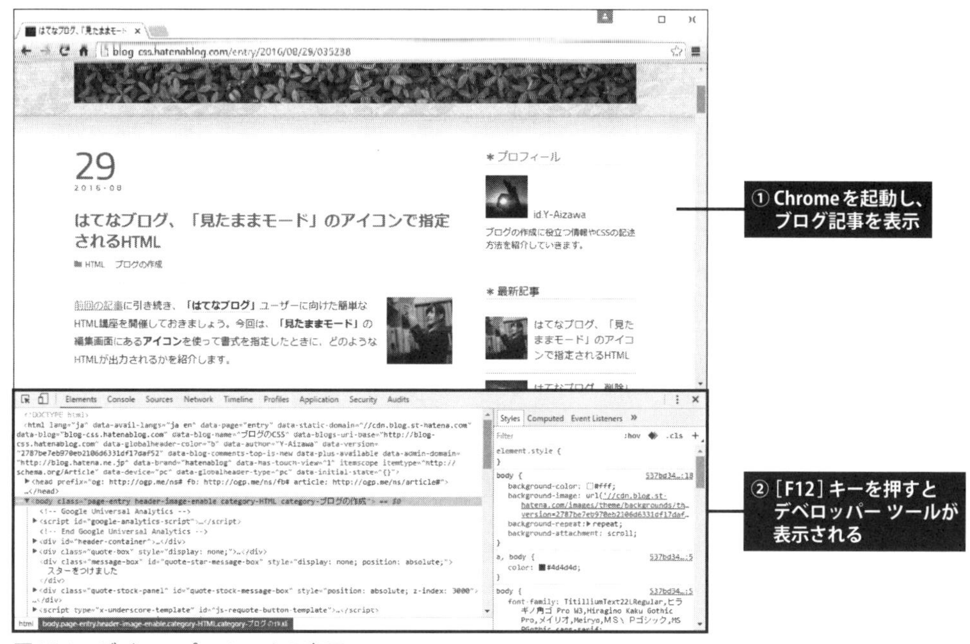

図17-1　デベロッパー ツールの表示

デベロッパー ツールの左側には「**閲覧しているページのHTML**」、右側には「**選択している要素のCSS**」が表示されます。続いて、CSSを解析する要素を選択します。[アイコン]のアイコンをクリックし、ブログ画面の上でマウスを移動させると、マウスの動きに合わせて「要素の選択」が変化していくのを確認できます。

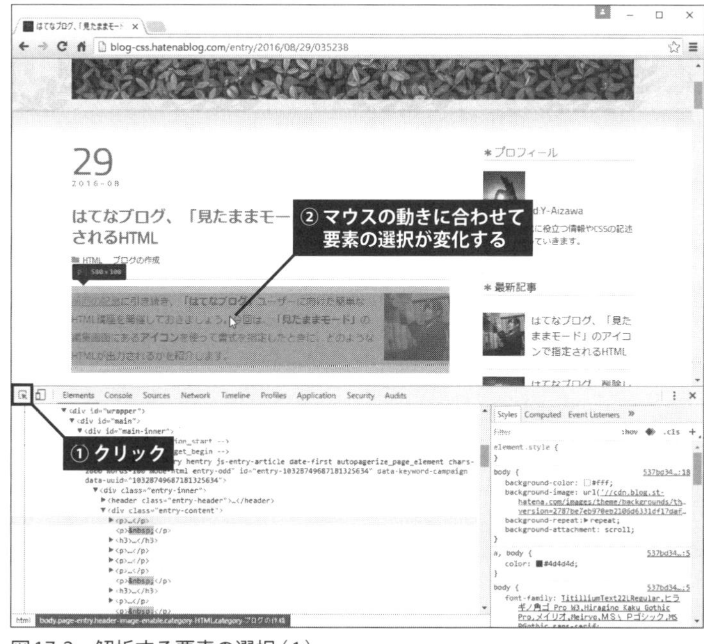

図17-2　解析する要素の選択（1）

今回の例では「大見出し」（h3 要素）のCSSを確認したいので、「大見出し」の上にマウスカーソルを移動してクリックします。すると、h3 要素が選択され、画面右下に「h3 要素のCSS」が表示されます。

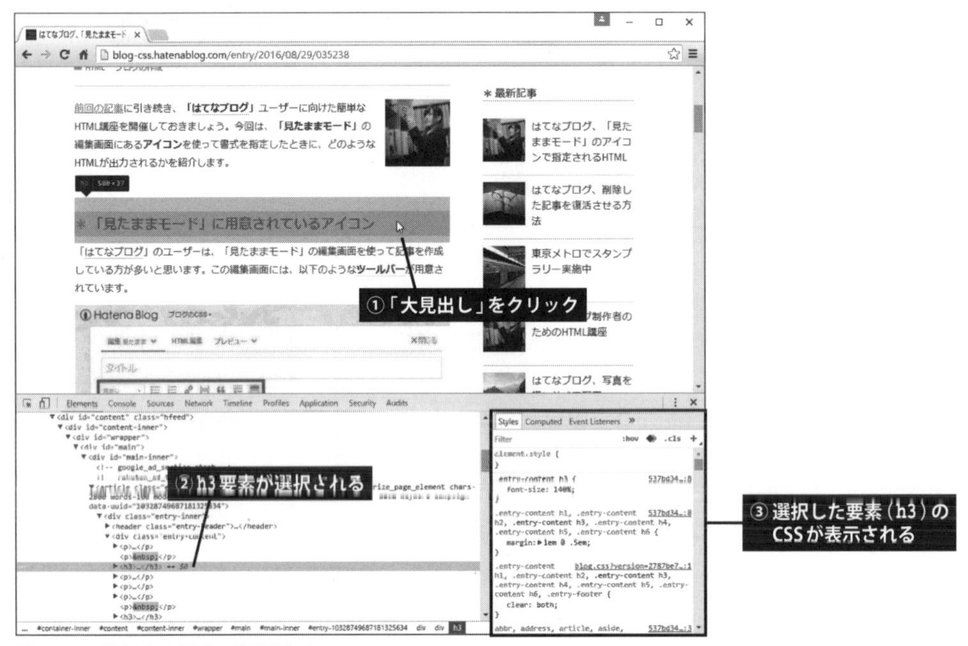

図17-3　解析する要素の選択（2）

ここに表示されるCSSを読み取っていくことが第1ステップとなります。とはいえ、難解なCSSが長々と表示されているため、何から始めてよいのか困惑してしまう方もいるでしょう。このような場合は、上から順番にCSSを見ていくのが基本です。デベロッパー ツールに表示されるCSSは、**上に表示されているものほど優先順位が高いCSS**となります。

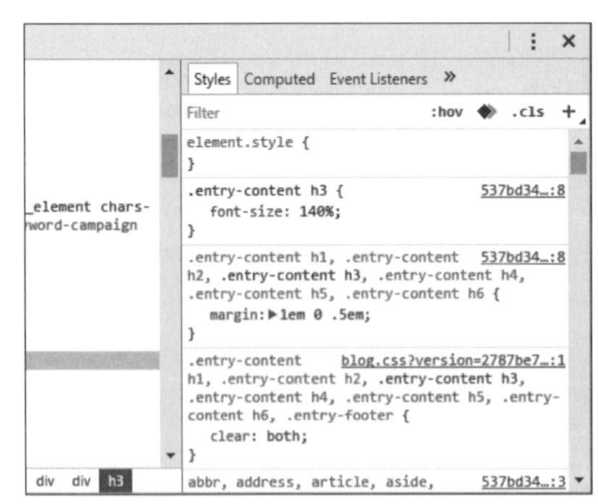

図17-4　h3要素に指定されているCSS

今回の例では、最初のCSSとして以下のような記述が見つかりました。なお、この記述内容は「選択しているテーマ」に応じて変化するため、以下に示した内容とは異なるCSSが表示される場合もあります。

```
.entry-content h3 {
  font-size: 140%;
}
```

この記述を見ると、「.entry-content」と「h3」の2つのセレクタで書式指定が行われていることを確認できます。この記述は、**「entry-content クラス」の中にある「h3 要素」**を書式指定の対象にすることを意味しています。このように、複数のセレクタを**半角スペース**で区切って記述すると、「○○」の中にある「△△」という具合に書式指定の対象を限定することが可能となります。

「はてなブログ」では、各記事の内容を**「クラス名 entry-content の div 要素」**で囲んでHTML出力する仕組みになっています。つまり、以下のような構成でHTMLが出力されることになります。

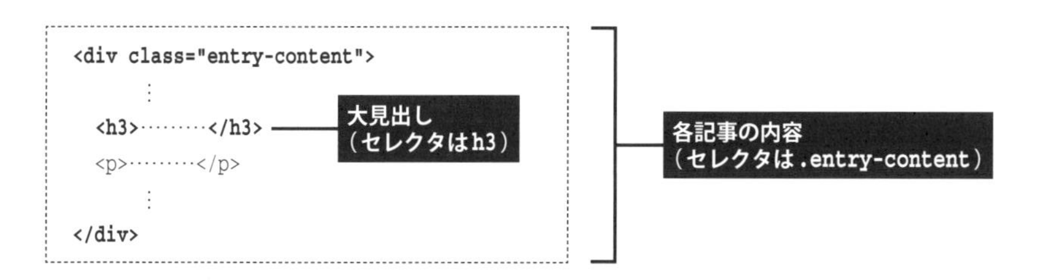

テーマにより指定される.entry-content h3{……}の記述は、「クラス名entry-contentのdiv要素」の中にある「h3要素」という、少し複雑な指定方法になっています。単純にh3{……}という形でCSSが記述されている訳ではありません。

重要度　★★★★☆

div要素とは？

div要素は「汎用ブロックレベル要素」と呼ばれるもので、主に「範囲」を指定する要素として活用されます。div要素そのものに特別な意味や機能はありません。特定の範囲を<div class="xxx">～</div>で囲んでページ内を階層化したり、xxxクラスに対して書式を指定することでページデザインを構築したりする場合に活用されるのが一般的です。

セレクタの優先順位

さて、話を元に戻して、「なぜh3{……}で書式を思いどおりに指定できないのか？」を説明していきましょう。ここでは、外部CSSに以下の記述を追記した場合を例に解説を進めていきます。

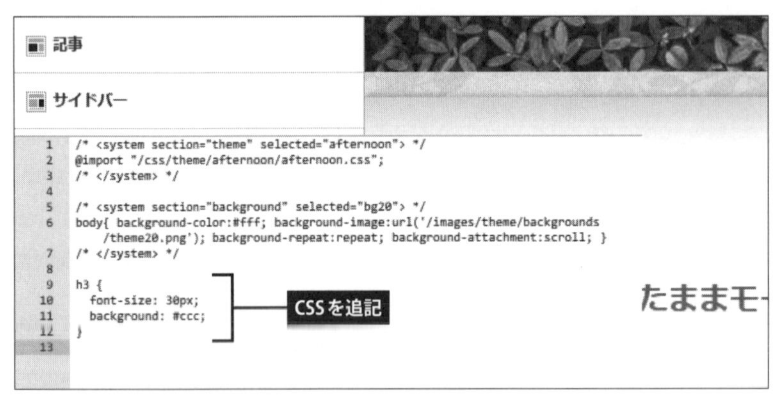

図17-5　h3要素の書式を指定するCSS

{…} CSS　(追記した内容)

```
h3 {
  font-size: 30px;
  background: #ccc;
}
```

この結果はP97～98で示したとおりで、背景色（background）の書式は正しく反映されますが、文字サイズ（font-size）の書式は反映されない、という結果になります。

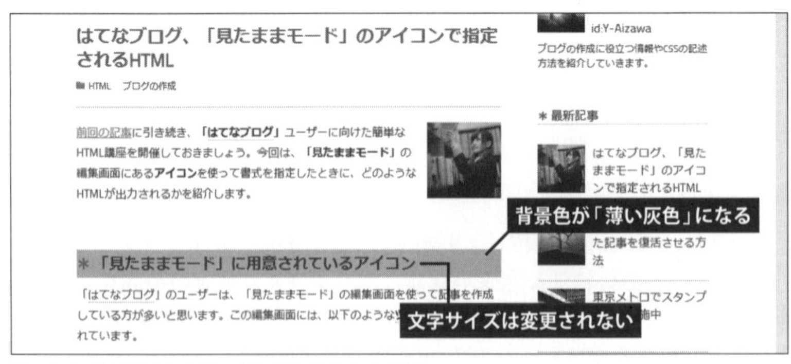

図17-6　h3要素に対して書式を指定した場合

では、デベロッパー ツールを使ってCSSがどのように解釈されているか確認してみましょう。最初に表示されるCSSは、「テーマにより指定されたCSS」です。さらにCSSを読み進めていくと、少し下に「自作のCSS」が表示されているのを確認できます。

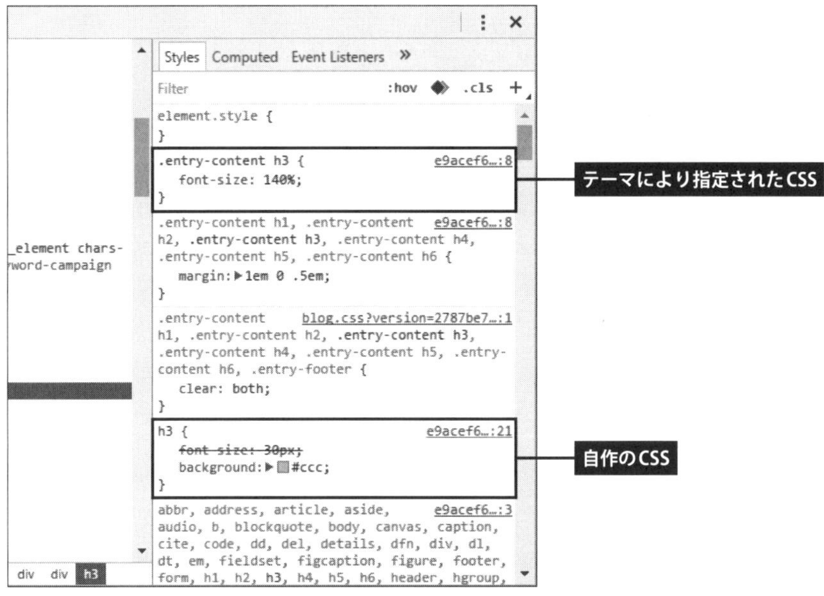

図17-7　デベロッパー ツールでh3要素のCSSを確認

この並び順を見ると、「テーマにより指定されたCSS」の方が「自作のCSS」より優先順位が高いことが分かります。また、それぞれのCSSでfont-sizeが重複しており、「自作のCSS」で指定した「font-size: 30px;」が無効化されているのを確認できます。一方、backgroundは重複がないため、「自作のCSS」で指定した内容が有効に機能しています。つまり、背景色（background）は反映されるが、文字サイズ（font-size）は反映されない、という結果になります。

このように、単純にh3{……}と外部CSSを記述すると、その優先順位は「テーマにより指定されたCSS」より低くなってしまいます。よって、重複する書式が無効化されます。この問題を解消するには、「自作のCSS」も.entry-content h3{……}という形で記述し、「テーマにより指定されたCSS」を上書きするように書式指定しなければいけません。

重要度 ★★★★★

CSSの優先順位

CSSのルールでは、限定的なセレクタほど優先順位が高くなる決まりになっています。h3{……}と.entry-content h3{……}はどちらもh3要素の書式を指定するCSSですが、.entry-content h3{……}の方が指定対象を限定したセレクタとなります。よって、.entry-content h3{……}の方が優先順位は高くなります。ブログのように他人が作成したCSSをカスタマイズするときは、このようなルールがあることも頭に入れておく必要があります。

そこで、外部CSSの記述を.entry-content h3{……}という形に変更してから保存しなおしてみると、「自作のCSS」で指定した書式が全て反映されることを確認できます。

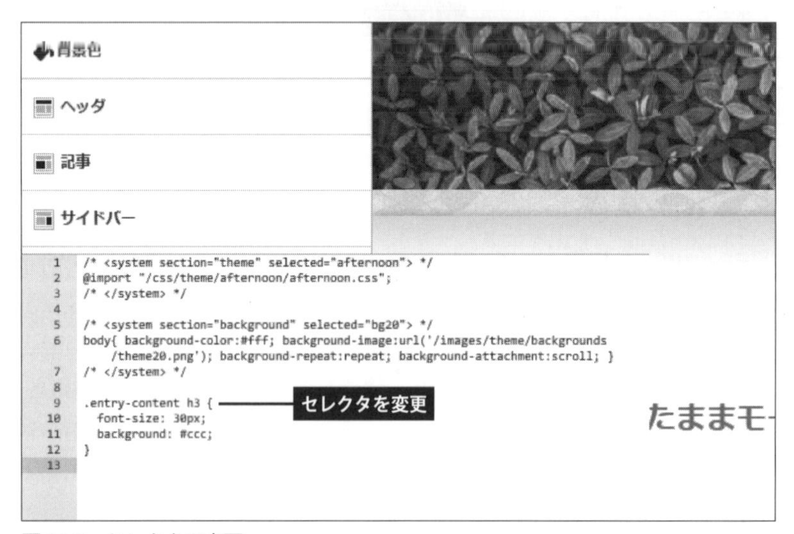

図17-8　セレクタの変更

{…}
CSS

```
.entry-content h3 {
  font-size: 30px;
  background: #ccc;
}
```

セレクタを変更

図17-9　.entry-content h3{……}で書式指定した場合

30pxという文字サイズはあまりに大きすぎますが、今回の例では「指定した書式が正しく反映されているか？」を一目で確認できるように、あえて極端な文字サイズを指定しました。実用的なカスタマイズ例はP114以降で詳しく解説していくので、そちらを参考にしてください。

念のため、デベロッパー ツールでCSSがどのように解釈されているか確認しておきましょう。

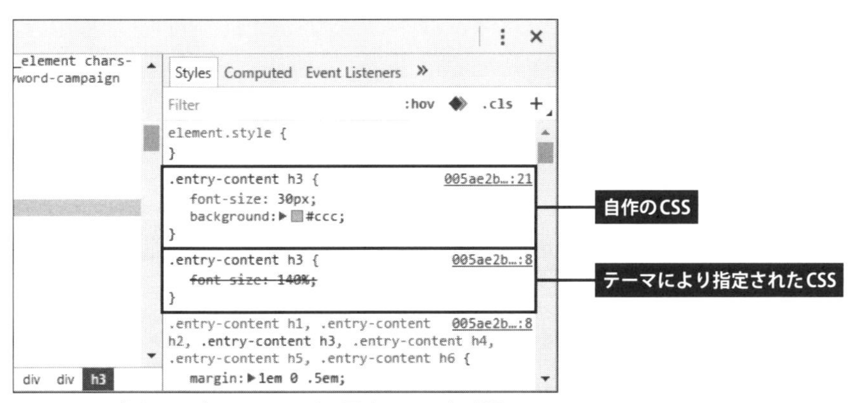

図17-10　デベロッパー ツールでh3要素のCSSを確認

今回の例では、「自作のCSS」の方が「テーマにより指定されたCSS」より優先順位が高くなっています。よって、全ての書式指定が有効に機能します。

このように、外部CSSを使って書式を指定するときは、「テーマにより指定されたCSS」を解析し、それに合わせてセレクタを記述しなければいけません。これは、HTML & CSSでWebを作成した経験がある方でも『難しいな…』と感じる内容かもしれません。

よく分からない方は、P114以降で解説しているカスタマイズ例を参考にCSSを記述していくだけでも、たいていのカスタマイズを行えると思います。「自作のCSS」を追記するときは、**一番上に表示されているCSSに合わせてセレクタを記述する**のが基本です。一部、例外となるケースもありますが、このことを覚えておくだけでもトラブルの大半を回避できると思います。

ここで解説した内容を理解するにはCSSの知識をそれなりに必要とするので、あまり深く考え込まずに先を読み進めていくのも一つの手です。初めのうちは真似することから始めて、実際に作業をしながら理解を深めていくとよいでしょう。

デベロッパー ツールに用意されている機能

デベロッパー ツールの使い方を紹介したついでに、覚えておくと便利な機能をいくつか紹介しておきます。以下に紹介する機能も「自作のCSS」を記述する際に役に立つと思います。

■ プロパティの検索

デベロッパー ツールの右側には、「選択している要素のCSS」が長々と表示されています。この中から目的の書式指定を探し出したいときは、プロパティで検索すると便利です。たとえば、「行間の書式がどこで指定されているか？」を探し出したいときは、Filter欄に「line-height」とキーワードを入力します。すると、「line-heightを含むCSS」だけを絞り込んで表示できます。

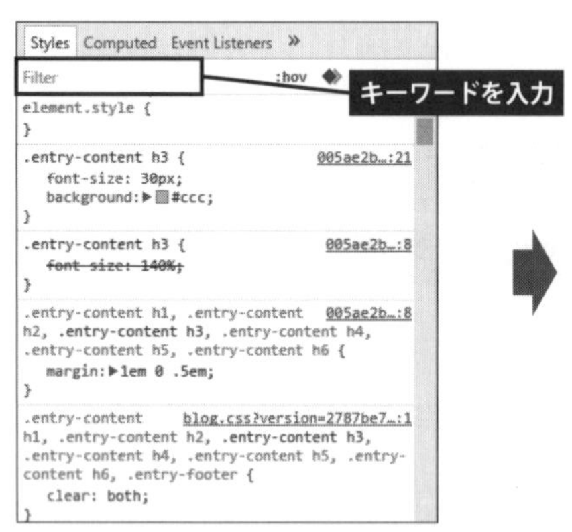

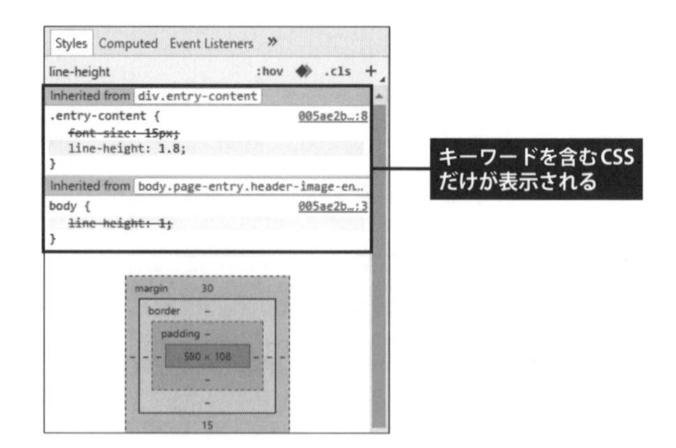

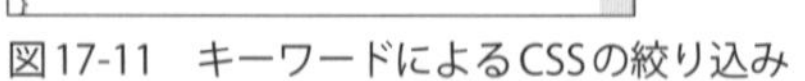
図17-11　キーワードによるCSSの絞り込み

なお、絞り込みを解除するときは、Filter欄に入力したキーワードを削除します。

■ 書式指定の無効化

各CSSで指定されている書式指定を一時的に無効化する機能も用意されています。書式指定を無効化するときは、その記述の前に表示されるチェックボックスをOFFにします。

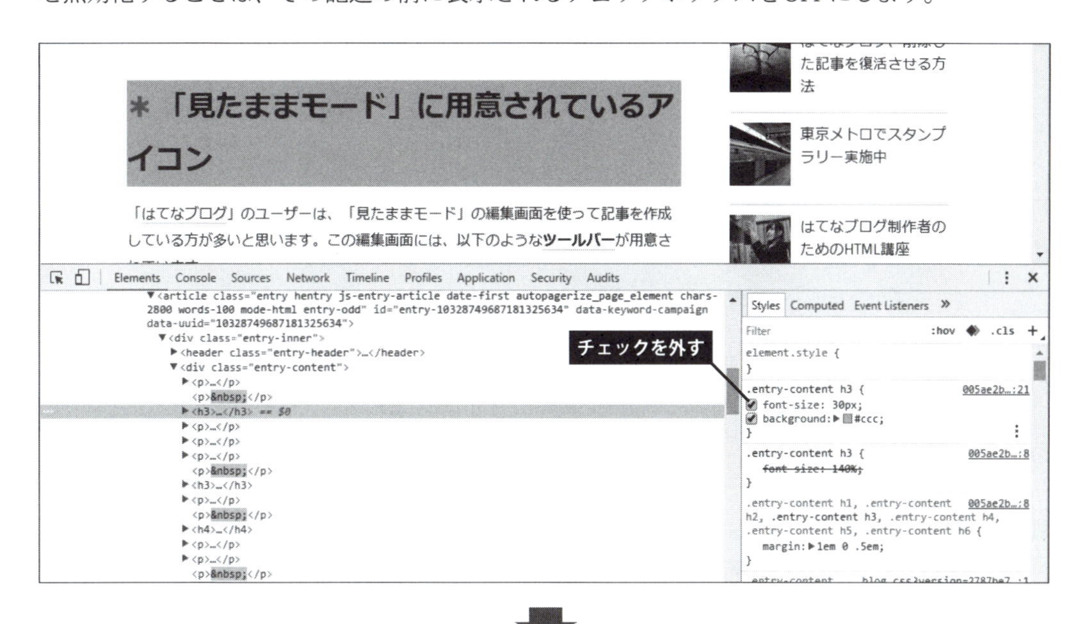

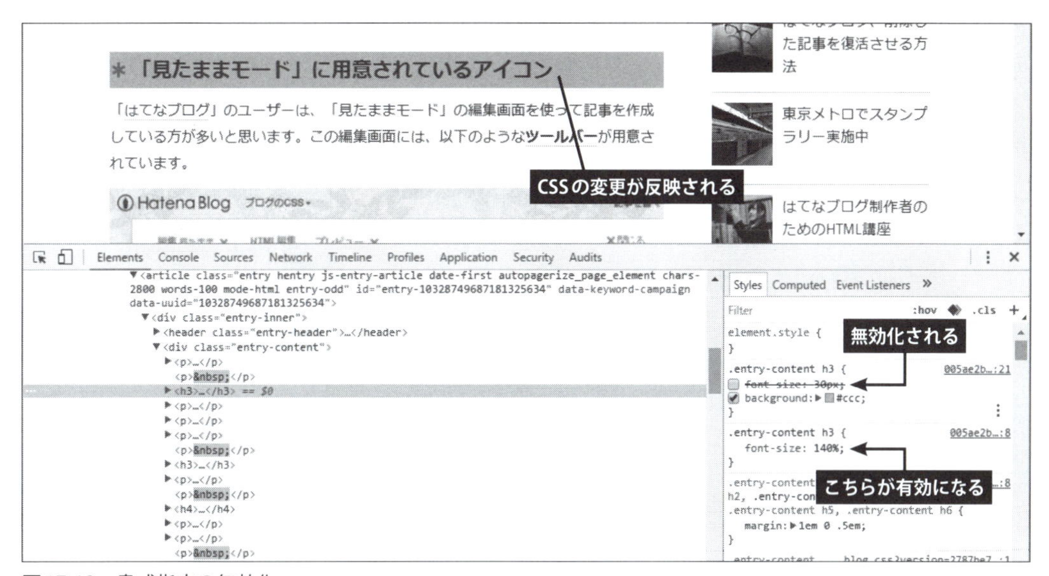

図17-12　書式指定の無効化

この操作は、ブラウザ上で書式指定の有効／無効を変化させるものであり、CSSの記述そのものを変更する機能ではありません。よって、書式指定の有効／無効を自由に試すことができます。

■書式指定の変更テスト

各CSSで指定されている値を変更することも可能です。この場合は、変更する値をクリックし、キーボードから新しい値を入力します。すると、入力した値に応じて、Web画面の表示が変化するのを確認できます。

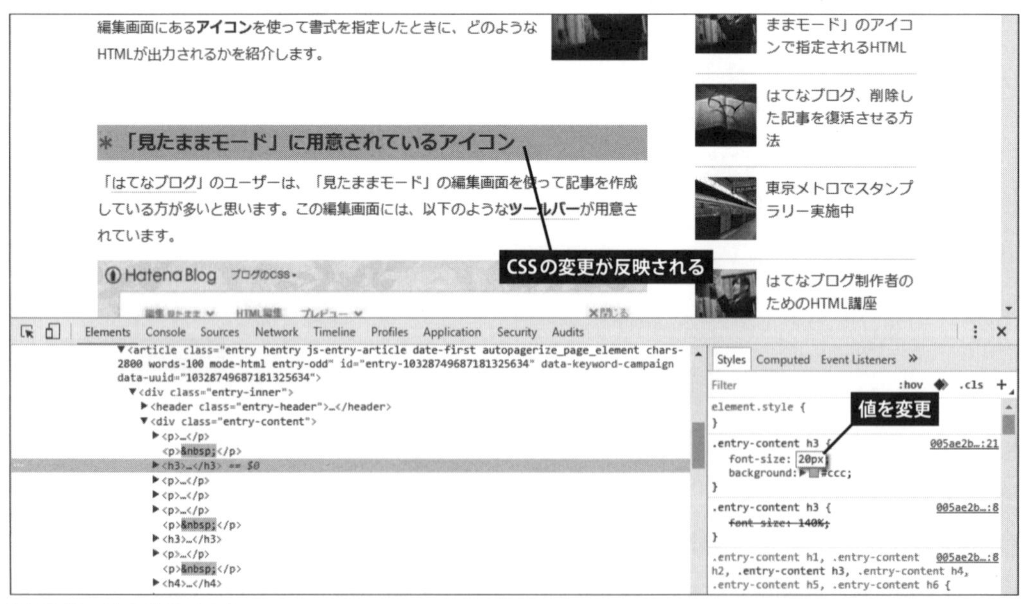

図17-13　値の変更テスト

また、書式指定を追加した様子を確認することも可能です。この場合は、書式指定を追加したい位置をクリックし、追加する「プロパティ：値；」をキーボードから入力します。

図17-14　プロパティの追加テスト

なお、これらの機能もブラウザ上だけで表示を変化させるものであり、CSSの記述そのものを変更する機能はありません。よって、書式指定の変更を自由に試すことができます。

18 見出しのカスタマイズ

前節で解説したように、「大見出し」（h3要素）の書式をCSSでカスタマイズするときは、**.entry-content h3{……}**という形でCSSを記述するのが基本です。続いては、「見出し」の具体的なカスタマイズ例を紹介していきます。

「大見出し」のカスタマイズ

CSSの記述に使用するセレクタさえ分かれば、あとは自由に**「大見出し」**のデザインをカスタマイズできます。具体的な例をいくつか紹介しておきましょう。

■カスタマイズ例（1）

まずは、左と下に太さの違う枠線を描画し、図18-1のような見出しデザインを作成する方法を紹介します。この「大見出し」のCSSは図18-2のように記述されています。

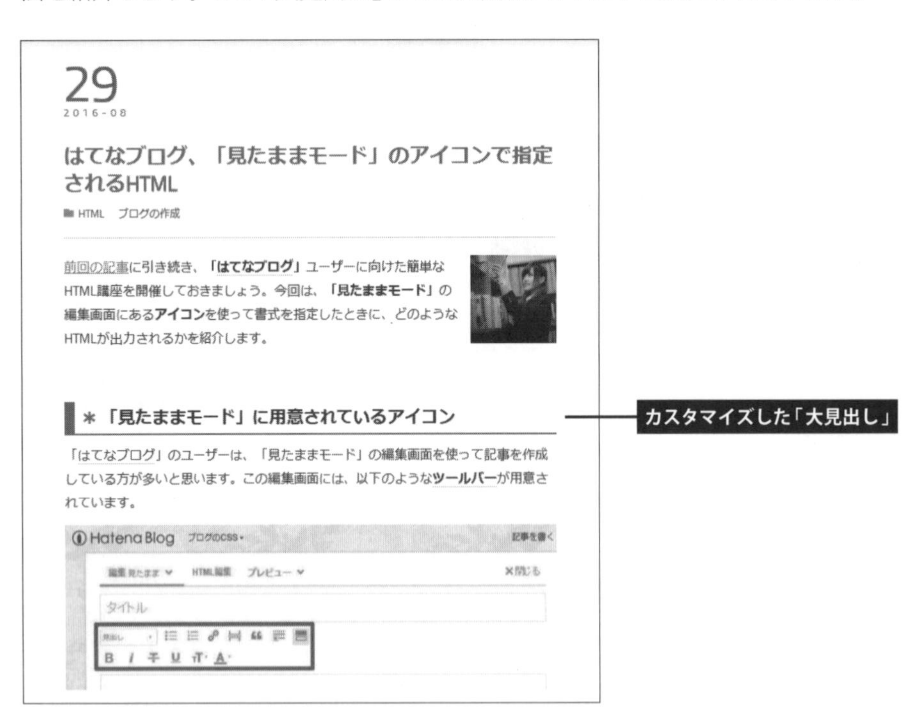

図18-1　左と下に枠線を描画した見出しデザイン

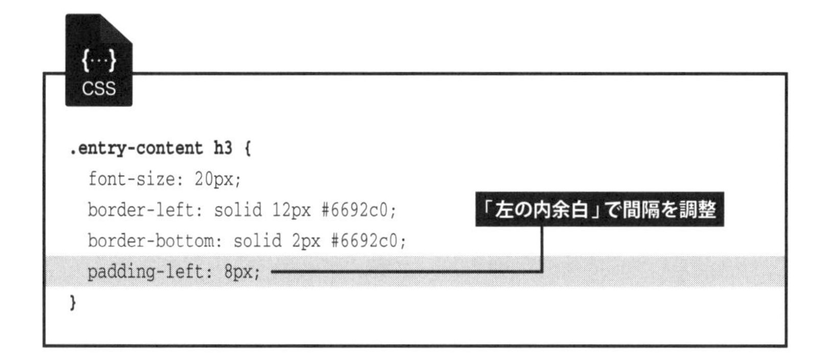

図18-2　外部CSSの記述

{…} CSS

```css
.entry-content h3 {
  font-size: 20px;
  border-left: solid 12px #6692c0;
  border-bottom: solid 2px #6692c0;
  padding-left: 8px;
}
```

「左の内余白」で間隔を調整

font-sizeで文字サイズに20pxを指定し、**border-left**と**border-bottom**のプロパティで左と下の枠線を指定しています。枠線の書式をCSSで指定するときは、枠線の種類(solidは実線)、枠線の太さ、枠線の色、といった3つの値を指定する必要があります。最後の**padding-left**は、「左の枠線」と「見出しの文字」の間隔を調整する書式指定です。このように、「枠線」と「文字」の間隔を調整するときは**padding**(内余白)のプロパティで間隔を調整するのが基本です。

■カスタマイズ例(2)

続いては、「左の枠線」と「背景色」を指定して見出しをデザインした場合の例です。

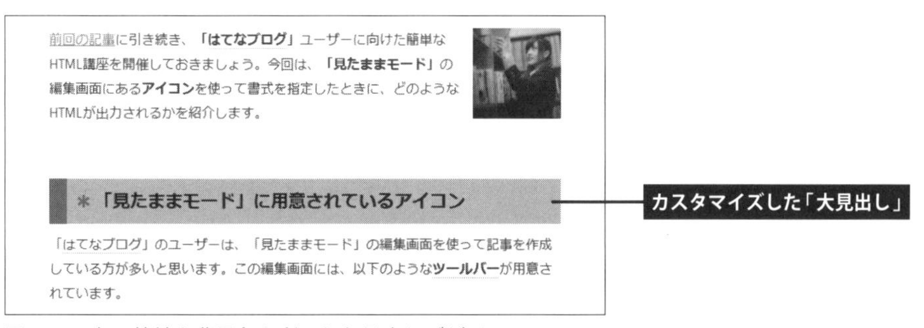

図18-3　左の枠線と背景色を利用した見出しデザイン

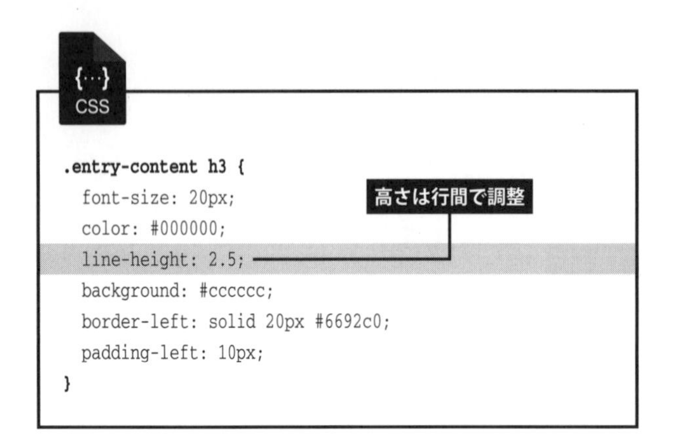

```css
.entry-content h3 {
  font-size: 20px;
  color: #000000;
  line-height: 2.5;
  background: #cccccc;
  border-left: solid 20px #6692c0;
  padding-left: 10px;
}
```


今回は、文字サイズを20px、文字色（**color**）を黒色（#000000）に指定しました。その次にある**line-height**は行間を指定するプロパティです。今回の例では、行間を「文字サイズの2.5倍」に指定しています。この値を変更することにより、「見出しの高さ」を調整できます。

あとは、背景色（**background**）に「薄い灰色」を指定し、左の枠線（border-left）と左の内余白（padding-left）を指定するだけです。これで図18-3のような見出しを作成できます。

■カスタマイズ例（3）

最後に紹介する例は、「角丸」と「影」を利用して、見出しをデザインした場合の例です。

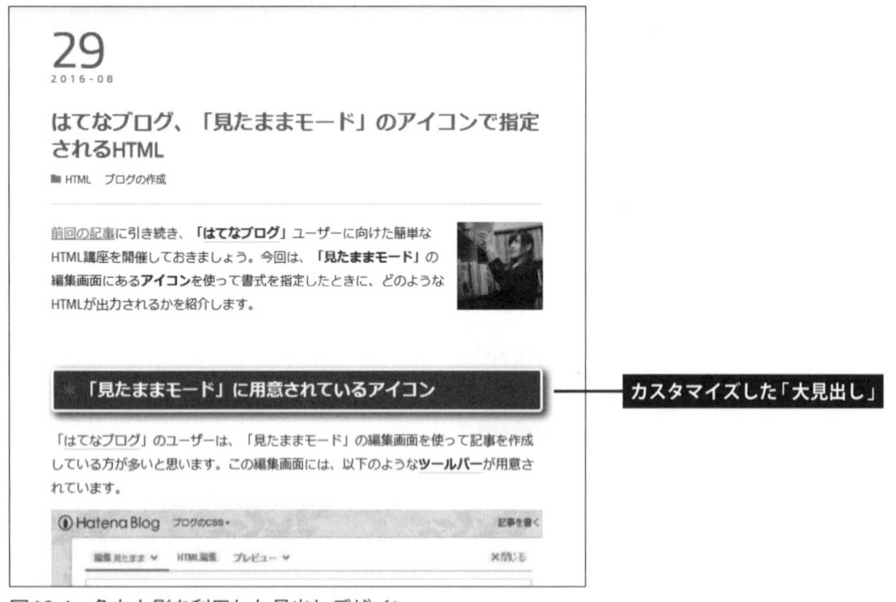

図18-4　角丸と影を利用した見出しデザイン

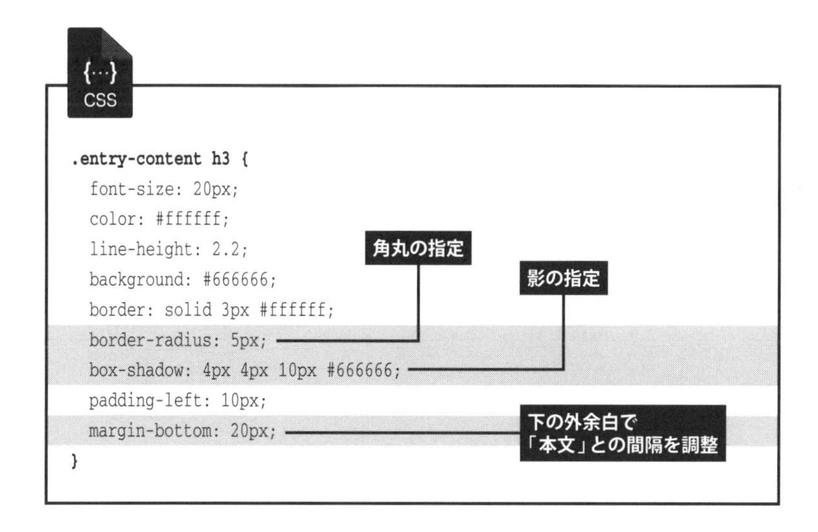

```
.entry-content h3 {
  font-size: 20px;
  color: #ffffff;
  line-height: 2.2;
  background: #666666;
  border: solid 3px #ffffff;
  border-radius: 5px;
  box-shadow: 4px 4px 10px #666666;
  padding-left: 10px;
  margin-bottom: 20px;
}
```


文字サイズは20px、文字色は白色、行間は2.2を指定しています。さらに、背景色に「濃い灰色」を指定し、3pxの白い枠線を描画しています。四隅を丸くする「角丸」は**border-radius**というプロパティで指定します。今回は、角丸の半径に5pxを指定しました。

全体に「影」を付ける書式は**box-shadow**で指定します。このプロパティには4つの値を指定するのが基本です。1番目の値には「影を右方向へずらす量」、2番目の値には「影を下方向へずらす量」を指定します。続いて、3番目の値に「影をぼかす量」を指定し、4番目の値に「影の色」を指定します。

また、影を付けた場合は、「見出し」と「本文」の間隔を広げておく必要があります。周囲にある要素との間隔（外余白）はmarginで指定します。今回は下の外余白を変更するので、**margin-bottom**の値を調整しています。

このように、文字サイズや枠線、背景色などの書式を指定していくことで「大見出し」のデザインを自由にカスタマイズできます。巻末の付録に「ブログのカスタマイズでよく使用するCSS」をまとめておくので、CSSに不慣れな方は、こちらも参考にしながら作業を進めていくとよいでしょう。

「中見出し」と「小見出し」のカスタマイズ

同様の手順で、**「中見出し」**や**「小見出し」**のデザインをカスタマイズすることも可能です。これらのデザインを変更するときは、以下のようにセレクタを記述するのが基本です。

中見出し（h4 要素） ………………… **.entry-content h4{……}**
小見出し（h5 要素） ………………… **.entry-content h5{……}**

これらの見出しは「大見出し」ほど目立たせる必要がないので、比較的シンプルなデザインでも構わないと思います。ここでは、下の枠線を使って以下のように「中見出し」をデザインしました。

＊ 文字を装飾する書式指定

まずは、太字や斜体といった文字装飾を指定するアイコンをクリックしたときに出力されるHTMLについて紹介します。これらのアイコンは、ツールバーの下段に配置されています。

＊ 太字／斜体 ―― カスタマイズした「中見出し」

太字の書式を指定すると、その文字が<strong>～</strong>で囲まれてHTML出力されます。strong要素は「文字の強調」を指定する要素となりますが、「はてなブログ」では文字を太字にする要素として利用されています。

斜体の書式を指定した場合は、その文字が<em>～</em>で囲まれてHTML出力されます。em要素も「文字の強調」を指定する要素となりますが、こちらは斜体で表示されるのが一般的となるため、「はてなブログ」では文字を斜体にする要素として利用されています。

＊ 打消／アンダーライン／文字の大きさ／文字色 ―― カスタマイズした「中見出し」

書式を指定した文字が<span>～</span>で囲まれてHTML出力されます。span要素は文字の範囲を指定する要素で、それ自体に書式を指定する役割はありません。それぞれの書式は、style属性（CSS）を使って以下のように指定されます。

図18-5　下の枠線を利用した見出しデザイン

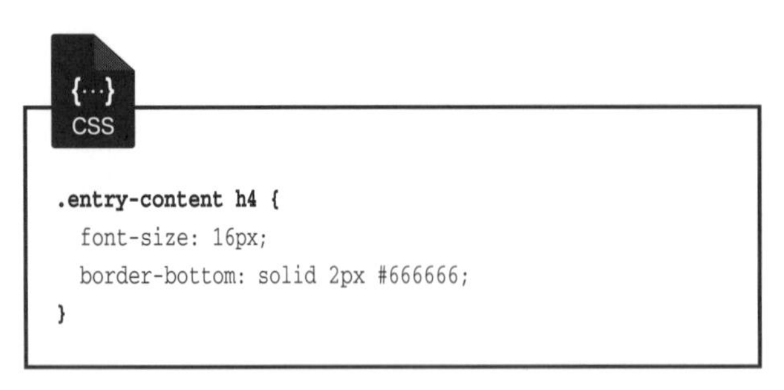

```
{…}
CSS

.entry-content h4 {
  font-size: 16px;
  border-bottom: solid 2px #666666;
}
```

文字サイズを16pxに指定し、下の枠線に「実線、2px、濃い灰色」を指定しただけの簡単なCSSです。「小見出し」は今のところ使用する予定がないので、`.entry-content h5{……}`のCSSは記述していません。

なお、デザインのカスタマイズを進めていくと、各要素のCSSを次々と追記していくことになります。カスタマイズするほど外部CSSの記述は長くなっていくので、**「どの要素の書式を指定するCSSか？」**を一目で判断できるように**コメント**を追加しておくとよいでしょう。

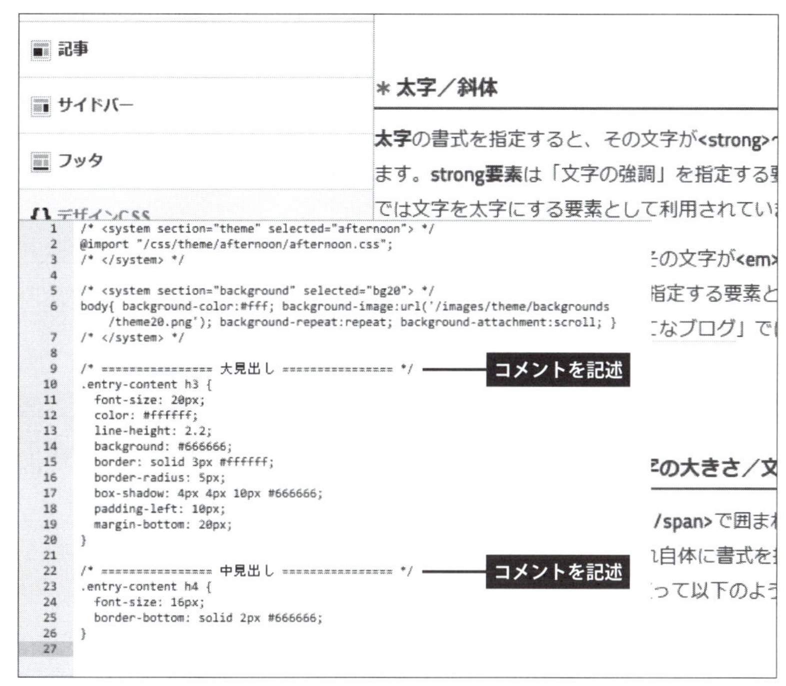

図18-6　外部CSSの記述

CSSにコメントを記述するときは、文字を**/＊～＊/**で囲みます。/＊～＊/の中にある文字は処理時に無視される仕様になっているので、好きな文字を記述することが可能です。「=」（イコール）や「-」（マイナス）などの記号を使って、コメントの記述を目立たせておくのも効果的です。外部CSSを見やすくする方法として覚えておいてください。

19 見出しの前にある飾り文字の削除

選択したテーマによっては、見出しの先頭に「＊」などの飾り文字が自動挿入される場合もあります。この飾り文字を削除するときもCSSカスタマイズで対応します。続いては、**:before**により自動挿入されるコンテンツを削除する方法を解説します。

要素の先頭に文字などを自動挿入する疑似要素

本書が使用しているテーマは、「大見出し」や「中見出し」などの先頭に「＊」の飾り文字が自動挿入されるデザインになっています。とはいえ、デザインをカスタマイズしていくときに、「飾り文字を削除したい」と思う場合もあるでしょう。

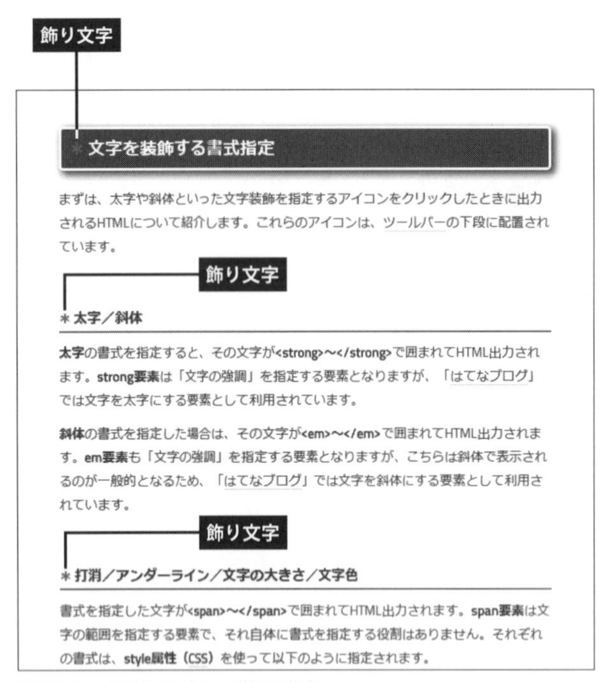

図19-1　自動挿入された飾り文字

この作業も外部CSSで指定します。まずは、「＊」の文字を自動挿入するCSSから解説していきましょう。

CSSでは、**:before**という**疑似要素**を使用することが可能となっています。:beforeは「要素の先頭」に文字などを自動挿入できる機能で、Chromeの**デベロッパー ツール**でもCSSの記述を確認できます。たとえば、「大見出し」となるh3要素を選択し、▶をクリックしてHTMLを展開すると、**::before**という記述があるのを確認できます。これを選択すると、「＊」の文字を自動挿入するCSSを表示できます。

図19-2 疑似要素のCSSの確認

本書が例にしているテーマでは、「＊」を自動挿入するCSSとして以下のような記述が見つかりました。

```
.entry-content h1:before,
.entry-content h2:before,
.entry-content h3:before,
.entry-content h4:before {
  content: "\2731";
  font-weight: 400;
  color: #6692c0;
  margin-right: .2em;
}
```

{……}の前に複数のセレクタが列記されていますが、指定内容はさほど難しくありません。**「,」**（カンマ）の記号は、**列記した要素に同じ書式を指定する**ことを意味しています。つまり、entry-contentクラスの中にあるh1、h2、h3、h4の要素に対して{……}の書式を指定することになります。さらに、:beforeの疑似要素が追加されているため、**「h1、h2、h3、h4の要素の先頭」**に{……}の内容を挿入する、という解釈になります。

挿入する内容は**content**プロパティで指定します。その値には「＊」の文字コードとなる"\2731"が指定されています。この指定により、h3要素（大見出し）やh4要素（中見出し）の先頭に「＊」の文字が自動挿入されます。以降は、「＊」の文字の書式指定です。文字の太さ（font-weight）、文字色（color）、右の外余白（margin-right）を指定するCSSが記述されています。

このように、:beforeを使うと「要素の先頭」に文字などを自動挿入できるようになります。便利に活用できる場合もあるので、念のため覚えておいてください。

重要度 ★★★☆☆

疑似要素について

「要素の末尾」に文字などを挿入できる:afterという疑似要素もあります。また、::beforeや::afterのように「:」を2つ続けて疑似要素を記述する場合もあります。ちなみに、::の記述方法はCSS3から採用された記述方法となります。

:before ……………「要素の先頭」にコンテンツを挿入
:after ……………「要素の末尾」にコンテンツを挿入

:beforeにより追加されたコンテンツの削除

さて、話を本題に戻して、:beforeにより自動挿入された「＊」を削除する方法を解説していきましょう。「テーマにより指定されたCSS」は削除できないため、**contentプロパティの値を上書き**することにより、「＊」の文字を削除します。

今回は、「大見出し」（h3要素）のみ「＊」の文字を削除し、「中見出し」（h4要素）は「＊」をそのまま残しておきます。この場合、CSSを変更するのはh3要素だけなので、セレクタの記述は「.entry-content h3:before」となります。

:beforeによる文字の自動挿入を削除するときは、contentの値を「なし」に変更します。この指定は、**content:none;**と記述すると実現できます。さらに、margin-rightの値を0に変更しておきます。以上で「＊」の文字を削除する書式指定は完了です。

本来であれば、font-weightやcolorの値も変更すべきですが、表示される文字が「なし」になるため、「文字の太さ」や「文字色」の書式は意味をなしません。よって、font-weightやcolorの値を変更しなくても特に問題は生じません。

以上をまとめると、記述するCSSは以下のようになります。これを外部CSSを追記しておくと、「＊」の飾り文字を削除することが可能となります。

```
7   /* </system> */
8
9   /* ================ 大見出し ================ */
10  .entry-content h3 {
11    font-size: 20px;
12    color: #ffffff;
13    line-height: 2.2;
14    background: #666666;
15    border: solid 3px #ffffff;
16    border-radius: 5px;
17    box-shadow: 4px 4px 10px #666666;
18    padding-left: 15px;
19    margin-bottom: 20px;
20  }
21  .entry-content h3:before {
22    content: none;
23    margin-right: 0;
24  }
25
26  /* ================ 中見出し ================ */
27  .entry-content h4 {
28    font-size: 16px;
29    border-bottom: solid 2px #666666;
30  }
31
```

左の内余白を調整

飾り文字を削除するCSSを追記

図19-3　外部CSSの記述

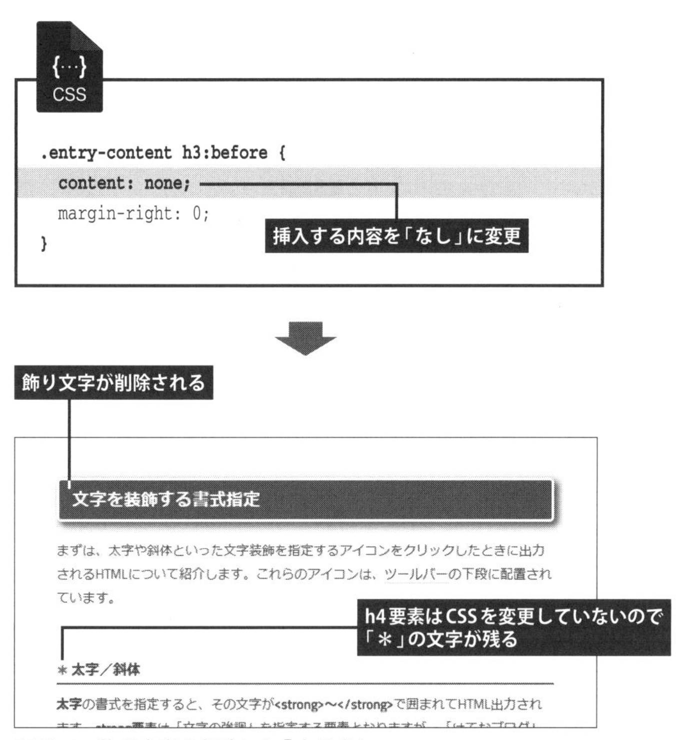

図19-4　飾り文字を削除した「大見出し」

もちろん、飾り文字が自動挿入されないテーマを選択している場合は、上記のCSSを記述する必要はありません。特定のテーマでのみ必要となるテクニックですが、CSSカスタマイズの幅を広げるためにも、ぜひ覚えておくとよいでしょう。

20 記事タイトルのカスタマイズ

続いては、記事タイトルの書式をカスタマイズする方法を解説します。記事タイトルとなるh1要素のCSSは、**.entry-title{……}**で指定するのが一般的です。ただし、h1要素内にあるa要素（リンク）にもCSSが指定されている場合があり、一筋縄ではいきません。「テーマにより指定されたCSS」を解析する方法として参考にしてください。

h1要素の書式指定

「はてなブログ」では、各記事のタイトルが**h1要素**として出力される仕組みになっています。まずは、Chromeのデベロッパーツールを使って「テーマのCSSがどのように記述されているか？」を確認してみましょう。

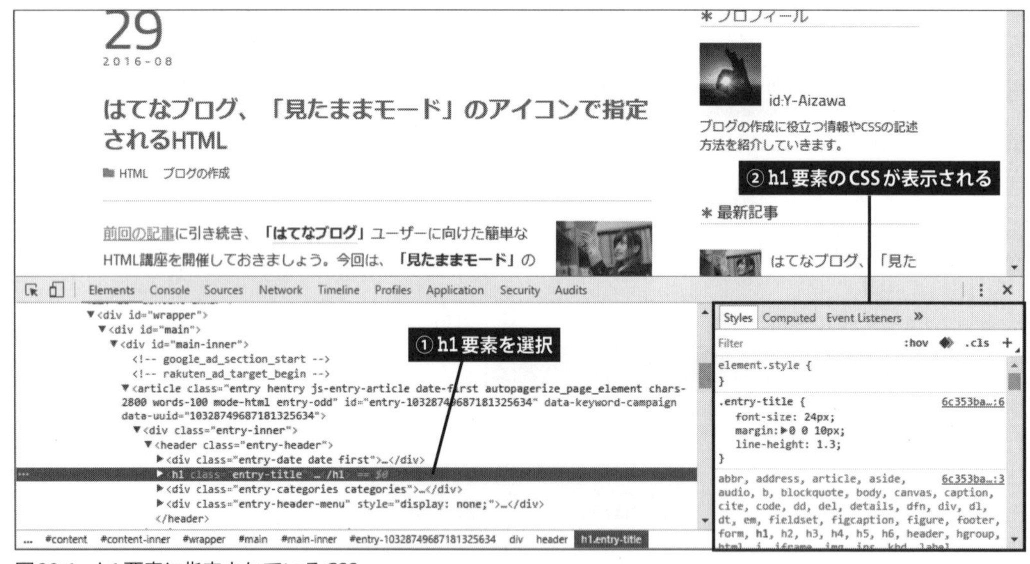

図20-1　h1要素に指定されているCSS

h1要素にはentry-titleというクラス名が指定されています。「テーマのCSS」では、このクラス名に対して書式指定を行っています。よって、**.entry-title{……}**という形で外部CSSを記述すればよいことになります。そこで、今回の例では、文字サイズを30px、文字色を「濃い灰色」に変更するCSSを記述してみました。

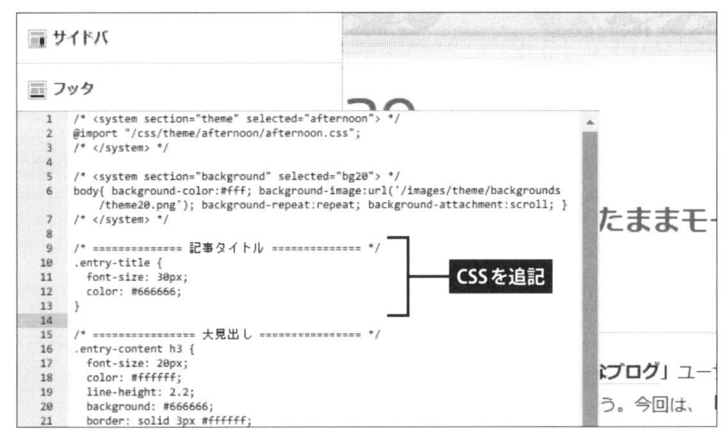

図20-2　外部CSSの記述

```css
/* ============== 記事タイトル ============== */
.entry-title {
  font-size: 30px;
  color: #666666;
}
```

この状態でブログの表示を確認してみると、「文字サイズは正しく反映されるが、文字色は変更されない」という結果になりました。

図20-3　外部CSSを変更したブログの表示

テーマと同じ形でCSSを指定しているのに、文字色（color）の書式は正しく反映されません。このような結果になってしまうのは、h1要素内にあるa要素に原因があります。

リンクと記事のヘッダの書式指定

「はてなブログ」の記事タイトルは、単なる文字ではなく、リンクとしても機能しています。このため、h1要素内にa要素があり、この**<a> ～ </a>の中に記事タイトルが記述されている、**という構成になっています。

続いては、このa要素に指定されているCSSを確認してみましょう。本書が選択したテーマでは、以下のようにCSSが記述されていました。

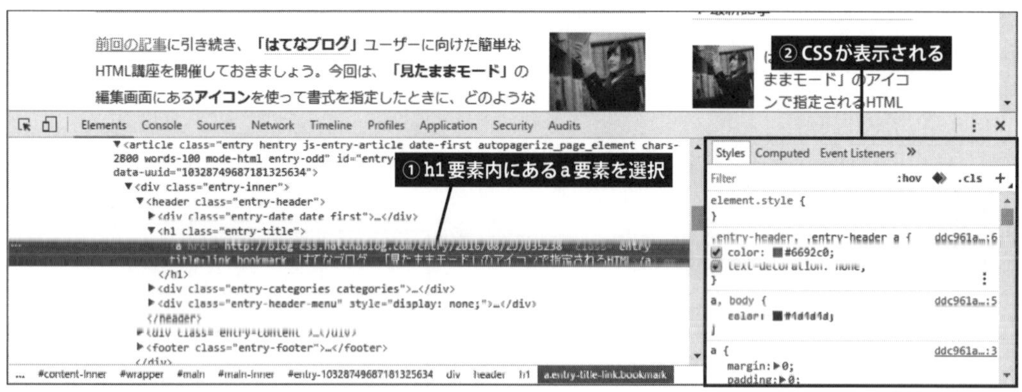

図20-4　記事タイトルのリンクに指定されている書式

```
.entry-header,
.entry-header a {
  color: #6692c0;
  text-decoration: none;
}
```

entry-headerクラス内にあるa要素

文字色の指定

.entry-headerのセレクタは、「記事のヘッダ」となる**header要素**に指定されているクラス名です。そして、この中にあるa要素に対して、文字色(color)の書式が指定されています。

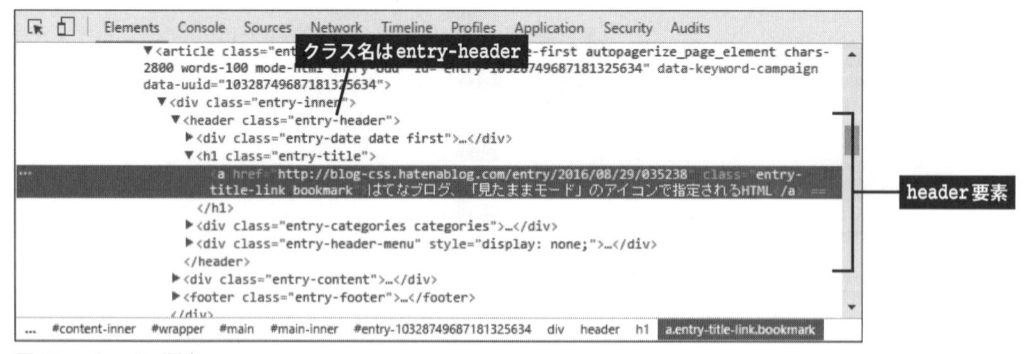

図20-5　header要素

つまり、h1要素（.entry-title）にcolorを指定しても、その内側にある「a要素のcolor」が優先されるため、「文字色が変更されない」という結果になります。この問題を解決するには、a要素にcolorを指定しなければいけません。

そこで、CSSを以下のように変更してみました。a要素のCSSは.entry-header a{……}で指定できますが、今回は「記事のヘッダ」（.entry-header）にも同じ文字色を指定することにします。よって、セレクタの記述は「テーマのCSS」と同じになります。

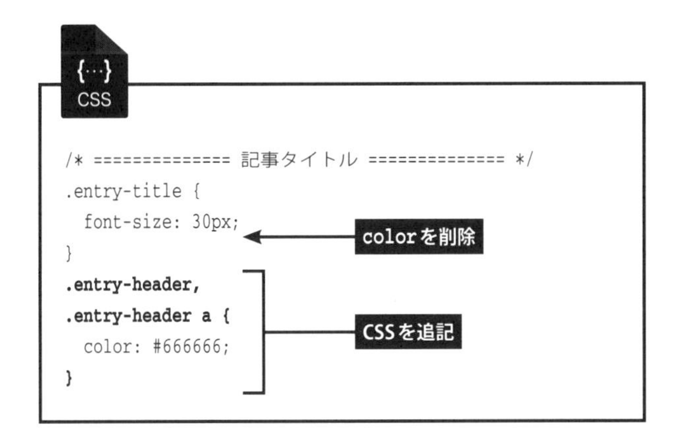

```css
/* ============== 記事タイトル ============== */
.entry-title {
  font-size: 30px;
}
.entry-header,
.entry-header a {
  color: #666666;
}
```


このようにCSSを記述すると、「文字サイズ」と「文字色」の両方をカスタマイズできます。

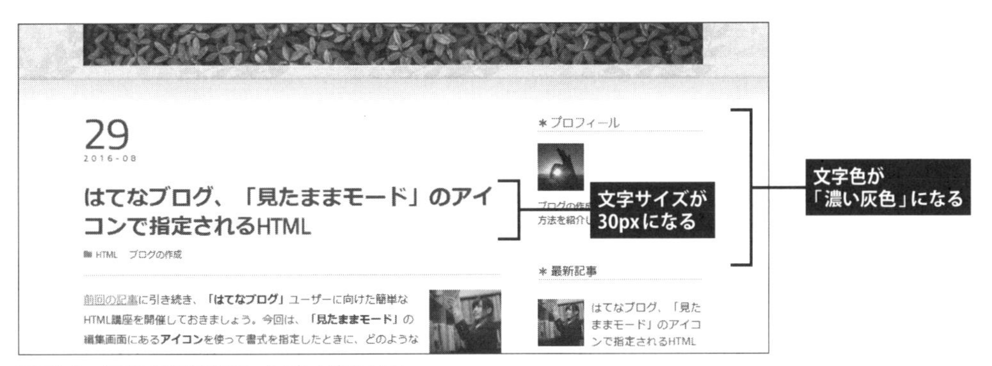

図20-6　外部CSSを変更したブログの表示

このように、テーマによっては、文字サイズ（font-size）と文字色（color）が別の要素に分けて指定されている場合もあります。本書が例にしているテーマの場合、

- 「h1要素」にfont-sizeを指定
- 「記事のヘッダ」と「その中にあるa要素」にcolorを指定

という構成になっています。

もちろん、CSSの記述内容はテーマごとに異なります。よって、ここで紹介した例とは異なる構成でCSSが記述されている場合もあります。

ブログのCSSをカスタマイズするには、「テーマのCSS」を解析し、それに合わせて各プロパティの値を変更しなければいけません。初心者には少し難しい内容となりますが、デザインを自由にカスタマイズするときに避けて通れない問題なので、よく仕組みを理解しておいてください。

「どうしても理解できない」という方は、**最も内側にある要素**を書式指定の対象にするのも一つの手法です。「記事タイトル」の場合、**h1要素(.entry-title)の中にあるa要素**が書式指定の対象となります。よって、**.entry-title a{……}**のセレクタで書式指定を行うのが最も確実な方法となります。

{…}
CSS

```
/* ============== 記事タイトル ============== */
.entry-title a {
  font-size: 30px;
  color: #666666;
}
```

この方法でも記事タイトルの「文字サイズ」と「文字色」を変更できます。ただし、この指定により書式が変更されるのは「記事タイトル」だけです。多くのテーマに対応するセレクタとして覚えておくとよいでしょう。

図20-7　外部CSSを変更したブログの表示

重要度　★★☆☆☆

日付の非表示

記事の公開日を示す日付は、クラス名dateのdiv要素内にまとめられています。よって、このdiv要素を非表示にすることで、日付の表示を消去することが可能です。要素を非表示にするときは、「display: none;」という書式指定を記述します。つまり、以下のようにCSSを記述すると、記事の日付を消去することが可能となります。

```
/* ============= 日付を非表示 ============= */
.date {
  display: none;
}
```

21 本文の書式指定

続いては、本文の文字サイズを変更したり、ページ全体のフォントを変更したりする方法を解説します。本文の書式をカスタマイズする機会はあまり多くありませんが、明朝体をゴシック体に変更する場合などに必要となるので、念のため確認しておいてください。

本文の文字サイズの指定

外部CSSで**本文の文字サイズ**を変更することも可能です。まずは、本文を表示する**p要素**に指定されているCSSを確認してみましょう。Chromeのデベロッパー ツールを起動し、記事内の本文を選択します。

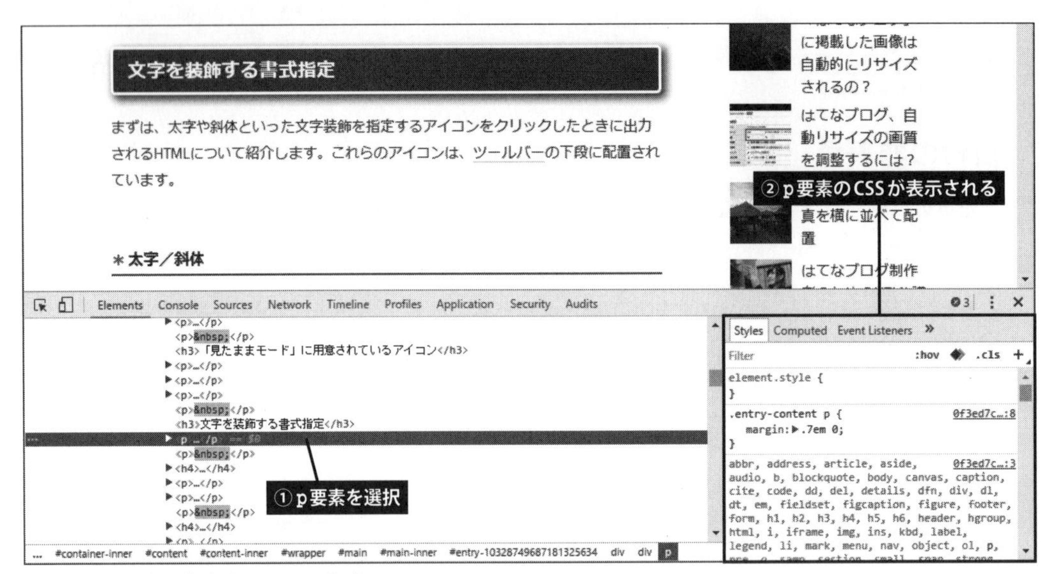

図21-1　p要素に指定されている書式

本書が選択しているテーマでは、最優先されるCSSとして以下のようなCSSが表示されました。

```
.entry-content p {
  margin: .7em 0;
}
```

このCSSはp要素の外余白（margin）を指定するもので、文字サイズの指定はありません。このような場合は、「**font-size**」のキーワードでCSSを絞り込むと、文字サイズを指定しているCSSを簡単に見つけられます。本書が選択したテーマの場合、図21-2のようなCSSが最優先されるCSSとして表示されました。

図21-2　リセット用のCSS

このCSSは**リセットCSS**と呼ばれるもので、どのブラウザで閲覧しても同じ表示になるように初期化するためのCSSとなります。文字サイズを指定するfont-sizeプロパティも含まれていますが、その値は100%、すなわち「親要素と同じサイズ」という指定であり、特定の文字サイズを指定している訳ではありません。

さらにCSSを読み進めていくと、以下のような記述が見つかります。

```
.entry-content {
    font-size: 15px;
    line-height: 1.8;
}
```

```
Styles  Computed  Event Listeners  »
font-size                          :hov  .cls  +
   font-size: 100%;
   vertical-align: baseline;
   background: ▶ transparent;
}
Inherited from div.entry-content
.entry-content {                          0f3ed7c…:8
   font-size: 15px;
   line-height: 1.8;
}
abbr, address, article, aside,            0f3ed7c…:3
audio, b, blockquote, body, canvas, caption,
cite, code, dd, del, details, dfn, div, dl,
```

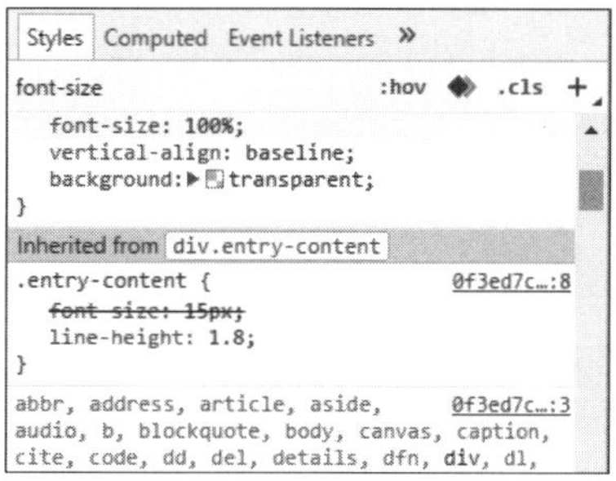

図21-3　entry-contentクラスに指定されている書式

.entry-contentは、「各記事の内容」を示すdiv要素のクラス名となります（P105参照）。つまり、「各記事の内容」を対象に書式を指定するCSSとなります。

ここでは「文字サイズ」と「行間」の書式が指定されています。文字サイズの指定は無効化されていますが、これは図21-2のCSSにあるfont-sizeの方が優先されることが原因です。とはいえ、その値は100%なので、ここで指定した文字サイズが引き継がれることになります。よって、ここで指定した文字サイズが、そのまま本文の文字サイズとなります。

少し説明が難しくなりましたが、要は**.entry-content{……}**で本文の文字サイズを指定できる、と覚えておけば十分です。今回は、本文の文字サイズを16pxに変更する外部CSSを記述してみました。

{…}
CSS

```
/* ================== 本文 ================== */
.entry-content {
    font-size: 16px;
}
```

外部CSSを記述してプレビューを見ると、本文の文字サイズが少しだけ大きくなるのを確認できると思います。

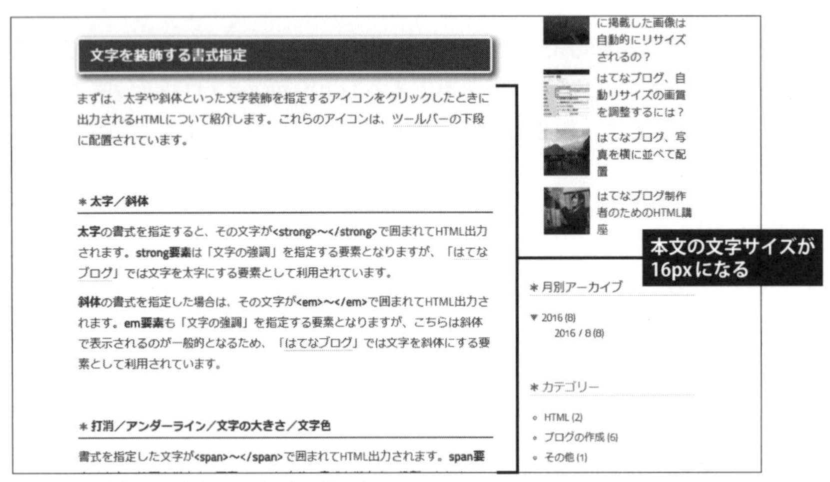

図21-4　外部CSSを変更したブログの表示

ページ全体で使用する書体の指定

続いては、**本文の書体**（フォント）を変更する方法を紹介します。選択したテーマによっては、図21-5のように本文が明朝体で表示される場合もあります。これをゴシック体に変更するには、**`font-family`**プロパティを変更しなければいけません。

図21-5　本文を明朝体で表示するテーマの例

Chromeのデベロッパー ツールで本文（p要素）のCSSを確認してみると、font-familyを指定しているCSSとして以下のような記述が見つかりました。

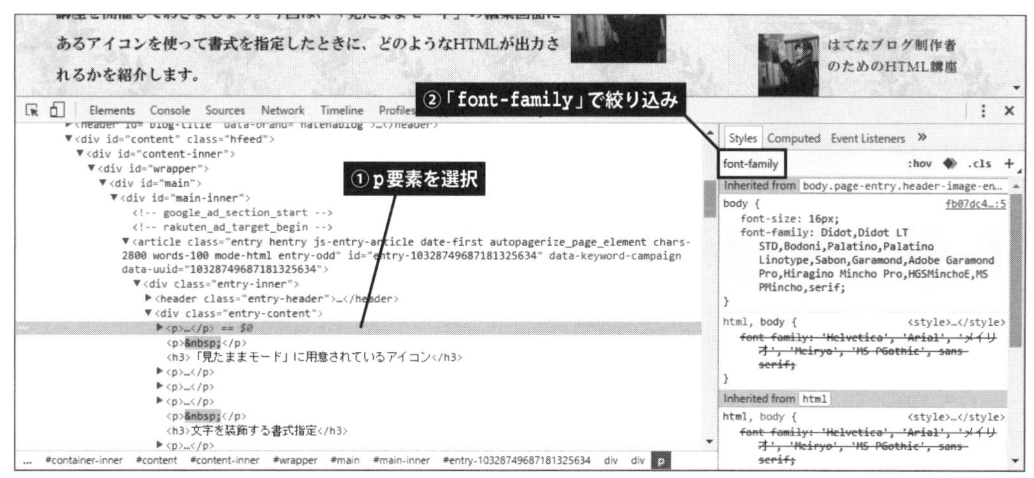

図21-6　p要素に指定されている書式

通常、書体はページ全体で統一することが多いため、**body要素**に対してfont-familyを指定するのが一般的です。よって、**body{……}**のCSSを変更することになります。書体をゴシック体に変更するときは、font-familyに値に**sans-serif**を指定します。すると、ページ全体の書体をゴシック体に変更できます。

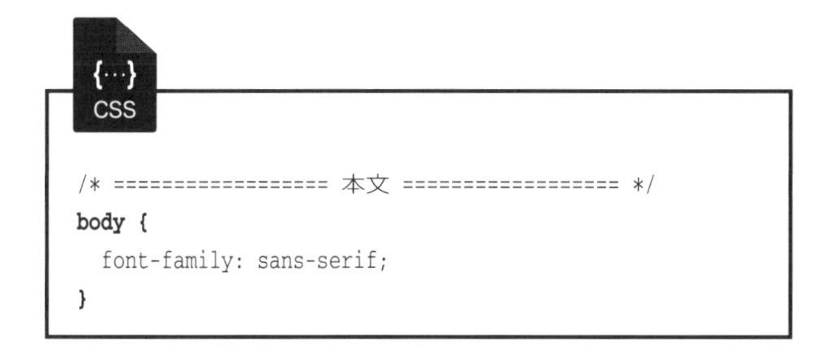

```css
/* ================= 本文 ================= */
body {
  font-family: sans-serif;
}
```

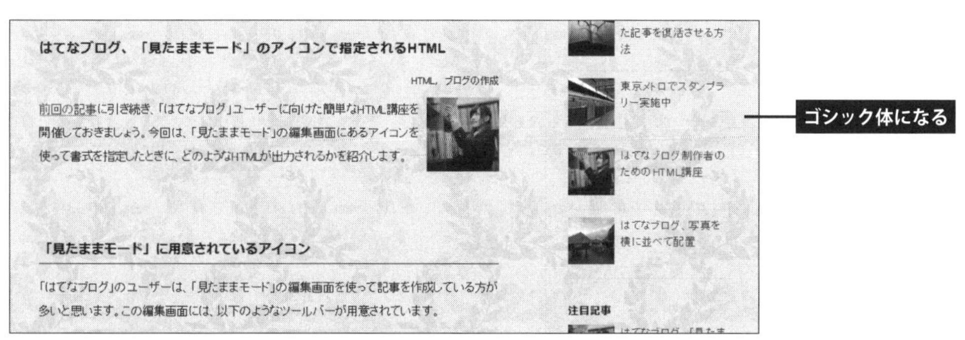

図21-7　外部CSSを変更したブログの表示

さらに、フォントを詳しく指定していくことも可能です。この場合は、font-familyの値に**フォント名**を「,」（カンマ）で区切って列記します。そして、最後に「一般的なゴシック体」を示すsans-serifを記述します。ただし、Mac OS用とWindows用のフォント名を正しく指定する必要があるため、記述が少し長くなってしまいます。以下にフォントを指定した例を紹介しておくので参考にしてください。

```
body {
  font-family: Arial, "ヒラギノ角ゴ Pro W3", "Hiragino Kaku Gothic Pro", "メイリオ", Meiryo, sans-serif;
}
```

重要度 ★★★☆☆

各要素にfont-familyが指定されている場合

h1やh3などの要素にfont-familyが指定されている場合は、その指定がbody{……}より優先されます。このため、必ずしもページ全体がbody{……}で指定した書体になるとは限りません。

重要度 ★★☆☆☆

フォント指定による不具合の修正

本書で紹介しているブログは、「大見出し」の書式を指定する.entry-content h3{……}に以下の書式指定を追加してあります。これは、Mac OSのSafariでブログを閲覧したときに、「大見出し」の文字がずれて表示されるのを防ぐ対策です。「テーマのCSS」に指定されているTitilliumText22LRegularというフォントをArialに置き換えることで、位置ずれの不具合を修正しています。

■ .entry-content h3 {……}に追加した書式指定

```
font-family: Arial, "ヒラギノ角ゴ Pro W3", "Hiragino Kaku Gothic Pro",
           "メイリオ", Meiryo, sans-serif;
```

22 画像表示のカスタマイズ

続いては、記事に掲載した**画像の表示**をカスタマイズする方法を解説します。画像の周囲に枠線を描画したり、文字を回り込ませて配置したりするときに活用してください。

画像の周囲に枠線を描画

パソコンの操作手順などを紹介するブログでは、記事に「画面キャプチャー」を掲載することが多いと思います。このとき、「画面キャプチャー」と「ページの背景」が同系色になってしまい、画像の境界を見た目で判断できなくなってしまうケースもあります。

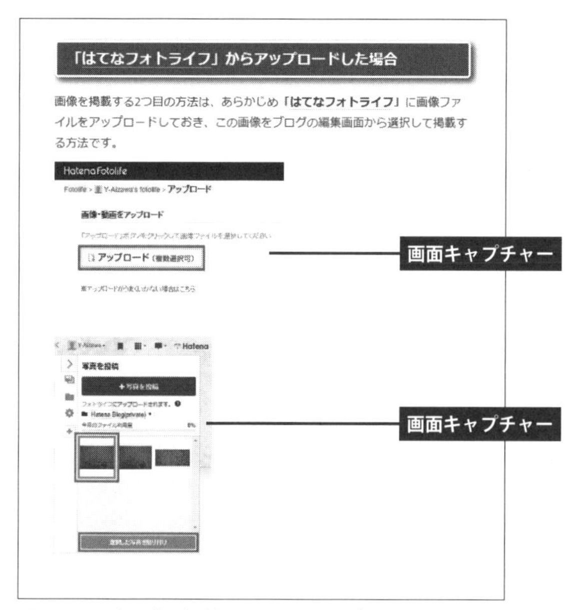

図22-1　ブログに掲載した画面キャプチャー

このような場合は、画像の周囲に**枠線**を描画するようにCSSをカスタマイズしておくと、画像の境界を明確に表示できます。まずは、記事内にある**画像**の書式を指定するセレクタを調べていきましょう。Chromeのデベロッパー ツールを起動し、記事内にある画像（**img要素**）を選択します。

図22-2　img要素に指定されている書式

本書が選択しているテーマでは、**.entry-content img{……}**が最も優先されるCSSとして表示されました。これは、「各記事の内容」の中にある「img要素」を書式指定の対象とするセレクタです。このCSSに書式指定を追加することで、画像の表示をカスタマイズできます。

画像の周囲に枠線を描画するときは**border**プロパティを使用し、その値に**枠線の種類**、**太さ**、**色**を半角スペースで区切って指定します。たとえば、「実線、1px、薄い灰色（#999999）」の枠線を描画するときは、以下のように外部CSSを記述します。

```
/* ================== 画像 ================== */
.entry-content img{
  border: solid 1px #999999;
}
```

すると、「記事の本文にある画像」を枠線で囲んで表示できるようになります。

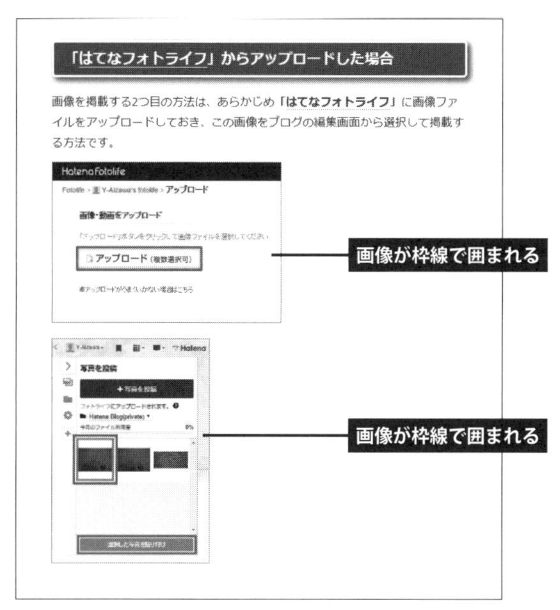

図22-3　外部CSSを変更したブログの表示

画像に影を付けて表示

枠線を指定する方法以外では、**影**の書式を利用するのも効果的です。画像に影を付けるときは、**box-shadow**プロパティを使用します。このプロパティには4つの値を指定するのが基本です。1番目の値には「影を右方向へずらす量」、2番目の値には「影を下方向へずらす量」を指定します。続いて、3番目の値に「影をぼかす量」を指定し、4番目の値に「影の色」を指定します。

たとえば、先ほどのCSSに以下のような記述を追加すると、画像の周囲に「枠線」と「影」を描画できるようになります。

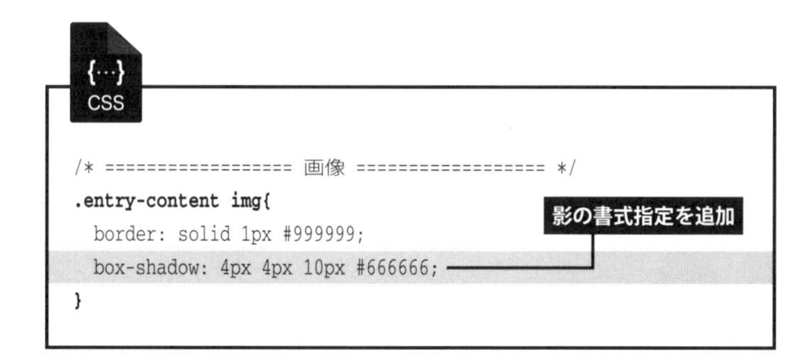

```
/* ================== 画像 ================== */
.entry-content img{
  border: solid 1px #999999;
  box-shadow: 4px 4px 10px #666666;
}
```

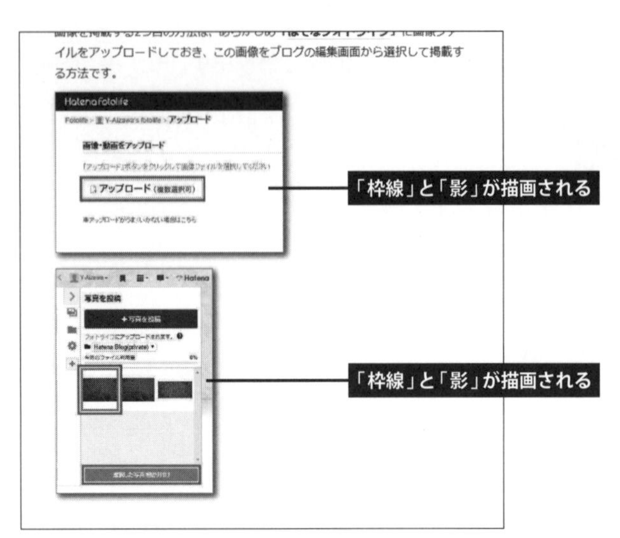

図22-4　外部CSSを変更したブログの表示

もちろん、これらの指定を外部CSSに記述すると、「各記事の内容にある全ての画像」に同じ書式が適用されます。記事内にアフィリエイト広告を掲載している場合は、その画像にも「枠線」や「影」が表示されてしまう場合があることに注意してください。

このような場合は、img要素ではなく、**hatena-fotolifeのクラス名**に対して書式を指定します。つまり、**.entry-content .hatena-fotolife{……}**というセレクタでCSSを記述することになります。これで「自分で掲載した画像」だけに書式を適用させることが可能となります。

画像の左右に文字を回り込ませて配置

画像の右側または左側に本文を回り込ませて配置することも可能です。以下に紹介する方法でCSSを記述すると、**はてな記法**を使わなくても、文字を回り込ませて配置することが可能となります。

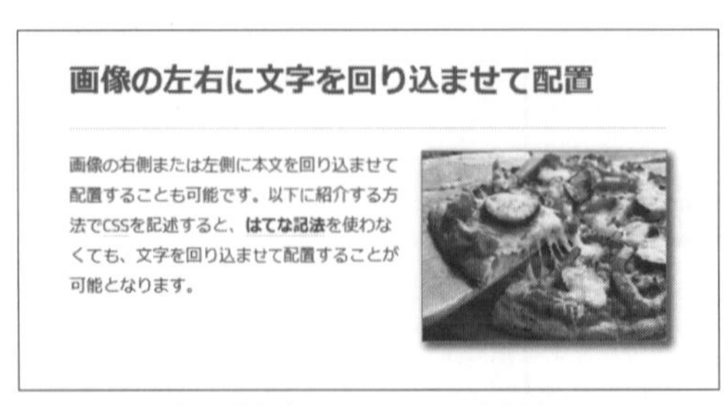

図22-5　画像を「右寄せ」で配置した場合

ただし、全ての画像を「回り込み」の配置にするケースは少ないと思われます。「回り込み」で配置する場合もあれば、普通に配置する場合もある、というのが一般的な使い方になると思います。このように状況に応じて書式を変化させたいときは、外部CSSではなく、**style属性**を使用すると便利です。

操作手順を順番に解説していきましょう。まずはブログに画像を掲載し、表示サイズを調整します。続いて、回り込ませて配置する文章を改行せずに入力します。

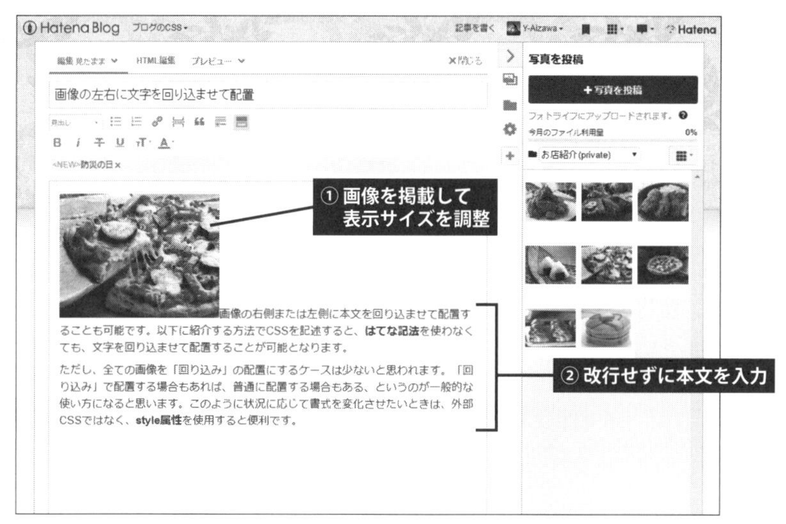

図22-6　回り込みの指定（1）

「**HTML編集**」の画面に切り替えます。img要素にstyle属性を追加し、ここに**float**プロパティを記述します。floatプロパティの値は、画像を**左寄せ**で配置するときは**left**、画像を**右寄せ**で配置するときは**right**を指定します。

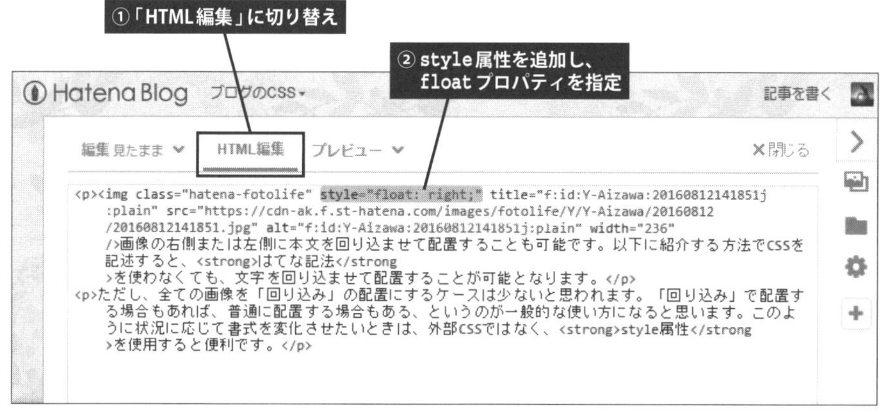

図22-7　回り込みの指定（2）

続いて、画像と文字の間隔をmarginで指定します。画像を「左寄せ」で配置した場合は**margin-right**（右の外余白）、画像を「右寄せ」で配置した場合は**margin-left**（左の外余白）で間隔を指定します。また、必要に応じて、画像の下の間隔を**margin-botttom**で指定します。

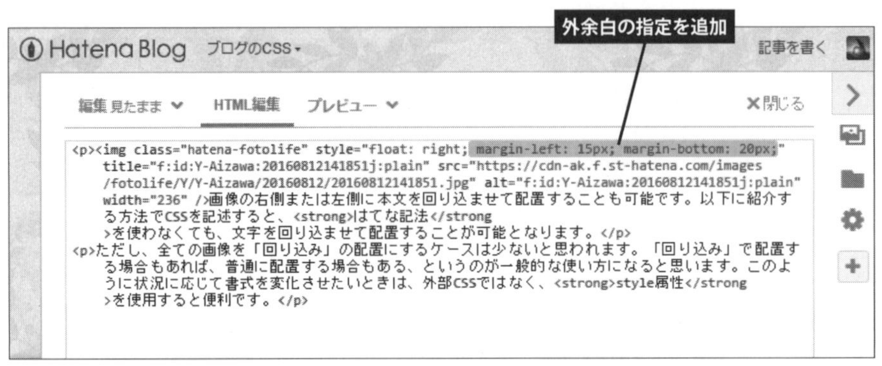

図22-8　回り込みの指定（2）

今回の例では、HTMLの記述を以下のように変更しました。

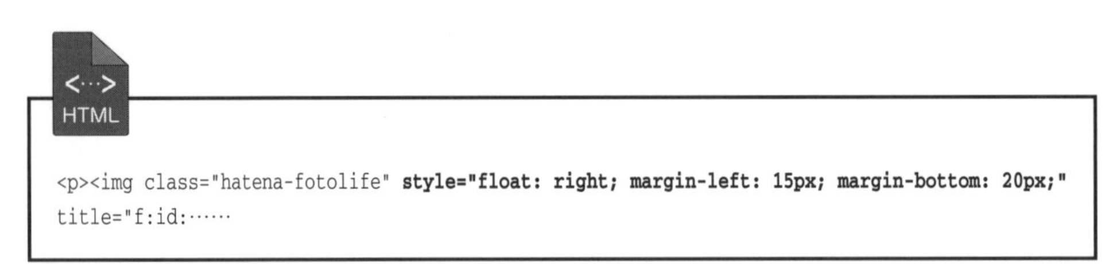

```
<p><img class="hatena-fotolife" style="float: right; margin-left: 15px; margin-bottom: 20px;"
title="f:id:……
```

この状態でプレビューを確認すると、画像の左側（または右側）に文字が回り込んで配置されるのを確認できます。その後、「見たままモード」と「プレビュー」を切り替えながら画像の表示サイズを再調整し、全体のバランスを整えます。

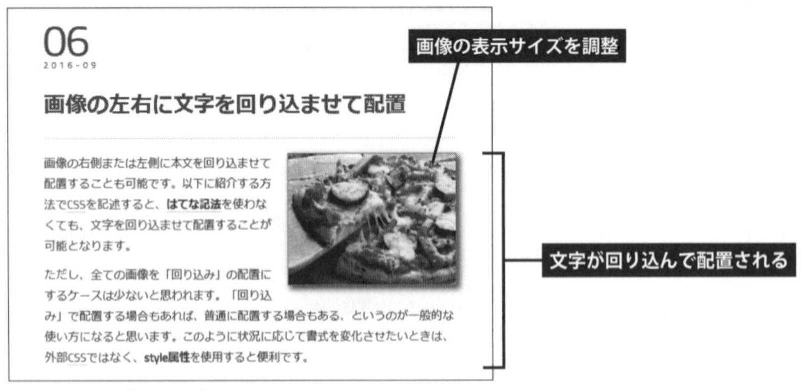

図22-9　回り込みの指定（3）

あとは、必要に応じてalt属性やtitle属性を変更するだけです。アイキャッチ用の画像を小さく表示したい場合などに活用できるので、ぜひ使い方を覚えておいてください。

重要度　★★★☆☆

回り込みの解除

floatを使って「回り込み」を指定するときは、「回り込み」を解除するclearプロパティも指定するのが基本です。ただし、先ほどの例のように本文が十分に長い場合は、clearプロパティを記述しなくても問題なくページをレイアウトできます。

本文が短く、以降の要素まで回り込んで配置されてしまう場合は、回り込みを解除する要素にstyle="clear: both;"を追加してください。すると、その要素以降の「回り込み」を解除できます。

23 リンク文字のカスタマイズ

記事の本文にある**リンク文字**の書式を変更するときは、**.entry-content a{……}**のセレクタで書式指定を行います。このとき、訪問済み（:visited）などの**疑似クラス**にも書式指定を行う必要があることに注意してください。

リンクの書式を指定するセレクタ

Chromeのデベロッパー ツールを起動し、**リンク文字（a要素）**のCSSを確認してみると、.entry-content a:visited{……}などのセレクタが表示されるのを確認できると思います。

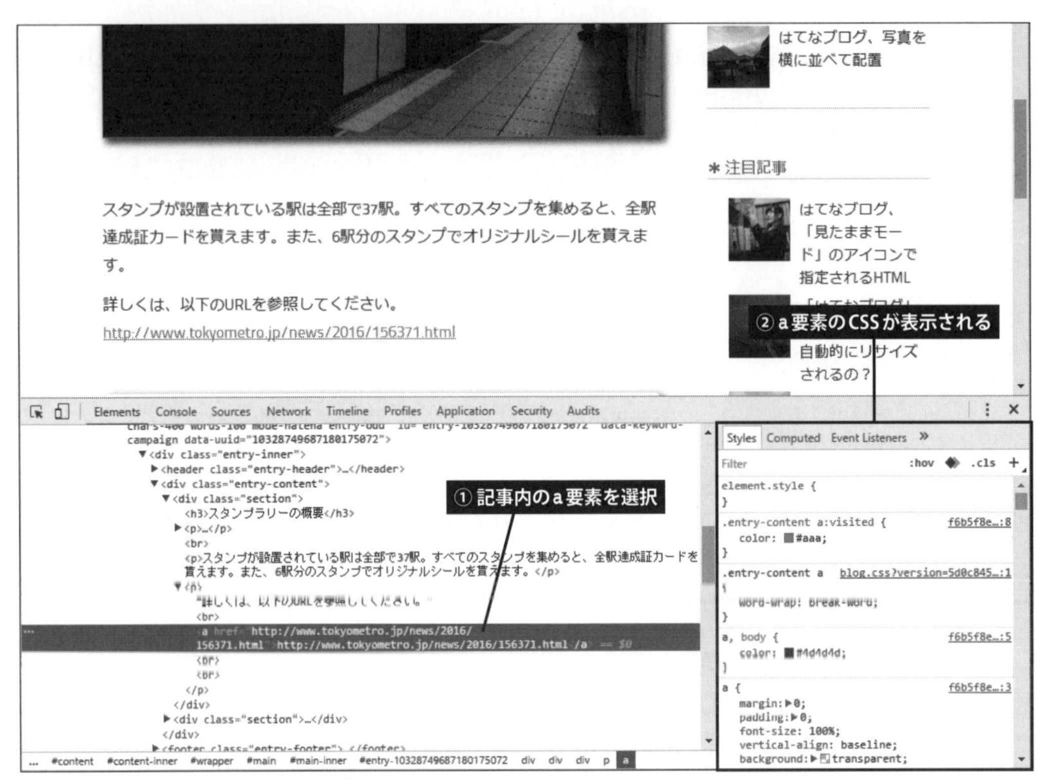

図23-1　a要素に指定されている書式

このセレクタにある**:visited**は**疑似クラス**と呼ばれるもので、「訪問済みのリンク」を書式指定の対象にすることを意味しています。そのほか、a要素の書式指定でよく使用される疑似クラスとして、以下のような疑似クラスがあります。

:link ……………… 未訪問のリンク
:visited ………… 訪問済みのリンク
:hover …………… マウスオーバー時の表示
:active …………… クリック時の表示

記事本文のリンク（a要素）の書式を指定するときは、**.entry-content a{……}**のセレクタでCSSを記述するのが基本です。つまり、「各記事の内容」（.entry-content）の中にある「a要素」に対して書式を指定することになります。

ただし、この記述だけでは「訪問済みのリンク」の書式を変更できないことに注意してください。というのも、「訪問済みのリンク」は、**.entry-content a:visited{……}**のセレクタで書式指定されているケースが多いからです。リンク文字の書式を思いどおりに指定するには、:visitedなどの疑似クラスについて書式指定を行わなければいけません。

リンク文字のカスタマイズ例

それでは、リンク文字のカスタマイズ例を紹介していきましょう。本書が選択しているテーマは、「訪問済みのリンク」を「明るい灰色」（#aaa）で表示するCSSが指定されています。このままでは「訪問済みのリンク」が目立たなくなってしまうので、文字色の書式を変更します。また、「未訪問のリンク」や「マウスオーバー時の表示」についても文字色の書式を指定します。

ここでは、リンク文字の文字色（color）を以下のようにカスタマイズしました。なお、「クリック時」（:active）の書式は一瞬しか表示されないので指定を省略しています。

- 未訪問のリンク …………… 薄い青緑色（#5588aa）
- 訪問済みのリンク ………… 薄い青緑色（#5588aa）　※「未訪問のリンク」と同じ色
- マウスオーバー時 ………… 赤色（#ff0000）

これをCSSで記述すると以下のようになります。簡単な書式指定が繰り返されるだけなので、今回は各CSSを1行で記述しました。

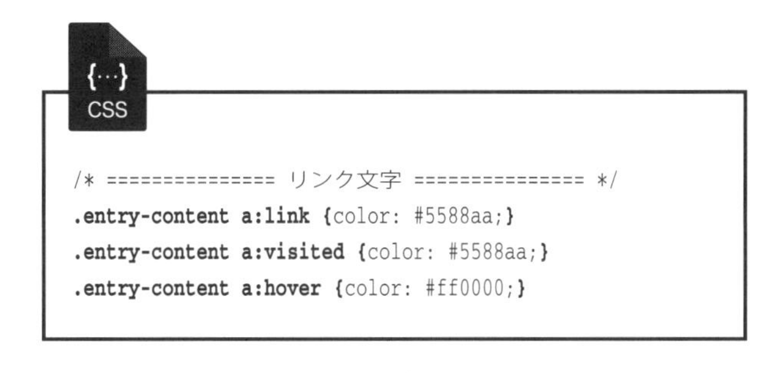

```
{…}
CSS

/* ============== リンク文字 ============== */
.entry-content a:link {color: #5588aa;}
.entry-content a:visited {color: #5588aa;}
.entry-content a:hover {color: #ff0000;}
```

スタンプが設置されている駅は全部で37駅。すべてのスタンプを集めると、全駅達成証カードを貰えます。また、6駅分のスタンプでオリジナルシールを貰えます。

詳しくは、以下のURLを参照してください。

http://www.tokyometro.jp/news/2016/156371.html

リンク文字が指定した色で表示される

現在の進行状況は？

図23-2　外部CSSを変更したブログの表示

もちろん、文字色（color）以外の書式を変更することも可能です。たとえば、リンク文字の下線を消去するときは、「text-decoretion: none;」という書式指定を追加します。逆に、リンク文字に下線を表示するときは、「text-decoretion: underline;」という書式指定を追加します。下線の有無は各自が自由に決められますが、リンクであることを分かりやすく示すために、通常は下線を表示するように書式指定しておくとよいでしょう。

24 ページ幅、コンテンツ幅のカスタマイズ

続いては、**メイン領域**や**サイドバー領域**の**幅**をカスタマイズする方法を解説します。ページの幅を調整したい場合はもちろん、希望するサイズでアフィリエイト広告を掲載する場合にも活用できるので、ぜひ指定方法を覚えておいてください。

はてなブログのページ構成

各領域の幅を変更するときは、**width**プロパティの値を変更します。ただし、テーマごとにwidthを指定している要素が異なるため、どのセレクタでCSSを記述すればよいかは一概には言えません。

まずは、「はてなブログ」の構成から紹介していきましょう。「はてなブログ」のHTMLは、右ページに示したような構成になっています。div要素が何重にも入れ子になった少し複雑な構成なので、各div要素の役割を間違えないように注意してください。

また、これらの要素には**ID名**が付けられています。このため、**#ID名{……}**という形で各要素のCSSをカスタマイズすることが可能です。

図24-1 「はてなブログ」のページ構成

```
<div id="container">
  <div id="container-inner">

    <header id="blog-title" ……>
      <div id="blog-title-inner" ……>
        ⋮
      </div>
    </header>

    <div id="content" class="hfeed">
      <div id="content-inner">

        <div id="wrapper">
          <div id="main">
            <div id="main-inner">
              <article ……>
                  ⋮
              </article>
            </div>
          </div>
        </div>

        <aside id="box2">
          <div id="box2-inner">
            ⋮
          </div>
        </aside>

      </div>
    </div>

  </div>
</div>
```

ヘッダ領域

各記事

メイン領域

サイドバー領域

最初に登場する2つのdiv要素（**#container**、**#container-inner**）は、**ページ全体**を囲むdiv要素です。この中に「ヘッダ領域」「メイン領域」「サイドバー領域」が収められています。

■ヘッダ領域

ID名が**blog-title**の**header要素**で構成されています。その内部にdiv要素（**#blog-title-inner**）が配置されています。

続いて、ヘッダ領域の下にある「メイン領域」と「サイドバー領域」を包括する2つのdiv要素（**#content**、**#content-inner**）が配置されています。

■メイン領域

ID名が**wrapper**のdiv要素で作成されています。その内部に2つのdiv要素（**#main**、**#main-inner**）が配置されています。なお、**<article>**～**</article>**は各記事の範囲を示す要素となります。

■サイドバー領域

ID名が**box2**の**aside要素**で作成されています。その内部にdiv要素（**#box2-inner**）が配置されています。

ここで注目すべきポイントは、幅（width）の指定に使える要素が複数あることです。たとえば、「メイン領域」の幅を指定する場合を考えると、#wrapper{……}、#main{……}、#main-inner{……}のいずれかに対してwidthを指定することになります。「各領域の幅」を決定している要素（セレクタ）は、テーマに応じて変化します。以下に、各領域の幅指定に使えるセレクタをまとめておくので参考にしてください。

・ページ全体

#container　（div要素）
#container-inner　（div要素）

（メイン＋サイドバー）

#content　（div要素）
#content-inner　（div要素）

・ヘッダ領域　※「ページ全体」と同じ幅にするのが基本

#blog-title　（header要素）
#blog-title-inner　（div要素）

・メイン領域

#wrapper　（div要素）
#main　（div要素）
#main-inner　（div要素）

・サイドバー領域

#box2　（aside要素）
#box2-inner　（div要素）

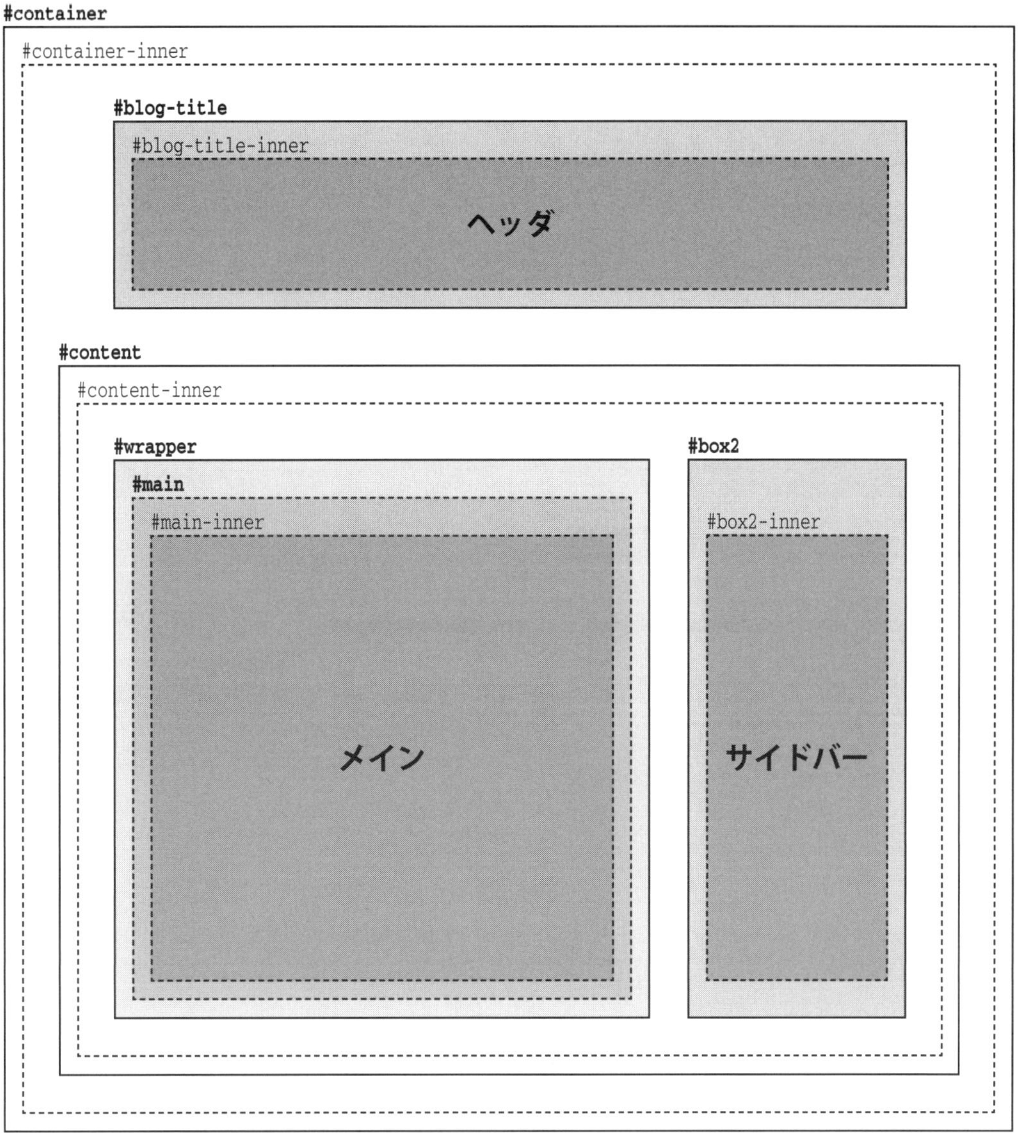

図24-2　ページを構成する要素のID名（セレクタ）

領域の幅を指定するセレクタの確認

領域の幅をカスタマイズするときは、テーマが「**どの要素に対して`width`を指定しているか？**」を最初に調べなければいけません。Chromeのデベロッパー ツールを起動し、先ほど示した各要素について、`width`の指定の有無を確認します。

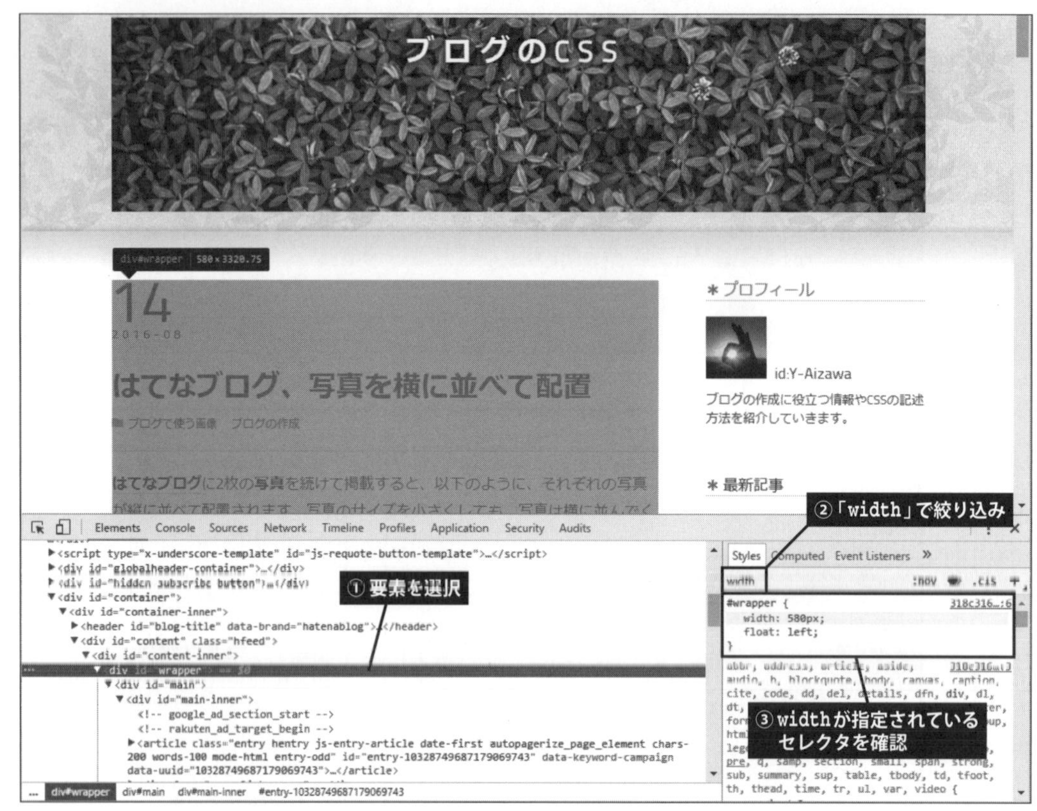

図24-3　幅（width）が指定されている要素の確認

メイン領域とサイドバー領域の幅の変更

本書が例にしているテーマーでは、以下の要素（セレクタ）に対してwidthが指定されていました。

- ページ全体の幅 …………………… #content-inner
- ヘッダ領域の幅 …………………… #blog-title
- メイン領域の幅 …………………… #wrapper
- サイドバー領域の幅 ………… #box2

よって、これらのセレクタでwidthの値を変更すると、各領域の幅をカスタマイズできます。ここでは、「ページ全体」と「ヘッダ領域」の幅を960px、「メイン領域」の幅を600px、「サイドバー領域」の幅を300pxに変更する外部CSSを記述してみました。

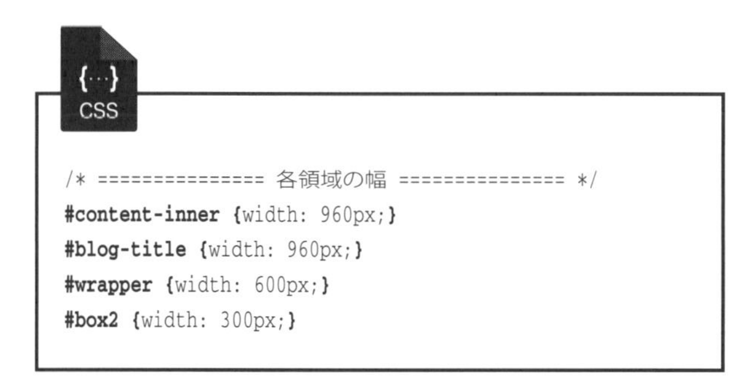

```
/* =============== 各領域の幅 =============== */
#content-inner {width: 960px;}
#blog-title {width: 960px;}
#wrapper {width: 600px;}
#box2 {width: 300px;}
```

このとき、幅の計算が「メイン領域」+「サイドバー領域」=「ページ全体」とならないことに注意してください。今回の例では、600px+300px=900px となるため、60pxの隙間ができることになります。これが**「メイン領域」と「サイドバー領域」の間隔**になります。

図24-4　外部CSSを変更したブログの表示

このようにwidthの値を変更することで、「各領域の幅」を自由にカスタマイズすることも可能です。ポイントとなるのは、**幅(width)が指定されているセレクタ**を正しく識別すること。これさえ確認しておけば、簡単なCSSを記述するだけで「各領域の幅」を調整できます。アフィリエイトを行っている方には必須のテクニックとなるので、よく仕組みを理解しておいてください。広告選択の自由度を増やせるようになると思います。

1カラムのレイアウト

ページ全体が**1カラム**で構成されるテーマでは、**サイドバーの領域**がページ下部に配置されます。この場合も同様の手順で「各領域の幅」をカスタマイズすることが可能です。以下に、ページを構成する要素（セレクタ）の概念図を示しておくので参考にしてください。

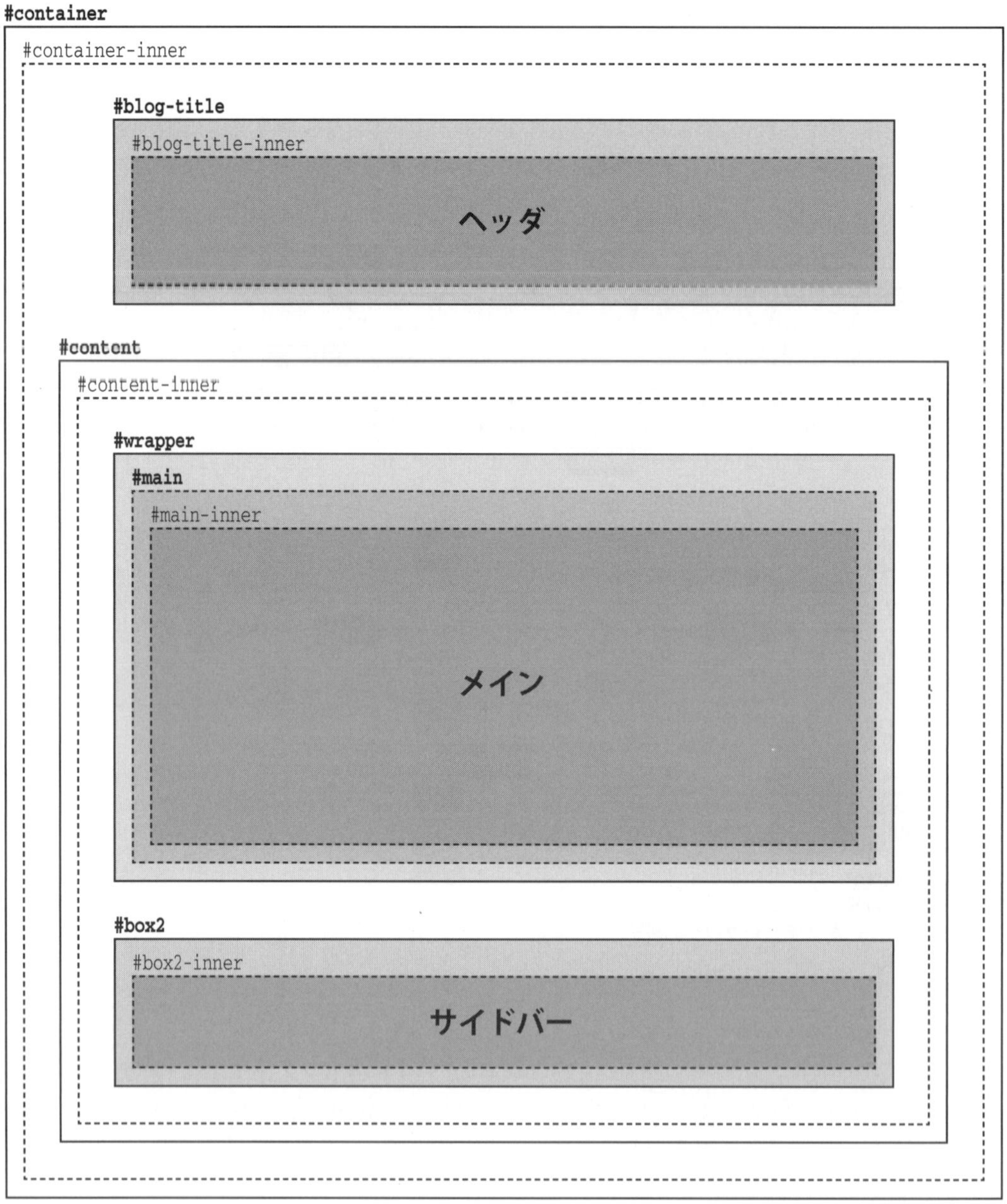

図24-2　ページを構成する要素のID名（セレクタ）

25 自動作成される目次のカスタマイズ

続いては、**[:contents]** で作成した**目次**をカスタマイズする方法を解説します。各記事の冒頭に目次を掲載する場合は、目次の見た目を指定するCSSの記述方法も覚えておいてください。

目次のHTML構成

本書のP75～76で解説したように、「はてなブログ」には**目次**を自動作成する機能が用意されています。ただし、この方法により作成された目次は、単なる「見出し」の羅列でしかなく、あまり見た目がよくありません。

図25-1　[:contents] により自動作成された目次

そこで、この目次の見た目をカスタマイズする方法を紹介しておきます。Chromeのデベロッパー ツールで確認すると分かるように、自動作成された目次は**リスト**としてHTML出力される仕組みになっています。

```
<ul class="table-of-contents">
  <li><a href="#……">大見出し</a></li>
  <li><a href="#……">大見出し</a>
    <ul>
      <li><a href="#……">中見出し</a></li>
      <li><a href="#……">中見出し</a>
        <ul>
          <li><a href="#……">小見出し</a></li>
          <li><a href="#……">小見出し</a></li>
        </ul>
      </li>
    </ul>
  </li>
  <li><a href="#……">大見出し</a></li>
              ⋮
</ul>
```

目次全体を示す**ul要素**には、**table-of-contentsのクラス名**が付けられており、その中に**li要素**で「大見出し」が列記されています。これらの文字はリンクとしても機能するため、<li><a>～</a></li>という形で**a要素**が追加されています。

「中見出し」以降の目次は、各項目（li要素）の中にul要素が再登場する、階層構造のリストとして作成されています。つまり、

- **1階層目の<ul>～</ul>…………「大見出し」のリスト**
- **2階層目の<ul>～</ul>…………「中見出し」のリスト**
- **3階層目の<ul>～</ul>…………「小見出し」のリスト**

という構造になります。

目次の表示をカスタマイズするCSS

それでは、目次の見た目をCSSでカスタマイズする方法を解説していきましょう。まずは、目次全体を示す**ul要素**の書式を指定します。このul要素にはクラス名が付けられているため、.table-of-contents{……}のセレクタで書式を指定できます。

ただし、テーマによっては.entry-content ul{……}でCSSが指定されている場合があることに注意しなければいけません。これは、**「各記事の内容」の中にある「ul要素」**の書式指定を意味しています。

図25-2　ul要素に指定されているCSS

この場合は、テーマにより指定される.entry-content ul{……}の方が優先順位が高くなります。そこで、**ul.table-of-contents{……}**というセレクタで外部CSSを記述するのが基本です。すると、「目次のul要素」に対して確実に書式を指定できるようになります。今回の例では、以下のように外部CSSを記述しました。

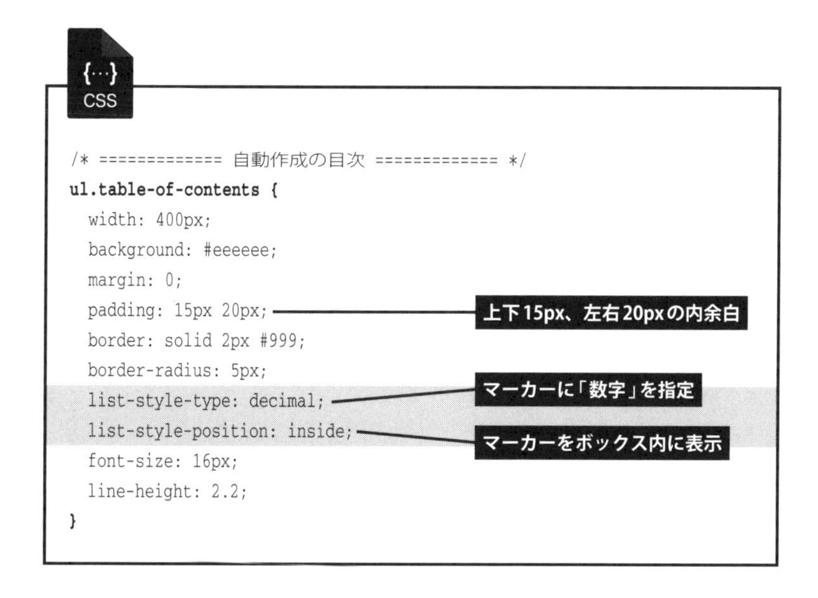

幅に400px、背景色に「薄い灰色」を指定し、外余白（margin）を0、内余白（padding）を上下15px、左右20pxに変更しています。さらに、周囲を2pxの枠線（border）で囲み、5pxの角丸（border-radius）を指定しています。これらの指定は目次ボックスのデザインとなるので、各自で好きなようにカスタマイズしてください。

続いて、**list-style-type**で「大見出し」の先頭に表示される**マーカーの種類**を指定します。1、2、3、…と番号を振っていく場合は、この値にdecimalを指定します。その次に記述されている**list-style-position**は、**マーカーの位置**を指定するプロパティです。マーカーをボックス内(ul要素内)に表示するときは、この値にinsideを指定します。

最後に、「大見出し」の文字サイズ(font-size)と行間(line-height)を指定すると、目次の見た目が図25-3のように変化します。

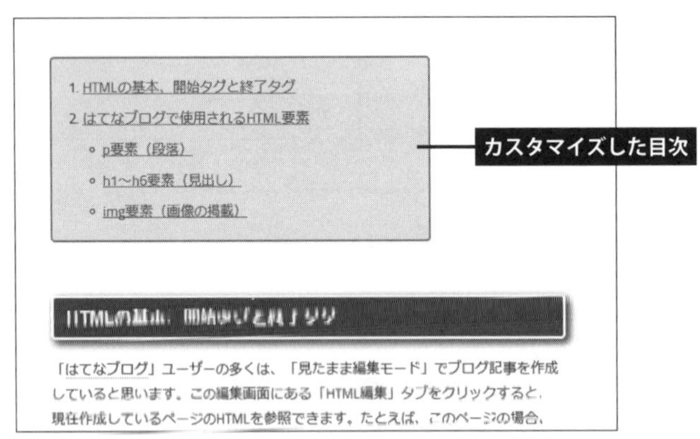

図25-3　外部CSSを変更したブログの表示

続いて、「大見出し」のリンク(a要素)に対して書式を指定します。今回は、「未訪問」と「訪問済み」の文字色を「黒色」に指定し、文字飾り(text-decoration)の下線を「なし」に変更しました。また、マウスオーバー時に文字色を「赤色」にするCSSも記述しています。

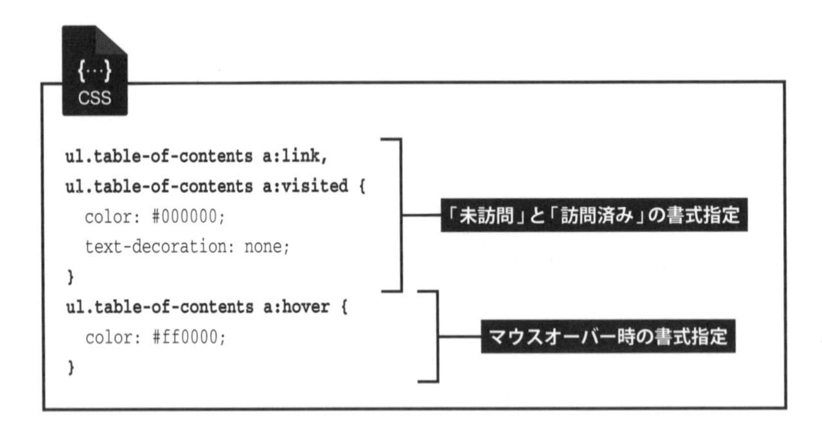


```css
ul.table-of-contents a:link,
ul.table-of-contents a:visited {
  color: #000000;
  text-decoration: none;
}
ul.table-of-contents a:hover {
  color: #ff0000;
}
```

リンク文字のカスタマイズについてはP141～143で詳しく解説しているので、こちらも合わせて参考にしてください。なお、このCSSを記述しなかった場合、リンクの書式は「本文内にあるリンク」と同じ書式になります。

続いて、「中見出し」の書式を指定します。こちらは2階層目の<ul>〜</ul>となるため、「ul.table-of-contents」の中にある「ul要素」という形でセレクタを記述します。今回の例では、「中見出し」のマーカーを「塗りつぶされた丸」、文字サイズを14pxに指定しました、

CSS

```
ul.table-of-contents ul {
  list-style-type: disc;
  font-size: 14px;
}
```

その他の書式やリンク文字の書式は、「大見出し」で指定した書式がそのまま引き継がれます。以上のように外部CSSを記述すると、目次の見た目を図25-4のようにカスタマイズできます。

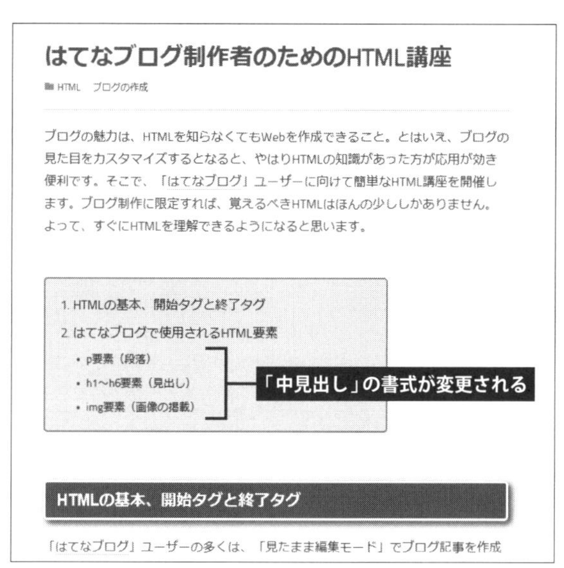

図25-4　外部CSSを変更したブログの表示

「目次」の文字を表示するCSS

自動作成された目次には、**「目次」の文字**がありません。このままでは少し分かりにくいので、CSSを使って「目次」の文字を追加しておきましょう。この指定には、**:before**の疑似要素を利用します（疑似要素についてはP120〜122を参照）。

今回は「（目次）」という文字を先頭に挿入しました。このとき、contentプロパティの値を"（ダブルクォーテーション）で囲む必要があることに注意してください。あとは、この文字の書式をCSSで指定するだけです。今回は、文字サイズに18px、文字の太さ（font-weight）に「太字」を指定しました。

{…}
CSS

```
ul.table-of-contents:before {
  content: "（目次）";
  font-size: 18px;
  font-weight: bold;
}
```

これで、目次の見た目を図25-5のように表示することが可能となります。

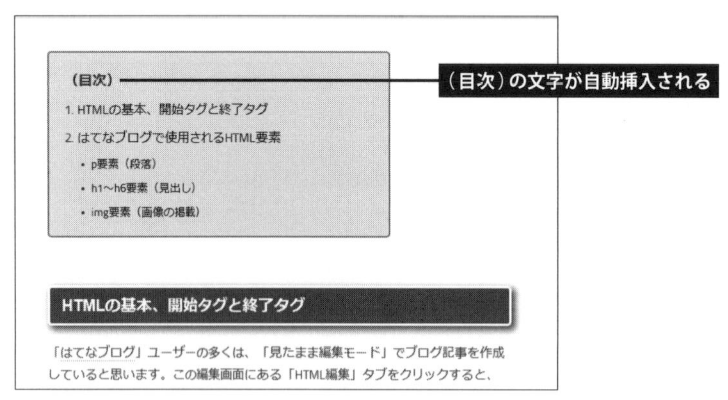

図25-5　外部CSSを変更したブログの表示

もちろん、CSSの記述を変更すれば、目次のデザインを自由にカスタマイズできます。以下に、目次のCSSに使用するセレクタをまとめておくので、これを参考にオリジナルデザインの目次にも挑戦してみてください。

- 「目次全体」と「大見出し」…………… **ul.table-of-contents{……}**
- 「リンク文字」……………………………… **ul.table-of-contents a:link{……}**
  ul.table-of-contents a:visited{……}
  ul.table-of-contents a:hover{……}
- 「中見出し」………………………………… **ul.table-of-contents ul{……}**
- 「小見出し」………………………………… **ul.table-of-contents ul ul{……}**

26 パンくずリストのカスタマイズ

各記事の上部に**「パンくずリスト」**を表示するときも、CSSを使ったカスタマイズが必要となります。初期設定のままでは文字が大きすぎるので、font-sizeの値などを調整しておくとよいでしょう。

パンくずリストのHTML構成

P76～77で紹介した方法で**「パンくずリスト」**を表示すると、各記事のページに図26-1のようなリンクを追加できます。とはいえ、初期設定のままでは、あまり見た目の良い「パンくずリスト」にはなりません。また、ページの幅をカスタマイズしている場合は、「パンくずリスト」の位置がズレて表示されてしまいます。

図26-1　初期設定における「パンくずリスト」の表示

「パンくずリスト」の表示をカスタマイズするときも外部CSSを利用します。まずは、「パンくずリスト」のHTMLから確認していきましょう。

```
<div id="top-box">
  <div class="breadcrumb">
    <div class="breadcrumb-inner" ……>
      <a class="breadcrumb-link" href="リンク先のURL" ……>
        <span ……>トップ</span>
      </a>
      <span class="breadcrumb-gt">&gt;</span>
      <span class="breadcrumb-child" ……>
        <a class="breadcrumb-child-link" href="リンク先のURL" ……>
          <span ……>カテゴリー名</span>
        </a>
      </span>
      <span class="breadcrumb-gt">&gt;</span>
      <span class="breadcrumb-child" ……>
        <span itemprop="title">記事タイトル</span>
      </span>
    </div>
  </div>
</div>
```

少し複雑なHTML構成ですが、要は

- **ID名がtop-box**のdiv要素でヘッダの下に領域を確保
- その中に**クラス名がbreadcrumb**のdiv要素で「パンくずリスト」を配置

という構成になります。この2点を把握できていれば、「パンくずリスト」をカスタマイズすることが可能です。

パンくずリストの表示をカスタマイズするCSS

それでは、具体的な例でカスタマイズ方法を解説していきましょう。「パンくずリスト」は**クラス名がbreadcrumb**のdiv要素で配置されているため、.breadcrumb{……}のセレクタで書式を指定できます。

ただし、テーマにより指定されているCSSと重複する可能性もあるので、「**ID名top-box**のdiv要素」の中にある「**クラス名breadcrumb**のdiv要素」とセレクタを記述した方が確実に書式を指定できます。よって、本書では**#top-box .breadcrumb{……}**という形でCSSを記述しました。次ページに示した例では、「パンくずリスト」の文字サイズを14pxに変更しています。

```css
/* ============ パンくずリスト ============ */
#top-box .breadcrumb {
  font-size: 14px;
}
```

図26-2　外部CSSを変更したブログの表示

文字色などの書式を変更するときは、「トップ」と「カテゴリー名」が**リンク文字**（a要素）、「記事タイトル」が**通常の文字**で表示されることに注意しなければいけません。よって、a要素のCSSも記述する必要があります。以下は、文字色を「濃い灰色」に変更し、さらにリンクの下線を「なし」、マウスオーバー時の文字色を「赤色」に指定した場合の例です。

```css
/* ============ パンくずリスト ============ */
#top-box .breadcrumb {
  font-size: 14px;
  color: #333333;
}
#top-box .breadcrumb a:link,
#top-box .breadcrumb a:visited {
  color: #333333;
  text-decoration: none;
}
#top-box .breadcrumb a:hover {
  color: #ff0000;
}
```

文字色の指定を追加（color: #333333;）

リンク文字の書式（a:link, a:visited）

マウスオーバー時の書式（a:hover）

図26-3　外部CSSを変更したブログの表示

　また、P144～150で解説した方法でページ幅を変更している場合は、「パンくずリスト」の幅もカスタマイズしておく必要があります。この指定は、「**ID名top-box**のdiv要素」に対して指定するのが一般的です。よって、**#top-box{……}**のセレクタでCSSを記述します。

　本書の例では「ページ全体の幅」を960pxにカスタマイズしているので、これに合わせてwidthの値を変更します。すると、「パンくずリスト」をページの左端に揃えて配置できるようになります。

{…}
CSS

```
/* ============ パンくずリスト ============ */
#top-box {
  width: 960px;
}
#top-box .breadcrumb {
  font-size: 14px;
  color: #333333;
}
#top-box .breadcrumb a:link,
#top-box .breadcrumb a:visited {
  color: #333333;
  text-decoration: none;
     ⋮
```

幅を指定するCSSを追加

図26-4　外部CSSを変更したブログの表示

Check Point & Attention　　　　重要度　★★★☆☆

ウィンドウを２つ開いてCSSの変更を確認

外部CSSの変更画面に表示されるプレビューは、「ブログのトップページ」となります。ただし、トップページには「パンくずリスト」が表示されないため、CSSの変更結果を確認できません。このような場合は、ブラウザのウィンドウを2つ開いて作業すると、CSSの変更結果を確認しやすくなります。

・１つ目のウィンドウ ………… 外部CSSの編集画面を表示
・２つ目のウィンドウ ………… 記事ページを表示

続いて、以下の手順で外部CSSの変更作業を繰り返していくと、そのつどページを移動しなくてもCSSの変更結果を確認できるようになります。

（操作手順）
① １つ目の画面で外部CSSを変更し、［変更を保存する］ボタンをクリック
② ２つ目の画面で［F5］キーを押してページを更新
③ 変更結果を確認し、再び外部CSSを変更（手順①に戻る）

便利に活用できる場面も多いので、外部CSSを変更するときのテクニックとして覚えておいてください。

27 サイドバーにあるモジュールのカスタマイズ

これまでに解説してきた方法と同様の手順で、サイドバーにある**モジュール**の見た目をカスタマイズすることも可能です。外部CSSを使ったカスタマイズ手順を理解できていれば問題なく作業できるので、簡単に解説しておきましょう。

モジュール・タイトルのカスタマイズ

サイドバーに並んでいる各モジュールの見出し（**モジュール・タイトル**）は、**クラス名**が**hatena-module-title**のdiv要素で作成されています。このため、**.hatena-module-title{……}**のセレクタで書式を変更できるのが一般的です

たとえば、以下のように外部CSSを記述すると、モジュール・タイトルのデザインを図27-1のように変更できます。

{…}
CSS

```
/* ========== モジュール・タイトル ========== */
.hatena-module-title {
  color: #ffffff;
  font-family: Arial, "ヒラギノ角ゴ Pro W3", "Hiragino Kaku Gothic Pro", "メイリオ", Meiryo, sans-serif;
  background: #666666;
  padding: 8px 12px;
  border: solid 2px #ffffff;
  box-shadow: 3px 3px 8px #999999;
  margin-bottom: 5px;
}
.hatena-module-title:before {
  content: none;
}
```

見出しの前にある飾り文字の削除

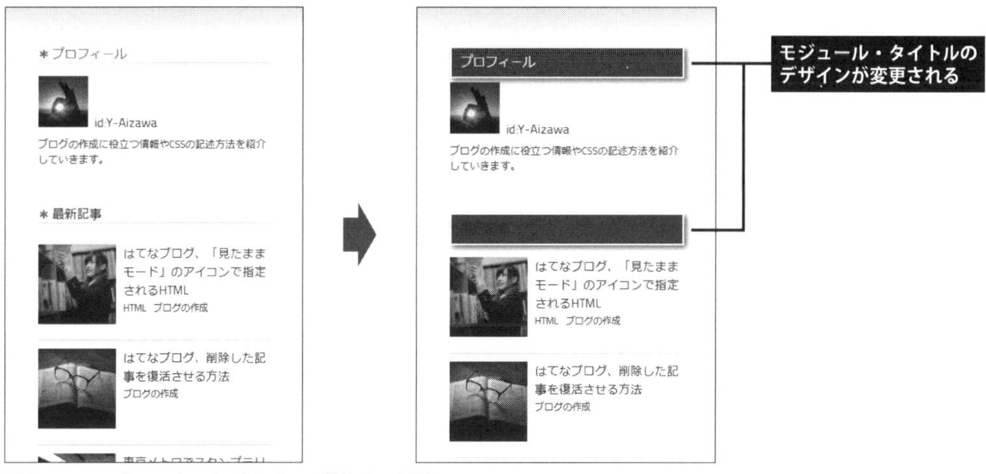

図27-1　モジュール・タイトルのデザイン変更

ただし、一部のモジュールはタイトルが**リンク**として機能していることに注意しなければいけません。よって、**.hatena-module-title a{……}**でリンク文字の書式も指定しておく必要があります。

{…}
CSS

```
.hatena-module-title a:link,
.hatena-module-title a:visited {
  color: #ffffff;
}
.hatena-module-title a:hover {
  color: #ff0000;
}
```

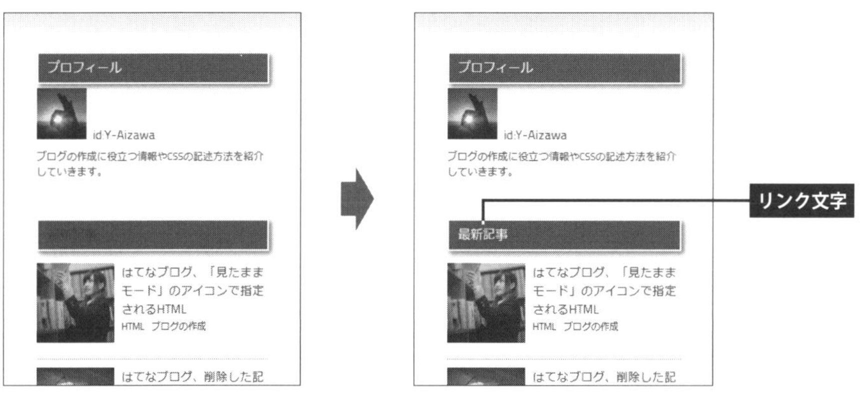

図27-2　モジュール・タイトルのリンク文字の書式変更

もちろん、各モジュールの書式を細かく指定していくことも可能です。個々のモジュールは、以下のクラス名が指定されたdiv要素で作成されています。そして、この中に「モジュール・タイトルのdiv要素」と「モジュール・ボディのdiv要素」がある、という構成になっています。

■ 各モジュールのクラス名（セレクタ）

モジュール	クラス名
プロフィール	.hatena-module-profile
検索	.hatena-module-search-box
リンク	.hatena-module-links
最新記事	.hatena-module-recent-entries
関連記事	.hatena-module-related-entries
注目記事	.hatena-module-entries-access-ranking
月別アーカイブ	.hatena-module-archive
カテゴリー	.hatena-module-category
最近のコメント	.hatena-module-recent-comments
HTML	.hatena-module-html
参加グループ	.hatena-module-circles
執筆者リスト	.hatena-module-authors-list

■ 各モジュールの構成

```
<div class="hatena-module 各モジュールのクラス名">
  <div class="hatena-module-title">モジュール・タイトル</div>
  <div class="hatena-module-body">
        ⋮
   モジュール・ボディ
        ⋮
  </div>
</div>
```

今回、本書が選択しているテーマの場合、「プロフィール」と「検索」でタイトル下の余白が非常に狭くなっています。これを修正するときは、**「各モジュールのクラス名」**の中にある**「.hatena-module-title」**というセレクタでCSSを記述すると、それぞれのモジュール・タイトルに個別に書式を指定できます。

CSS

```
.hatena-module-profile .hatena-module-title,
.hatena-module-search-box .hatena-module-title {
  margin-bottom: 20px;
}
```

「プロフィール」のタイトル

「検索」のタイトル

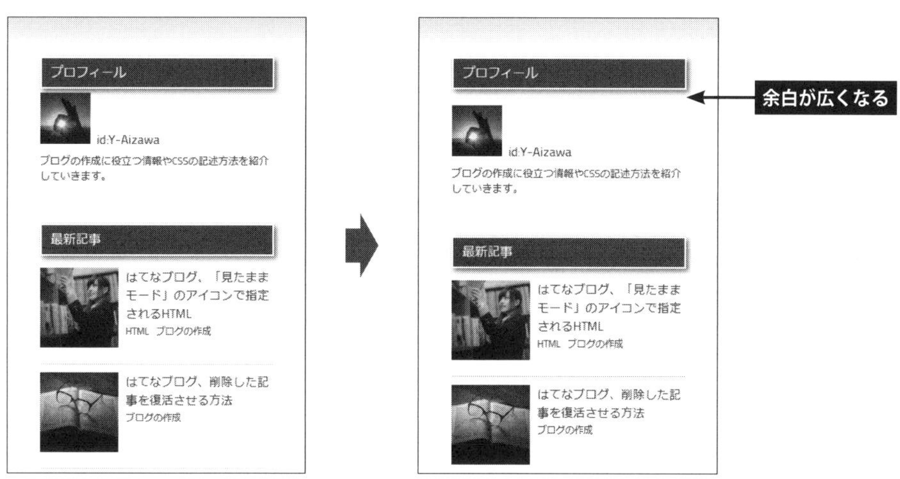

図27-3　各モジュールのタイトルの書式変更

モジュール・ボディのカスタマイズ

各モジュールの本体（**モジュール・ボディ**）は、**クラス名がhatena-module-body**のdiv要素で作成されています。このため、**.hatena-module-body{……}**のセレクタで書式を変更することが可能です。

また、「最新記事」「注目記事」「関連記事」「月別アーカイブ」「カテゴリー」といったモジュールは、**ul要素**と**li要素**を使ったリストで各項目が表示される仕組みになっています。よって、「**.hatena-module-body**」の中にある「**ul要素**」や「**li要素**」をセレクタにして、各項目の書式をカスタマイズしていくことが可能です。

次ページの例は、モジュール・ボディの左側の外余白（margin-left）を調整した場合です。さらに、li要素の書式を変更して、各項目の書式（下の枠線や間隔など）もカスタマイズしています。このように外部CSSを追加すると、「注目記事」や「関連記事」の左端を揃えて表示できるようになります。

CSS

```
/* =========== モジュール・ボディ =========== */
.hatena-module-body {
  margin-left: 5px;
}
.hatena-module-body li {
  list-style: none;
  margin-left: 0;
  border-bottom: 1px solid #ddd;
  padding: 15px 0 8px;
}
```

マーカー「なし」

上15px、左右0px、下8pxの内余白

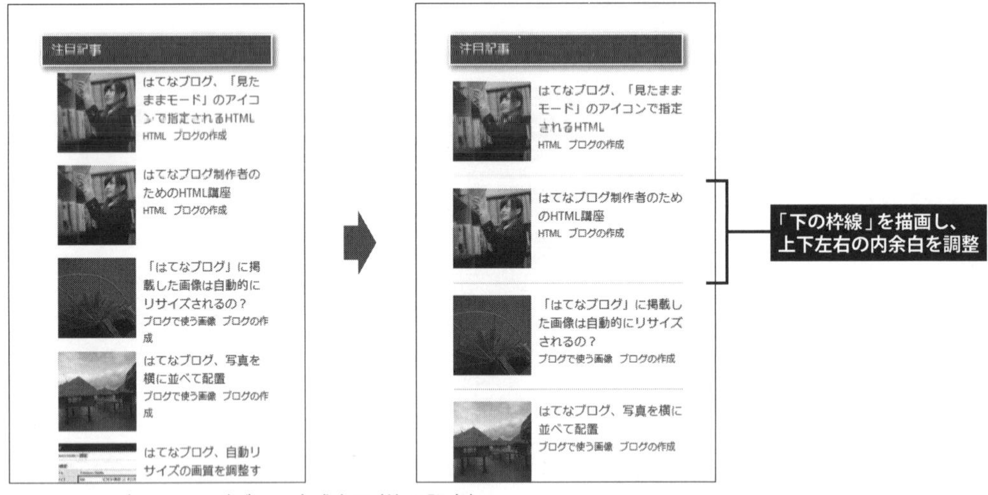

図27-4　モジュール・ボディの書式変更（注目記事）

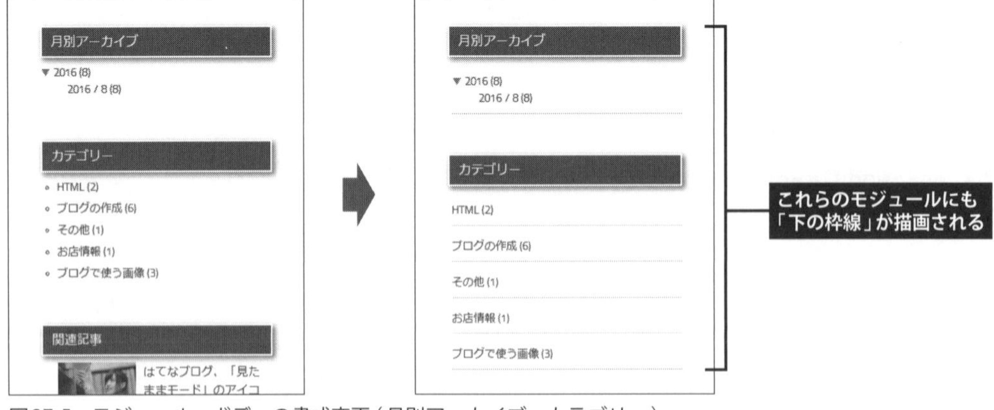

図27-5　モジュール・ボディの書式変更（月別アーカイブ、カテゴリー）

モジュール・ボディ内にある画像（img要素）の書式を指定することも可能です。以下は、アイキャッチ画像に「影」を追加し、「右の外余白」の調整した場合の例です。

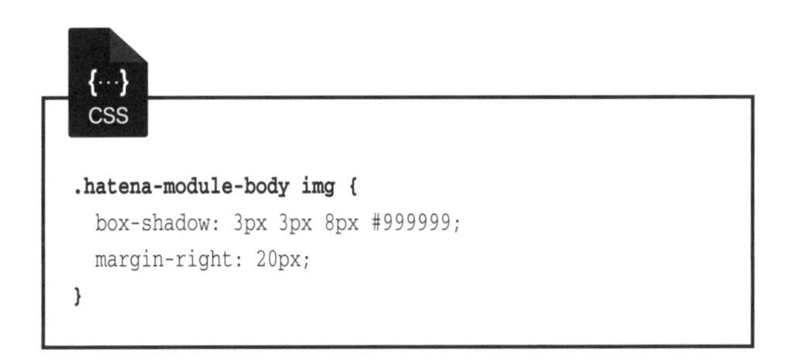

```css
.hatena-module-body img {
  box-shadow: 3px 3px 8px #999999;
  margin-right: 20px;
}
```

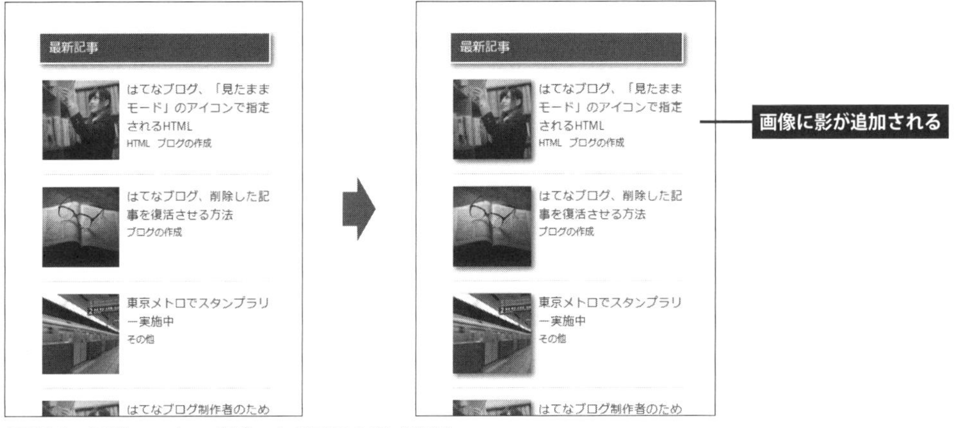

図27-6　モジュール・ボディ内の画像の書式変更

もちろん、「最新記事」「注目記事」「関連記事」のモジュール内にある記事タイトルの書式もカスタマイズできます。これらの記事タイトルは、**クラス名urllist-title-linkのa要素**で作成されています。よって、**.urllist-title-link{……}**のセレクタで書式を指定することが可能です。以下は、記事タイトルの「文字サイズ」を14pxに変更し、「太字」を指定した場合の例です。

```css
.urllist-title-link {
  font-size: 14px;
  font-weight: bold;
}
```

図27-7　モジュール・ボディ内の記事タイトルの書式変更

このように、サイドバーのデザインをカスタマイズしていくことも可能です。テーマによってはセレクタの指定方法が異なる場合もありますが、Chromeのデベロッパー ツールで各要素のセレクタを確認していけば、たいていの要素の書式をカスタマイズできると思います。これまでの解説も参考にしながら、ぜひオリジナルデザインの作成に挑戦してみてください。

28 外部CSSのバックアップ

CSSを使って「はてなブログ」をカスタマイズしていくと、外部CSSの記述が100行以上になることも珍しくありません。最後に、外部CSSのバックアップを作成する方法を紹介しておきます。

外部CSSのバックアップ方法

「はてなブログ」には、外部CSSのバックアップを作成する機能が用意されていません。このため、操作ミスなどにより外部CSSを変更、消去してしまったときに、外部CSSの記述を元に戻すことはできません。各要素に指定した書式を思い出しながら、もう一度CSSを記述しなおす必要があります。

そこで、こういったトラブルに対処できるように、外部CSSのバックアップを作成しておくことをお勧めします。適当なタイミングで外部CSSのバックアップを作成しておけば、間違って削除してしまった記述を簡単に元に戻すことができます。

また、書式指定のテストを行うときにもバックアップが役に立ちます。書式指定を色々と試してみたものの、『前のデザインの方が良かった…』という結果に終わってしまうケースは少なくありません。このような場合にバックアップしておいた外部CSSを復元させると、以前の状態に戻すことが可能となります。

CSSは文字だけで構成されるテキストデータとなるため、簡単にバックアップを作成できます。念のため、具体的な操作手順を解説しておきましょう。

まずは、「はてなブログ」で外部CSSの編集画面を開き、**[Ctrl]＋[A]キー**を押して全ての文字を選択します。続いて、**[Ctrl]＋[C]キー**を押し、選択した文字をクリップボードにコピーします。

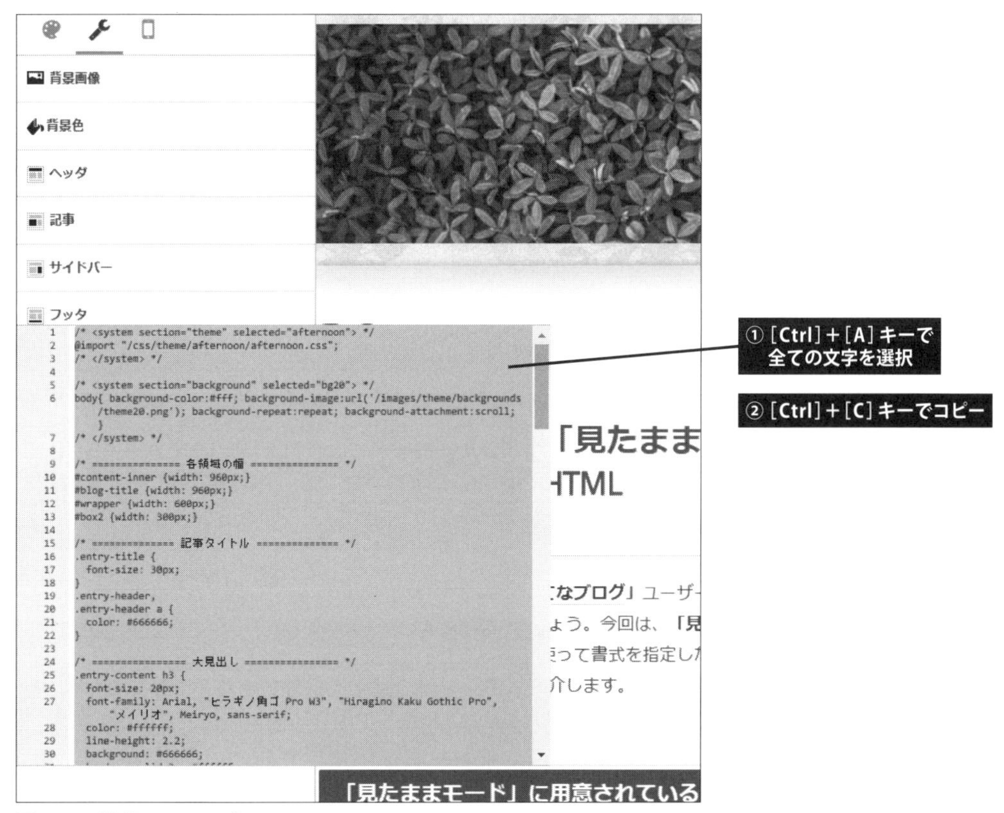

図28-1　外部CSSのコピー

続いて、**テキストエディタ**を起動し、先ほどコピーした外部CSSの記述を**[Ctrl]＋[V]キー**で貼り付けます。

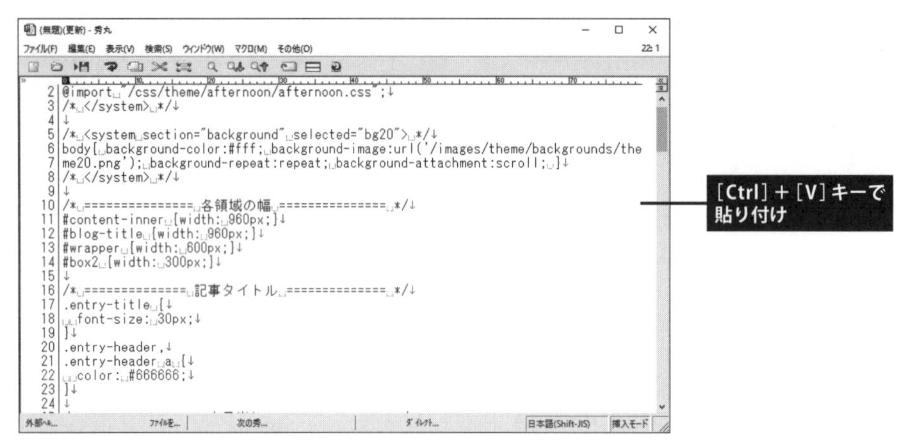

図28-2　外部CSSの貼り付け

あとは、このテキストをファイルに保存するだけです。テキストの内容はCSSですが、CSSファイルとして使用する訳ではないので、**拡張子を.cssに変更する必要はありません。**むしろ、通常のテキスト形式（.txt）で保存しておいた方が使い勝手はよくなります。「CSSバックアップ」などの名前で普通にファイルを保存するだけで、バックアップの作成作業は完了します。

図28-3　バックアップファイルの保存

重要度　★★★☆☆

バックアップに使用するテキストエディタ

外部CSSのバックアップに使用するテキストエディタは、文字を保存できるアプリであれば、どのアプリを使用しても構いません。各自が対いやすいと思うアプリ（テキストエディタ）を使用してください。

ただし、Windowsに標準装備されている「メモ帳」は改行コードが正しく反映されないため、外部CSSのバックアップには使えません。特にテキストエディタを用意していない場合は、Windowsに標準装備されている「ワードパッド」、もしくはMicrosoft Officeの「Word」を使用しても構いません。ちなみに「ワードパッド」を起動するときは、「スタート」メニューから「すべてのプログラム」を選択し、「Windows アクセサリ」→「ワードパッド」を選択します。

CSSを元の状態に戻すには？

続いては、バックアップしておいた外部CSSを復元させる方法を紹介しいます。といっても、特に難しい操作は何もありません。外部CSSのバックアップファイル（テキストファイル）を開き、元に戻したい記述をコピーします。

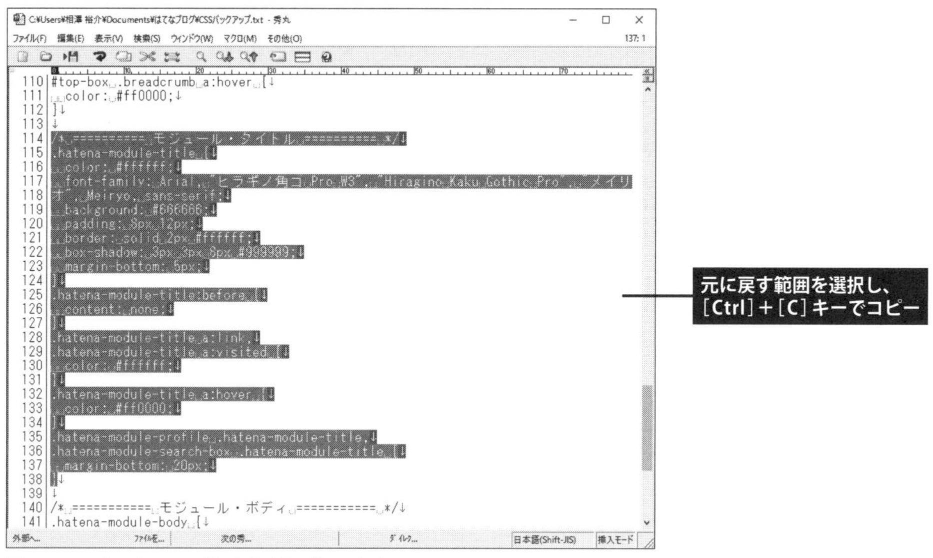

図28-4　バックアップした記述の復元（1）

続いて、「はてなブログ」で外部CSSの編集画面を開き、先ほどコピーした文字を貼り付けると、外部CSSの記述を「バックアップ作成時の状態」に戻すことができます。

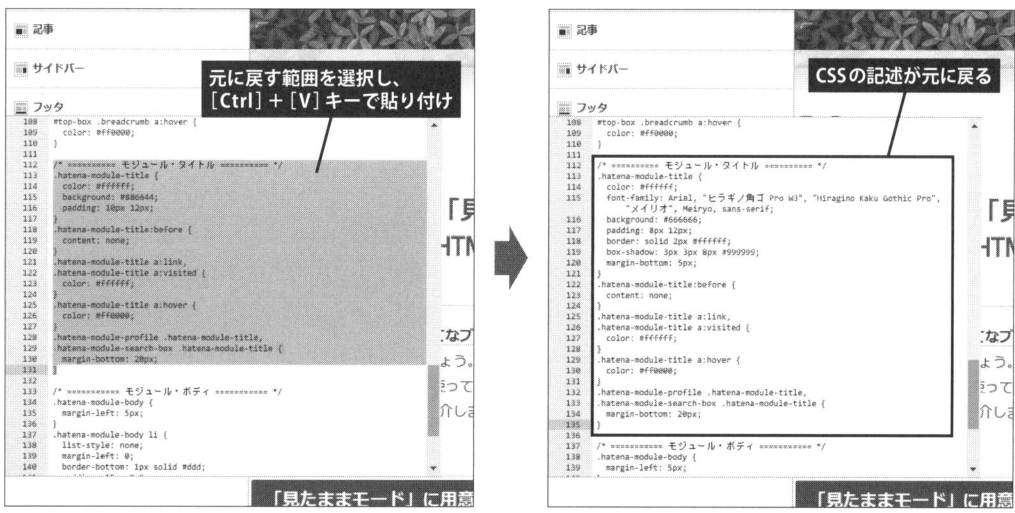

図28-5　バックアップした記述の復元（2）

前ページのように部分的にCSSを復元させても構いませんし、[Ctrl]＋[A]キーを使って外部CSSの記述全体を復元させても構いません。パソコンに慣れている方にとっては、あえて説明するまでもない簡単な操作といえるでしょう。

バックアップを作成しておけば、少し難しいCSSの記述にも気軽にチャレンジできるようになります。万が一に備える場合だけでなく、CSSの記述を色々とテストしてみる場合にも活用できるので、いちど試してみてください。

第3章

覚えておくと便利なテクニック

第３章では、「はてなブログ」を運営するにあたって覚えておくと便利なテクニックを紹介していきます。メニューの作成や SNS ボタンのカスタマイズ、関連記事の表示、アクセス解析など、「はてなブログ」を使いやすく、分析しやすいサイトにするためにも、ここで紹介するテクニックの活用方法を学んでおいてください。

29 ナビゲーションメニューの作成

「はてなブログ」には**ナビゲーションメニュー**を作成する機能が用意されていません。しかし、自分でHTMLとCSSを記述することで、簡単なメニューを作成することは可能です。まずは、ナビゲーションメニューの作成手順から解説していきましょう。

ブログのナビゲーションメニュー

ブログは「記事の集合体」となるため、それぞれのコンテンツへ誘導するメニューは設置されていないのが普通です。とはいえ、訪問者の使い勝手をよくするために、『何らかのメニューを用意しておきたい』と考える方もいるでしょう。このような場合は、以下に示す手順で**ナビゲーションメニュー**を作成することも可能です。

ここでは、例として図29-1のようなナビゲーションメニューを作成してみました。

図29-1　今回作成したナビゲーションメニュー

このナビゲーションメニューは、各カテゴリーの**記事一覧ページ**へ移動するリンクとして機能します。ブログを訪問してくれた方を「他の記事にも誘導するツール」として活用できると思います。

リンク先URLの確認

それでは、ナビゲーションメニューの作成手順を解説していきましょう。最初に、**リンク先となるページのURL**を調べます。今回は「カテゴリー別の記事一覧」をリンク先とするので、サイドバーにある「カテゴリー」のモジュールから記事一覧のページへ移動します。

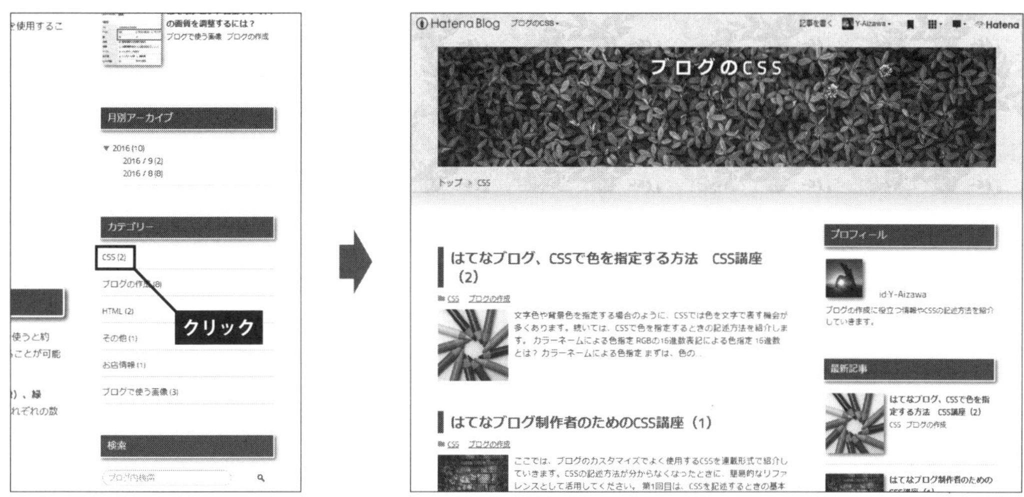

図29-2　各カテゴリーの記事一覧ページへ移動

リンク先のページを表示できたら、そのURLをテキストエディタなどにコピーしておきます。

図29-3　カテゴリー名が英数字の場合

URLに日本語（全角文字）が含まれている場合は、日本語の部分をエンコードした形でURLがコピーされます。日本語を含むURLはトラブルの原因になりやすいので、エンコードされたURLをリンク先として使用するようにしてください。

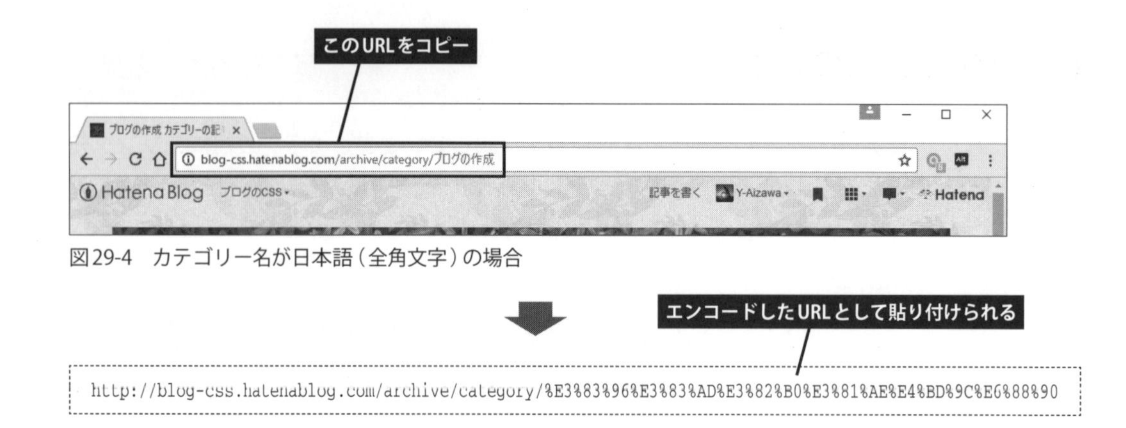

図29-4　カテゴリー名が日本語（全角文字）の場合

同様の作業を繰り返して、リンク先にするURLを全て記録します。これで準備作業は完了です。続いては、HTMLの作成に移ります。

重要度　★★☆☆☆

記事一覧ページのカスタマイズ

本書が作成したブログは、記事一覧のページ（図29-2参照）もCSSでカスタマイズしています。このページに表示される記事タイトルは、.page-archive .entry-title{……}のセレクタで書式を変更できるのが一般的です。以下に、外部CSSの記述を紹介しておくので、記事一覧のページをカスタマイズするときの参考にしてください。

CSS

```
/* ============ タグ別の記事一覧 ============ */
.page-archive .entry-title {
  font-size: 24px;
  margin: 50px 0px 10px;
  padding: 4px 0px 2px 12px;
  border-left: 10px solid #666666;
}
.page-archive .entry-title:before {
  content: none;
}
.page-archive .entry-title a{
  color: #666666;
}
```

ナビゲーションメニューのHTML

ナビゲーションメニューのHTMLは、**ul要素**と**li要素**を使ったリストで作成するのが一般的です。それぞれのli要素には**a要素**を挿入し、各項目をリンクとして機能させます。さらに、全体を**div要素**で囲み、このdiv要素に**ID名**を付けておきます。以上の内容をまとめると、HTMLの基本構成は以下のようになります。

■ナビゲーションメニューのHTML構成

```
<div id="ID名">
  <ul>
    <li><a href="リンク先のURL">メニューに表示する文字</a></li>
    <li><a href="リンク先のURL">メニューに表示する文字</a></li>
                    ⋮
  </ul>
</div>
```

今回の例では、「ブログの作成」「HTML」「CSS」「ブログで使う画像」「お店情報」「その他」といった6つのカテゴリーをナビゲーションメニューに表示します。よって、HTMLの記述は以下のようになります。全体を囲むdiv要素には、nav-menuというID名を付けました。

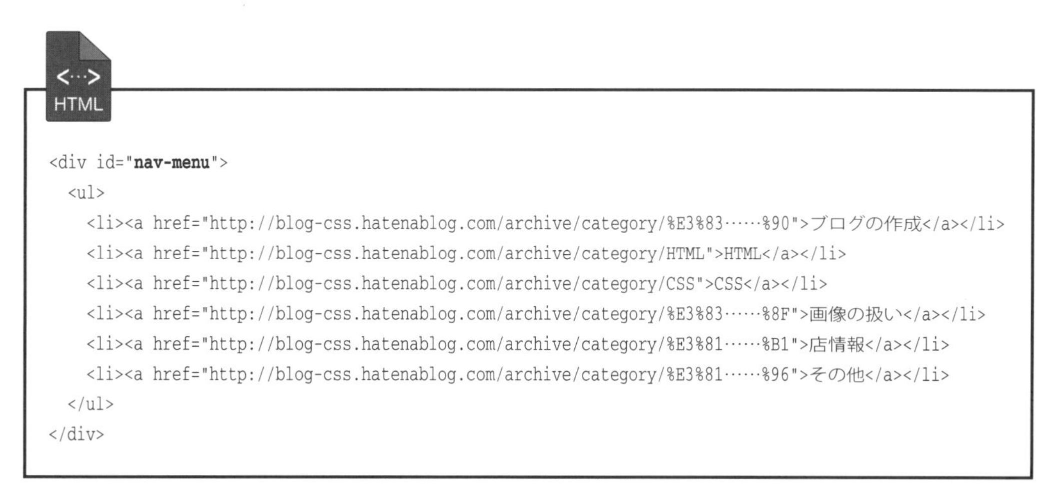

HTML

```
<div id="nav-menu">
  <ul>
    <li><a href="http://blog-css.hatenablog.com/archive/category/%E3%83……%90">ブログの作成</a></li>
    <li><a href="http://blog-css.hatenablog.com/archive/category/HTML">HTML</a></li>
    <li><a href="http://blog-css.hatenablog.com/archive/category/CSS">CSS</a></li>
    <li><a href="http://blog-css.hatenablog.com/archive/category/%E3%83……%8F">画像の扱い</a></li>
    <li><a href="http://blog-css.hatenablog.com/archive/category/%E3%81……%B1">店情報</a></li>
    <li><a href="http://blog-css.hatenablog.com/archive/category/%E3%81……%96">その他</a></li>
  </ul>
</div>
```

「メニューに表示する文字」は、必ずしも「カテゴリー名」と同じでなくても構いません。文字数が多すぎるとメニューを作成しにくくなるので、適当に短縮しながら記述していくとよいでしょう。もちろん、実際にナビゲーションメニューを作成するときは、上記のHTMLをそのまま記述するのではなく、**「リンク先のURL」**や**「メニュー表示する文字」**を各自のブログに合わせて変更しなければいけません。

このHTMLは全てのページに表示するので、**ヘッダ**のHTMLとして記述するのが基本です。ヘッダのHTMLを編集するときは、**「自分のID名」**から**「デザイン」**のメニューを選択し、🔧のアイコンをクリックします。続いて、**「ヘッダ」**の項目にある**「タイトル下」**のテキストエリアをクリックすると、HTMLの編集画面を表示できます。

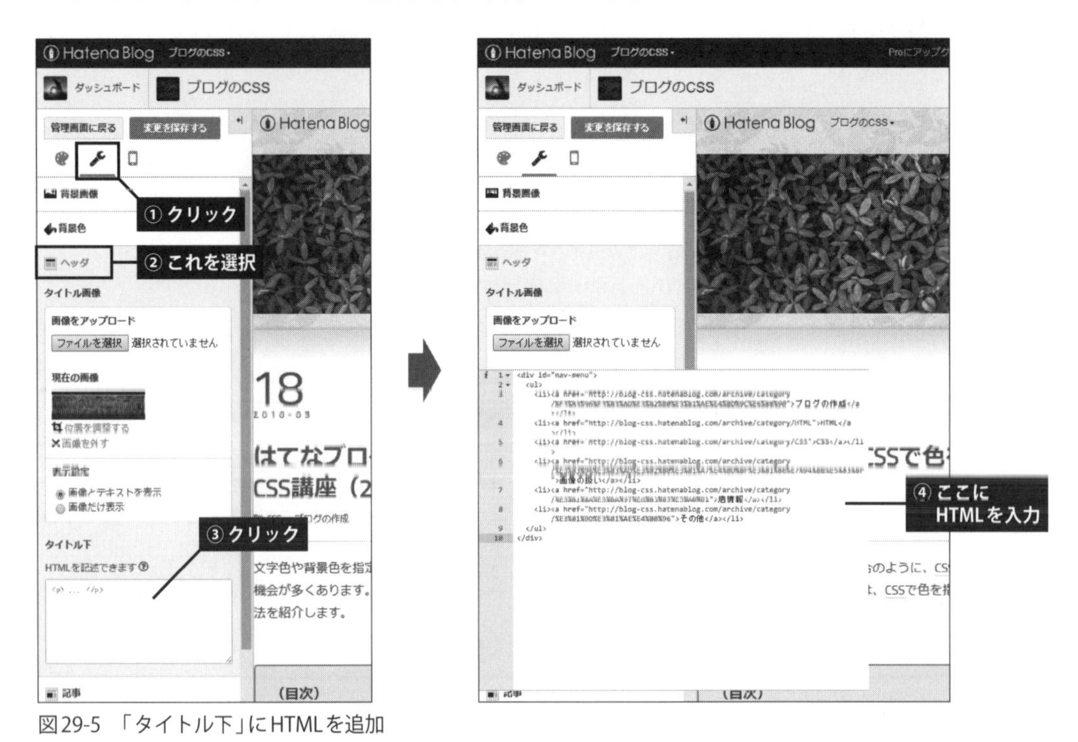

図29-5 「タイトル下」にHTMLを追加

HTMLを入力してから［**変更を保存する**］**ボタン**をクリックすると、その内容が図29-6のように表示されるのを確認できます。

図29-6 ナビゲーションメニューのHTMLを追加したブログの表示

この状態でもナビゲーションメニューとしては機能しますが、あまりにも見た目がよくありません。そこで、外部CSSを追記し、ナビゲーションメニューの書式を整えていきます。

ナビゲーションメニューのデザイン

ここからは、外部CSSの記述について解説していきます。まずは、幅と外余白の調整を行います。

「タイトル下」に入力したHTMLは、**ID名がtop-editarea**のdiv要素内に挿入される仕組みになっています。このdiv要素には、幅（width）のCSSが指定されているのが一般的です。P144～150で解説した方法でページ幅をカスタマイズしている場合は、このdiv要素の幅も同じサイズに変更しておく必要があります。さらに、上下の間隔をmarginで調整します。今回の例では、上の外余白を-16px、左右中央に配置、下の外余白を50pxに指定しました。

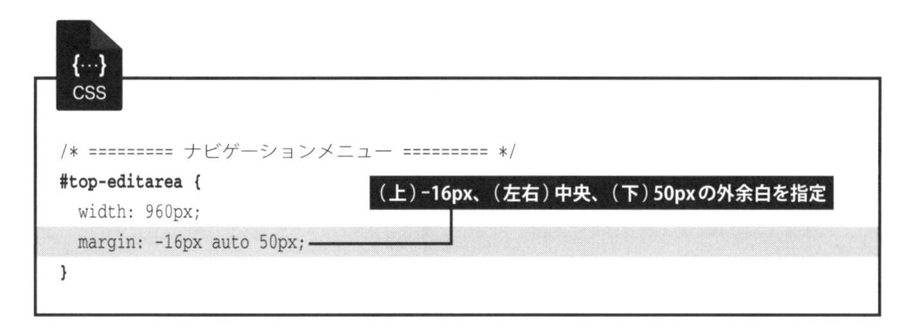


```
/* ========= ナビゲーションメニュー ========= */
#top-editarea {
  width: 960px;
  margin: -16px auto 50px;
}
```

ここで、marginの値にある-16pxという数値が気になる方もいると思います。これは**ネガティブマージン**と呼ばれる指定方法です。

本書が選択したテーマは、ヘッダ領域（header要素）に上下20pxのmarginが指定されています。このため、「ヘッダ画像」と「ナビゲーションメニュー」の間隔は最低でも20pxになります。このような場合にマイナス値のmarginを指定すると、その方向に詰めて（間隔を狭めて）要素を配置できるようになります。今回の例では、もともと20pxあった外余白を上方向に16px詰めることになるため、その間隔は20px-16px＝4pxとなります。

図29-7　外部CSSを変更したブログの表示

続いて、ul要素とli要素の書式を指定します。これらの要素は、ID名がnav-menuのdiv要素内にあります。よって、**#nav-menu ul{……}**と**#nav-menu li{……}**のセレクタでCSSを指定できます。

今回は、ul要素の高さ(height)を35pxに指定し、マーカーを「なし」に指定しました。また、li要素に「左寄せの回り込み」(float:left;)を指定することで、各項目を横に並べています。今回の例では6個のメニューを横一列に並べるので、各項目の幅(width)には「100%の1/6」、すなわち16.666666%を指定します。

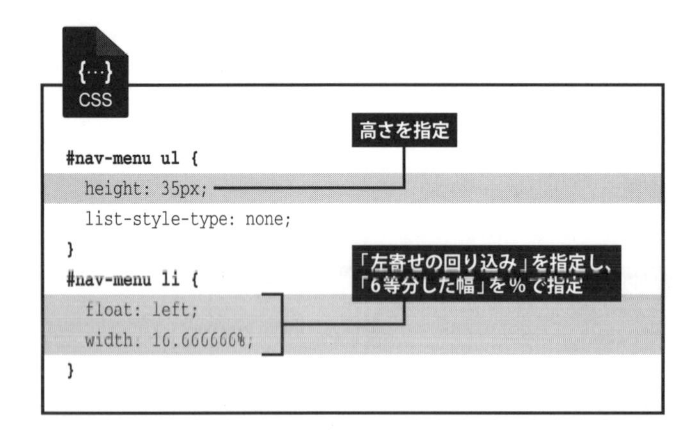


```
#nav-menu ul {
  height: 35px;
  list-style-type: none;
}
#nav-menu li {
  float: left;
  width: 16.666666%;
}
```

図29-8　外部CSSを変更したブログの表示

もちろん、メニューの数が6個以外の場合は、それに合わせてwidthの値を変更しなければいけません。たとえば、4個の場合は25%(1/4)、5個の場合は20%(1/5)をwidthに指定します。

最後に、それぞれのli要素内にあるa要素の書式を指定します。以下のCSSの最初に記述されている「display:block;」の書式指定は、a要素を**ブロックレベル要素**として扱うことを意味しています。この指定を行うと、リンク文字だけでなく、a要素全体をリンクとして機能させることが可能となります。

以降は、背景色、行間、文字揃え、文字サイズ、書体、文字色、文字飾りの書式指定です。これらの書式でナビゲーションメニューのデザインを作成していきます。このとき、行間(line-height)に「ul要素の高さ」と同じ値を指定するのが基本です。すると、文字を上下中央に配置できます。

#nav-menu a:hover{……}の記述は、各項目の上へマウスを移動したときの書式指定です。今回の例では、マウスオーバー時に背景色を#ee3355(薄い赤色)に変更する書式を指定しました。

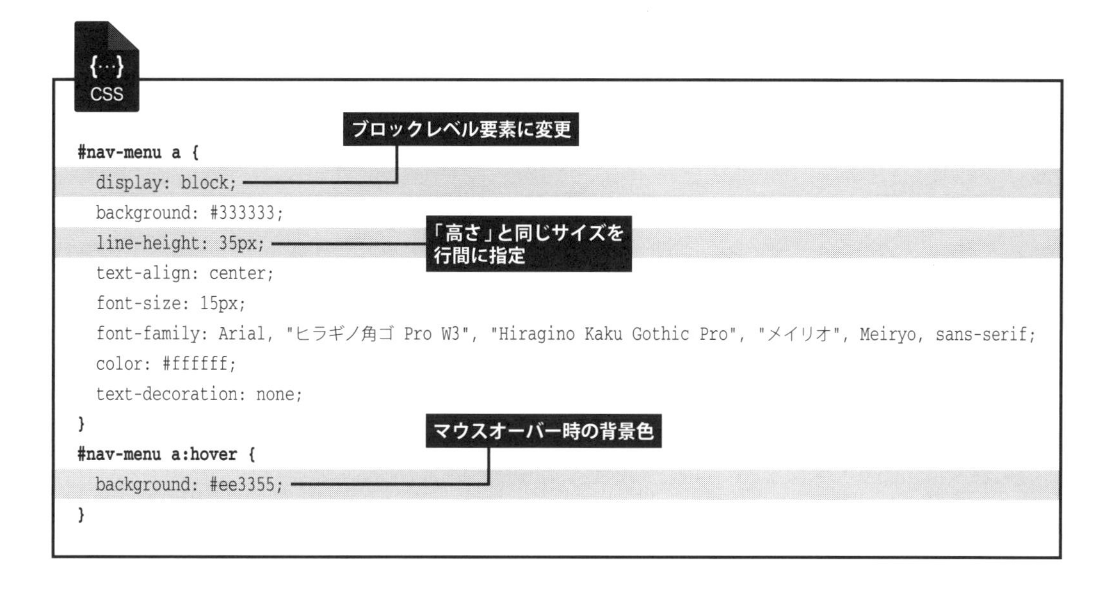

```
#nav-menu a {
  display: block;
  background: #333333;
  line-height: 35px;
  text-align: center;
  font-size: 15px;
  font-family: Arial, "ヒラギノ角ゴ Pro W3", "Hiragino Kaku Gothic Pro", "メイリオ", Meiryo, sans-serif;
  color: #ffffff;
  text-decoration: none;
}
#nav-menu a:hover {
  background: #ee3355;
}
```

図29-9 外部CSSを変更したブログの表示

これでナビゲーションメニューのデザインがひととおり完成しました。ただし、各項目がつながって表示されるためメリハリがありません。そこで、a要素の左右に2pxの外余白（margin）を追加しました。これで、各メニューの間に2px＋2px＝4pxの間隔を設けられます。

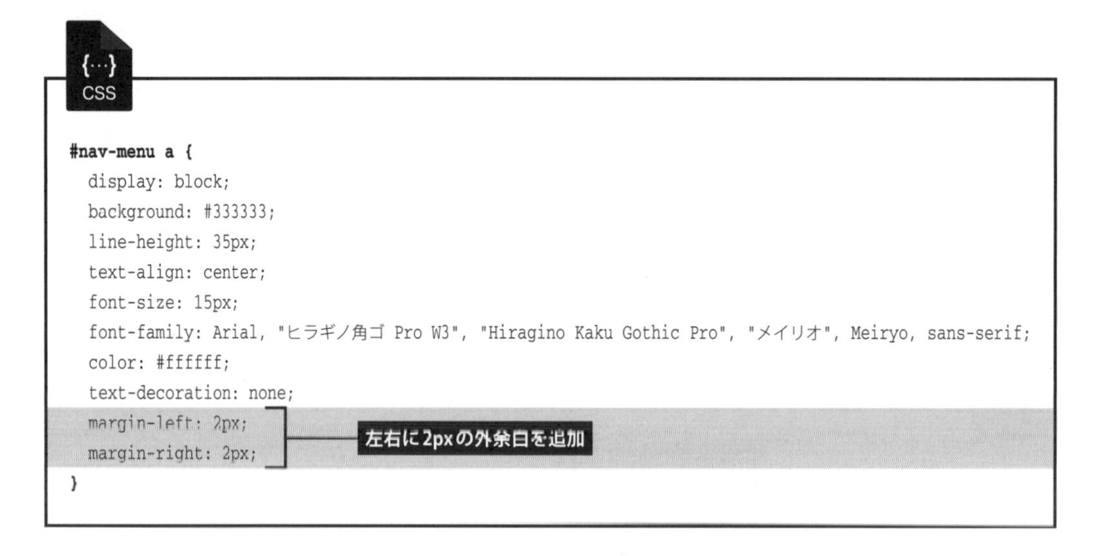

```css
#nav-menu a {
  display: block;
  background: #333333;
  line-height: 35px;
  text-align: center;
  font-size: 15px;
  font-family: Arial, "ヒラギノ角ゴ Pro W3", "Hiragino Kaku Gothic Pro", "メイリオ", Meiryo, sans-serif;
  color: #ffffff;
  text-decoration: none;
  margin-left: 2px;
  margin-right: 2px;
}
```

図29-10　外部CSSを変更したブログの表示

ただし、左端と右端にある項目にも外余白が設けられることに注意しなければいけません。些細な問題ですが、修正方法を紹介しておきましょう。このような場合は、**:first-child**（最初に登場する子要素）と**:last-child**（最後に登場する子要素）の**疑似クラス**を使って不要な外余白を削除します。

以下の例では、「#nav-menu」の中にある「最初のli要素」の中にある「a要素」に対して、「左の外余白」（margin-left）を0に変更しています。これで「左端にある項目」から「左の外余白」を削除できます。少し複雑なセレクタですが、順を追って考えていけば指定内容を理解できると思います。

次の記述も考え方は同様です。「右端にある項目」から「右の外余白」（margin-right）を削除しています。

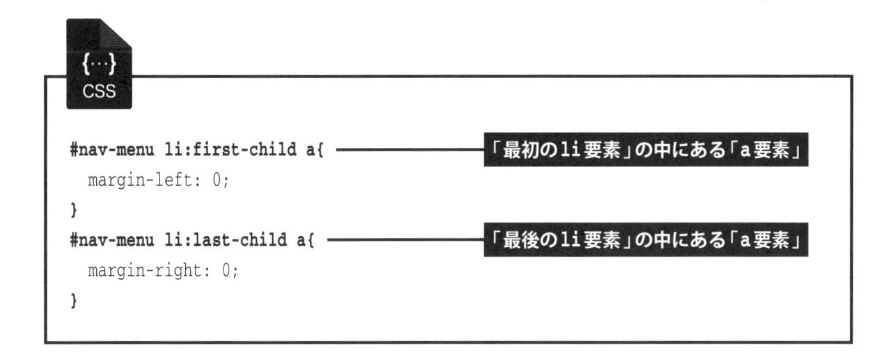


```
#nav-menu li:first-child a{
  margin-left: 0;
}
#nav-menu li:last-child a{
  margin-right: 0;
}
```

この記述を外部CSSに追加すると、図29-11のように左右の端を揃えてナビゲーションメニューを表示できます。

図29-11　外部CSSを変更したブログの表示

以上で、ナビゲーションメニューの作成は完了です。ul、li、aの要素で構成されるHTMLはCSSの指定が複雑になりますが、頻繁に使用される構成なので、CSSの記述をよく研究しておくとよいでしょう。もちろん、CSSを変更することで、ナビゲーションメニューのデザインを自由にカスタマイズすることも可能です。CSSに詳しい方は、ぜひ挑戦してみてください。

30 SNSシェアボタンのカスタマイズ

続いては、SNSのシェアボタンをカスタマイズする方法を紹介します。ボタンのデザインを自由に変更できるだけでなく、ページ表示の高速化にも貢献してくれるので、気になる方は試してみるとよいでしょう。

オリジナルデザインのシェアボタン

「はてなブログ」には、TwitterやFacebookなどのSNSで記事を広めてもらえる**シェアボタン**（ソーシャルパーツ）が用意されています。ただし、このシェアボタンは表示が遅く、見た目もあまり目立つ存在ではありません。

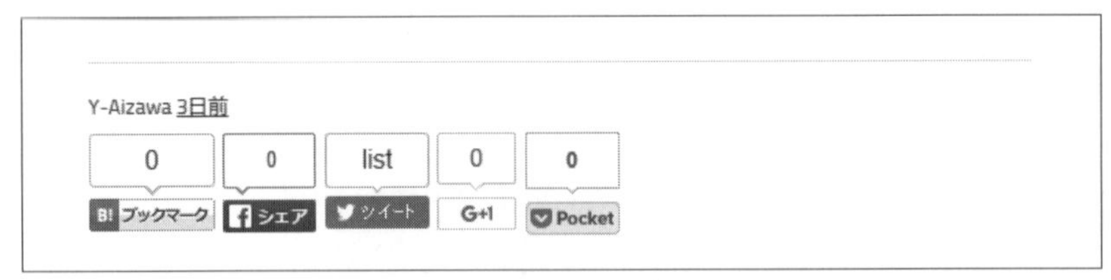

図30-1　「はてなブログ」に用意されているシェアボタン

そこで、自分でシェアボタンを作成して設置する方法を紹介しておきます。ここでは例として、図30-2に示すシェアボタンを作成する方法を解説します。

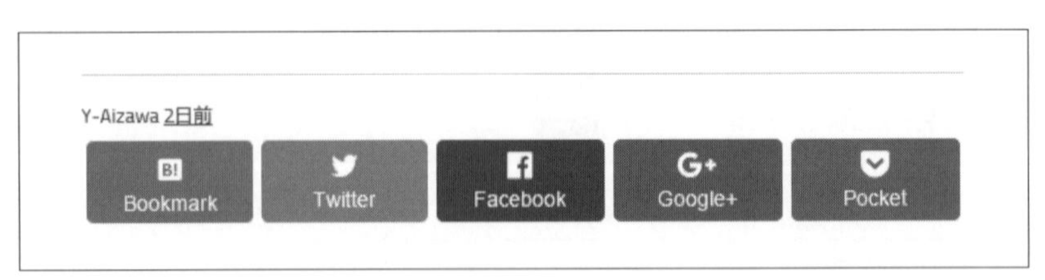

図30-2　オリジナルデザインのシェアボタン

標準ソーシャルパーツの削除

オリジナルデザインのシェアボタンを設置するときは、「はてなブログ」に用意されているシェアボタンを全て非表示にしておく必要があります。最初に、**「自分のID名」**から**「デザイン」**のメニューを選択し、🔧→**「記事」**の画面で全てのシェアボタン（ソーシャルパーツ）の表示を解除しておきます。

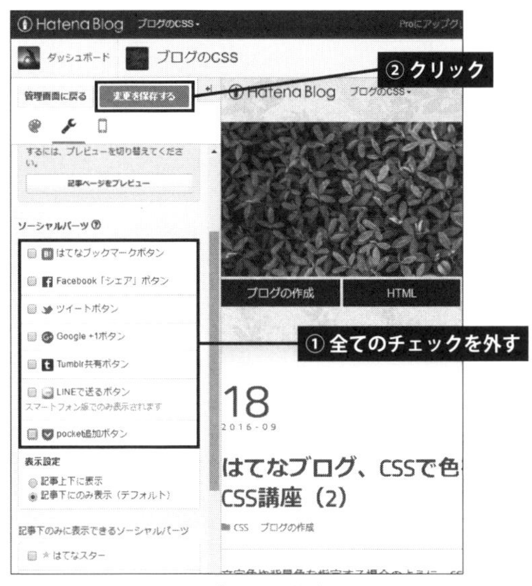

図30-3　ソーシャルパーツの非表示

Check Point &
Attention

重要度 ★★★★★

スマートフォン用のSNSシェアボタン

この画面で各SNSのチェックを外すと、PCサイトとスマホサイトの両方からシェアボタンが削除されます。一方、これから作成するシェアボタンは、「PCサイト用のシェアボタン」となります。スマホサイトにもシェアボタンを設置するには、あらためて「スマホサイト用のシェアボタン」を作成しなければいけません（詳しくはP258～260で解説）。ただし、この操作を行えるのはPro版の「はてなブログ」を契約している方だけです。無料版の「はてなブログ」はスマホサイトをカスタマイズできないため、「スマホサイト用のシェアボタン」を作成できないことに注意してください。

アイコン表示用Webフォントの読み込み

それでは、オリジナルデザインのシェアボタンを作成する方法を解説していきましょう。まずは、アイコン表示用のWebフォント**「Font Awesome Icons」**を読み込みます。**「自分のID名」**から**「設定」**のメニューを選択し、**「詳細設定」**の画面にある**「headに要素を追加」**の項目に、以下の記述を追加します。

```
<link rel="stylesheet" href="https://maxcdn.bootstrapcdn.com/font-awesome/4.6.3/css/font-awesome.min.
css">
```

図30-4　「Font Awesome Icons」の読み込み

設定画面の一番下にある**［変更する］ボタン**をクリックすると、「Font Awesome Icons」に用意されているアイコンを通常の文字として表示できるようになります。各SNSのアイコンは、以下のHTMLを記述すると表示できます。

B!（はてなブックマーク）……………… <i class="**blogicon-bookmark**"></i>
（Twitter）………………………………… <i class="**fa fa-twitter**"></i>
（Facebook）……………………………… <i class="**fa fa-facebook-official**"></i>
G+（Google+）……………………………… <i class="**fa fa-google-plus**"></i>
（Pocket）………………………………… <i class="**fa fa-get-pocket**"></i>

※「はてなブックマーク」のアイコンは、「はてなブログ」に用意されているアイコンです。

SNSシェアボタンのリンク先

SNSのシェアボタンは、リンクの一種と考えられます。よって、**a要素**を使ってシェアボタンを作成することが可能です。リンクをシェアボタンとして機能させるには、リンク先（**href属性**）に以下のURLを指定します。

■ はてなブックマーク

href="**http://b.hatena.ne.jp/entry/{URLEncodedPermalink}**"

※さらにdata-*属性として、以下の記述をa要素内に追加する必要があります。

```
data-hatena-bookmark-title="{Title}"
data-hatena-bookmark-layout="simple"
```

■ Twitter

href="**https://twitter.com/intent/tweet?url={URLEncodedPermalink}&text={Title}**"

■ Facebook

href="**http://www.facebook.com/sharer.php?u={URLEncodedPermalink}**"

■ Google+

href="**https://plus.google.com/share?url={URLEncodedPermalink}**"

■ Pocket

href="**http://getpocket.com/edit?url={URLEncodedPermalink}&title={Title}**"

これらのリンク先に含まれる**{URLEncodedPermalink}**の記述は、「エンコードされた記事URL」を自動挿入する変数となります。同様に、**{Title}**は「記事タイトル」を自動挿入する変数です。つまり、現在のページの「URL」や「記事タイトル」を含めた形で、特定のリンク先を呼び出すと、シェアの機能を実現できることになります。

SNSシェアボタンのHTML

「アイコンの表示方法」と「リンク先の指定方法」を把握できれば、以降の操作はナビゲーションメニューの作成と基本的に同じです。ul、li、aの要素を使ってHTMLを作成し、書式をCSSでデザインしていきます。これでオリジナルデザインのシェアボタンを作成できます。

このとき、リンク先を新しいウィンドウに開く必要があることに注意してください。この処理は、a要素に**target="_blank"**を追加すると実現できます。また、サイズを指定して新しいウィンドウを開く方法もあります。この場合は、a要素に以下の記述を追加します。

```
onclick="window.open(this.href, 'ウィンドウ名', 'width=幅, height=高さ, menubar=no, toolbar=no,
scrollbars=yes'); return false;"
```

onclick属性は、「クリック時の処理」を記述できる属性です。ここにwindow.open()のJavaScriptを記述して新しいウィンドウを開きます。'ウィンドウ名'の部分には、各自の好きな名前を指定できます。続いて、**width**と**height**で幅と高さ（ピクセル数）を指定します。以降は、メニューバー、ツールバー、スクロールバーの表示／非表示を指定する記述です。

以上を踏まえてHTMLを作成すると、SNSシェアボタンのHTMLは以下のようになります。

```
<div class="share-button">
  <ul>
    <li><a class="share-hatena" href="http://b.hatena.ne.jp/entry/{URLEncodedPermalink}" data-hatena-
        bookmark-title="{Title}" data-hatena-bookmark-layout="simple" target="_blank"><i class="blogi
        con-bookmark"></i><br />Bookmark</a></li>
    <li><a class="share-twitter" href="https://twitter.com/intent/tweet?url={URLEncodedPermalink}&tex
        t={Title}" target="_blank"><i class="fa fa-twitter"></i><br />Twitter</a></li>
    <li><a class="share-facebook" href="http://www.facebook.com/sharer.php?u={URLEncodedPermalink}"
        onclick="window.open(this.href, 'FB_Window', 'width=650, height=450, menubar=no, toolbar=no,
        scrollbars=yes'); return false;"><i class="fa fa-facebook-official"></i><br />Facebook</a></
        li>
    <li><a class="share-google" href="https://plus.google.com/share?url={URLEncodedPermalink}" onclic
        k="window.open(this.href, 'GP_Window', 'width=650, height=450, menubar=no, toolbar=no, scroll
        bars=yes'); return false;"><i class="fa fa-google-plus"></i><br />Google+</a></li>
    <li><a class="share-pocket" href="http://getpocket.com/edit?url={URLEncodedPermalink}&title={Titl
        e}" onclick="window.open(this.href, 'PO_Window', 'width=550, height=350, menubar=no, toolbar=
        no, scrollbars=yes'); return false;"><i class="fa fa-get-pocket"></i><br />Pocket</a></li>
  </ul>
</div>
```

この例では、全体を囲むdiv要素に**share-button**というクラス名を付けています。さらに、それぞれのa要素にもクラス名を付けています。これらのクラス名はCSSの指定に利用します。

リンク先を開く方法は、「はてなブックマーク」と「Twitter」がtarget="_blank"、それ以外は、onclick="window.open()"でウィンドウサイズを指定しています。

このHTMLは全てのページに表示するので、**「記事下」**のHTMLとして記述します。「記事下」のHTMLを編集するときは、以下のように操作してHTMLの編集画面を表示します。

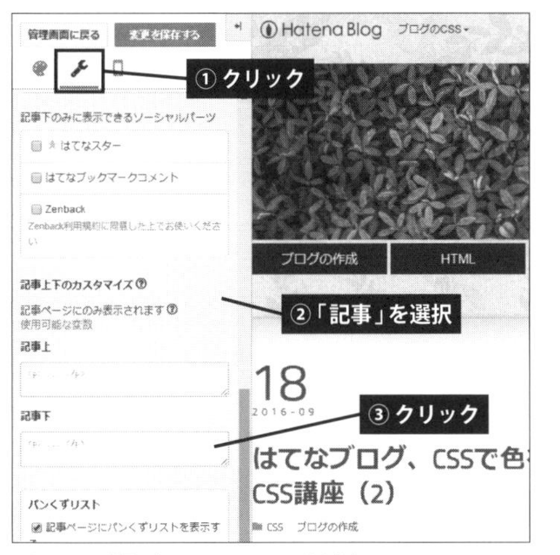

図30-5　「記事下」にHTMLを追加

［変更を保存する］ボタンをクリックすると、その内容が図30-6のように表示されるのを確認できます。

図30-6　HTMLを追加したブログの表示（各記事ページの下）

Check Point & Attention

重要度　★★☆☆☆

記事の上にSNSシェアボタンを表示

記事の下ではなく、記事の上にSNSシェアボタンを設置する場合は、「記事上」の項目に上記のHTMLを入力します。もちろん、記事の上下にSNSシェアボタンを設置することも可能です。この場合は、「記事上」と「記事下」の両方に同じHTMLを入力します。

SNSシェアボタンのCSS

あとは、外部CSSを記述して各要素の書式を指定するだけです。今回の例では、以下のようにCSSを記述しました。

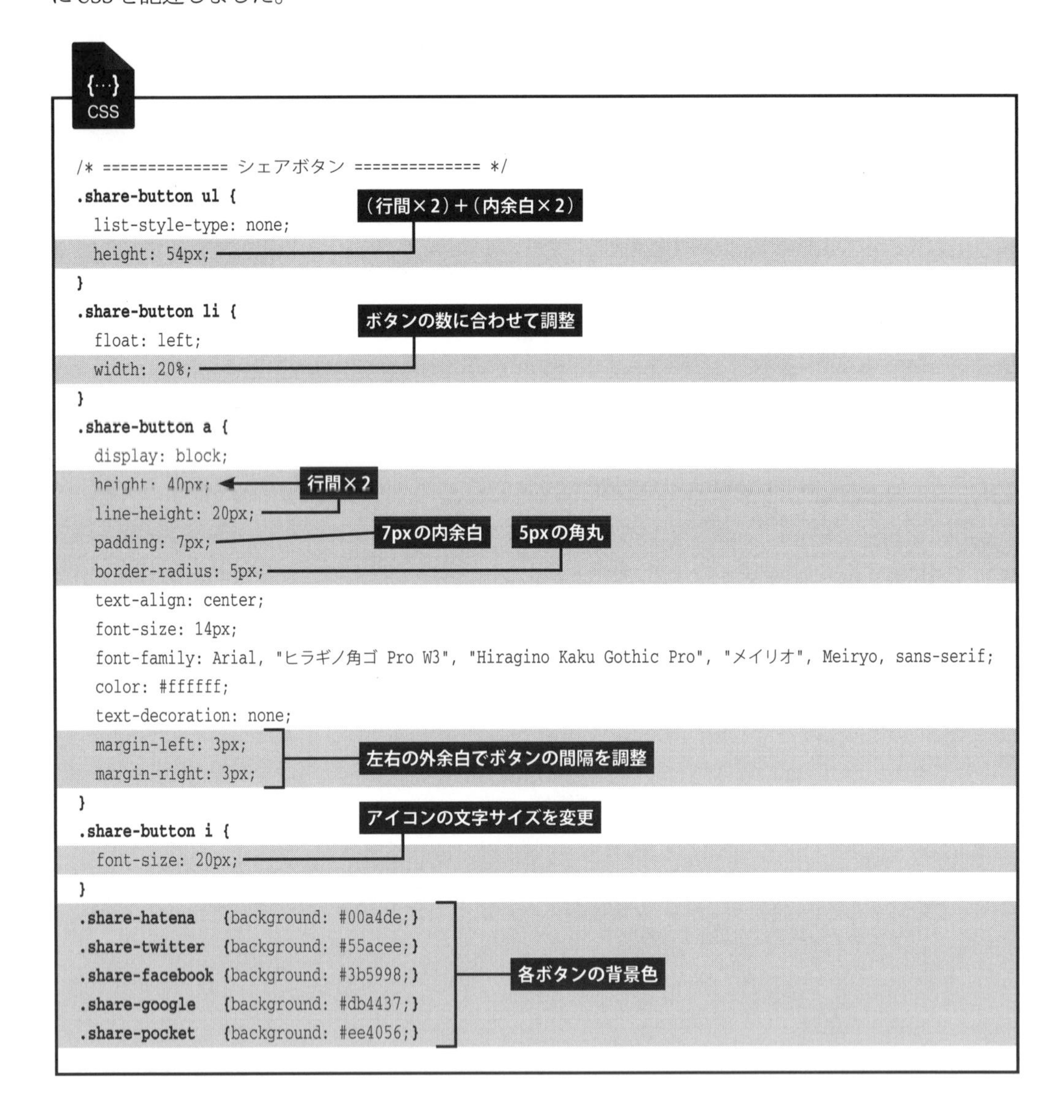

```css
/* ============== シェアボタン ============== */
.share-button ul {
  list-style-type: none;
  height: 54px;
}
.share-button li {
  float: left;
  width: 20%;
}
.share-button a {
  display: block;
  height: 40px;
  line-height: 20px;
  padding: 7px;
  border-radius: 5px;
  text-align: center;
  font-size: 14px;
  font-family: Arial, "ヒラギノ角ゴ Pro W3", "Hiragino Kaku Gothic Pro", "メイリオ", Meiryo, sans-serif;
  color: #ffffff;
  text-decoration: none;
  margin-left: 3px;
  margin-right: 3px;
}
.share-button i {
  font-size: 20px;
}
.share-hatena   {background: #00a4de;}
.share-twitter  {background: #55acee;}
.share-facebook {background: #3b5998;}
.share-google   {background: #db4437;}
.share-pocket   {background: #ee4056;}
```


今回はボタンの数が5個なので、li要素の幅(width)は20%(1/5)になります。a要素の行間(line-height)は20pxを指定しました。各ボタン内には2行ずつ文字が配置されるため、その高さは20px×2=40pxとなります。この値をa要素の高さ(height)に指定することで、ボタンの高さを揃えています。さらに、7pxの内余白を指定しているため、ボタン全体の高さは54px(40px+7px×2)になります。この値をul要素の高さ(height)に指定します。

他の書式指定は、デザインに関する記述です。今回の例では、5pxの角丸（`border-radius`）を指定しました。ボタンの間隔は、左右の「外余白」（`margin`）で調整します。「左端」と「右端」のボタンが少し内側に引っ込んで表示されますが、このままでも見た目に与える影響は少ないので、今回は両端の外余白を削除する処理を省略しました。

`.share-button i{……}`のCSSは、アイコンのみ文字サイズを大きくする書式指定です。最後に、**各a要素のクラス名**をセレクタにしてCSSを記述し、各ボタンの背景色（`background`）を指定します。

以上の作業を行うと、図30-7のようなデザインのSNSシェアボタンを作成できます。

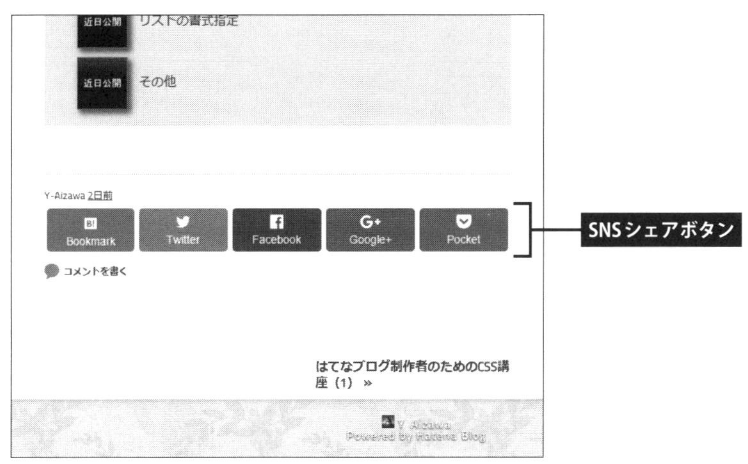

図30-7　外部CSSを変更したブログの表示

シェア数を表示するには？

先ほど紹介したSNSシェアボタンは、各SNSでシェアされた回数を示す数字が表示されません。この数字を表示するには、JavaScriptやPHPなどを使った処理を追加する必要があります。ただし、少し話が難しくなってしまうので、この方法については詳しい解説を割愛します。

シェア数も表示したい方は、「シェアボタン　カスタマイズ」などのキーワードでWeb検索すると、作成手順を紹介しているページを発見できます。コピー＆ペーストするだけで利用できるシェアボタンも紹介されているので、気になる方は試してみるとよいでしょう。

31 忍者画像RSSを使って関連記事のリンクを作成

各記事の下に「関連する記事」もしくは「こんな記事もあります」といった情報（リンク）を掲載しておくと、ブログの訪問者が他の記事も閲覧してくれる可能性が高くなります。続いては、記事紹介ツールの使い方を紹介します。

「Zenback」を使った関連記事の表示

「はてなブログ」には、各記事の下に関連記事のリンクを表示してくれる**「Zenback」**というツールが用意されています。このツールを利用するときは、**「自分のID名」**から**「デザイン」**のメニューを選択します。続いて[🔧]をクリックし、**「記事」**の項目にある**「Zenback」**をチェックします。

図31-1　「Zenback」を有効にする操作

［変更を保存する］ボタンをクリックすると、各記事の下に関連記事のリンクが表示されるのを確認できます。

ただし、ここには「広告」や「他人が書いたブログ記事」なども表示されてしまうため、あまり「Zenback」の人気は高くありません。また、かなりの面積を占めることも欠点といえます。

そこで、他のWebサービスが用意しているツールを使って関連記事を表示する方法を紹介しておきます。「はてなブログ」で使用できるツールとしては、**「Milliard」**や**「忍者画像RSS」**の人気が高いようです。本書では、カスタマイズ性が高い「忍者画像RSS」の使い方を紹介していきます。

「忍者画像RSS」を使った関連記事の表示

それでは、「忍者画像RSS」の使い方を詳しく解説していきましょう。まずは、「忍者ツールズ」のWebサイト（http://www.ninja.co.jp/）を開き、画面の指示に従って新規ユーザー登録を行います。

図31-2　「忍者ツールズ」のWebサイト（http://www.ninja.co.jp/）

ユーザー登録が済んだら「サービス一覧」の画面へ移動し、「忍者画像RSS」の項目にある**「ツールを作成」**をクリックします。

図31-3　「忍者画像RSS」の利用開始

利用規約に同意すると、以下のような画面が表示されます。ここには「自分のブログのURL」を入力します。

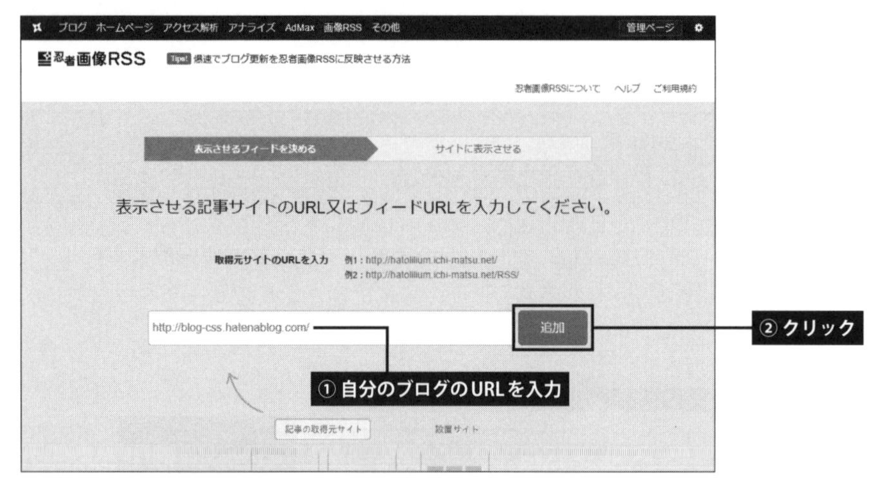

図31-4　フィードURLの入力

ブログのサイト名が表示されるので、これを確認し、サイトの種類を選択してから［**このURLでつくる**］**ボタン**をクリックします。

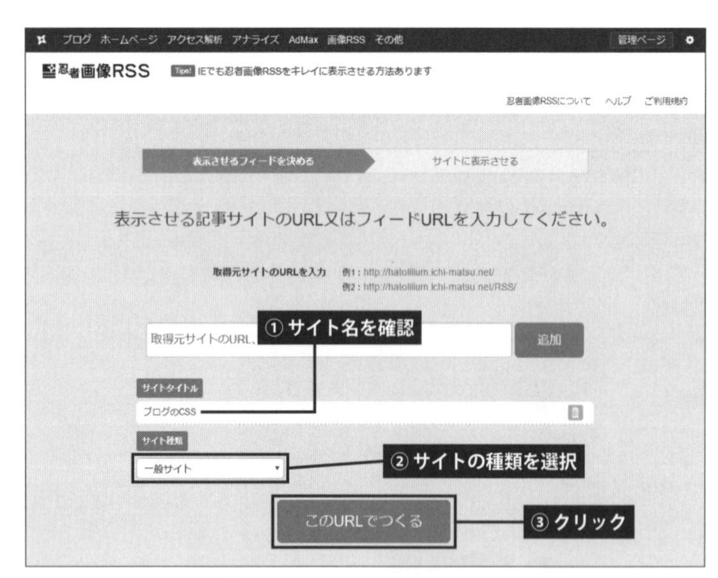

図31-5　チャンネルの作成

「忍者画像RSS」を設置するためのHTMLタグが表示されます。そのまま画面を下方向へスクロールさせると、「忍者画像RSS」のプレビューとデザイン設定用パネルが表示されます。ここでは最初に、好きな**レイアウト**を選択します。このとき、**プレビューモード**を指定しておくと、以降のデザイン設定を進めやすくなります。本書が作成したブログはメイン領域の幅を600pxにしているので、プレビューモードの幅も600pxに変更しました。

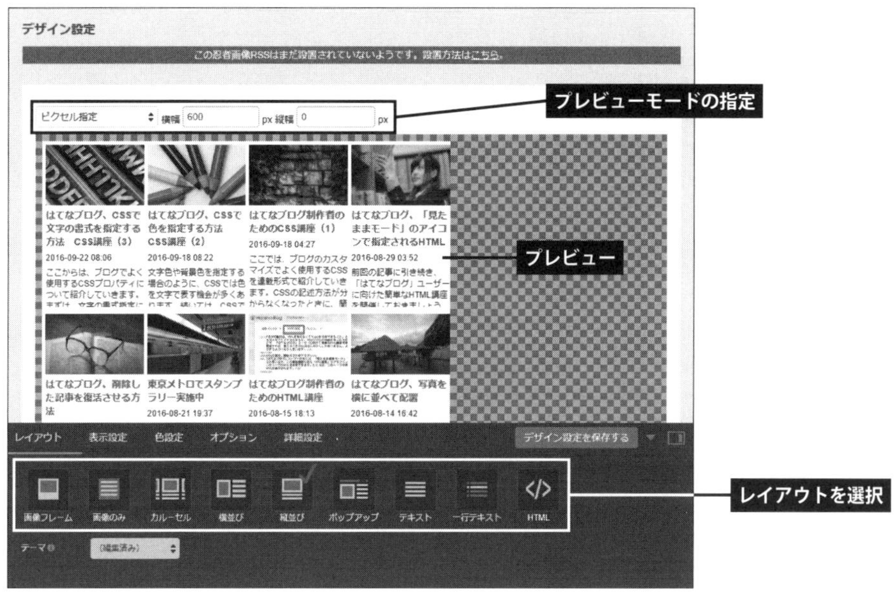

図31-6　レイアウトの選択

続いて、**オプション**の項目で「フォントサイズ」や「表示項目」などを指定します。ブログは記事タイトルが長くなりやすいので、「フォントサイズ」を「小」に指定しておくとよいでしょう。

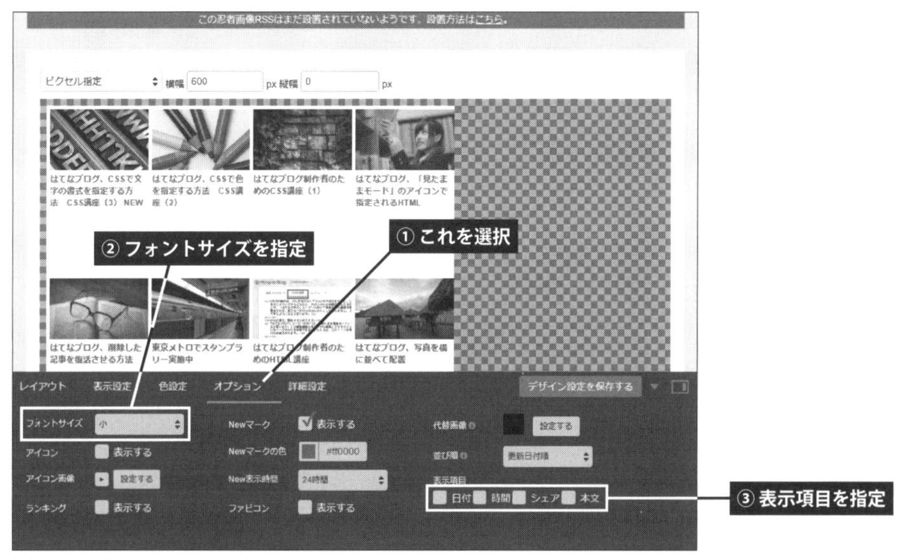

図31-7　オプションの指定

次は、**表示設定**の項目で「記事の数」や「縦横の比率」などを指定していきます。「縦横の比率」は整数で指定するのが基本です。本書が作成したブログはアイキャッチ画像を正方形で作成している場合が多いので、「画像の形」の縦と横に同じ数値を指定しました。「記事の大きさ」は、縦に少し大きな比率を指定し、記事タイトルを表示するスペースを確保しています。

また、**「記事の最小幅」**も指定しておくことをお勧めします。この指定を忘れると、スマートフォンで閲覧したときに「各記事の表示」が小さくなりすぎるため、記事タイトルを読めなくなってしまいます。プレビューモードを「スマートフォン」に切り替えて、スマートフォンで見たときの表示も確認しておくとよいでしょう(※1)。

(※1) HTMLタグを記事内に貼り付けた場合は、スマートフォンにも「忍者画像RSS」が表示されます。

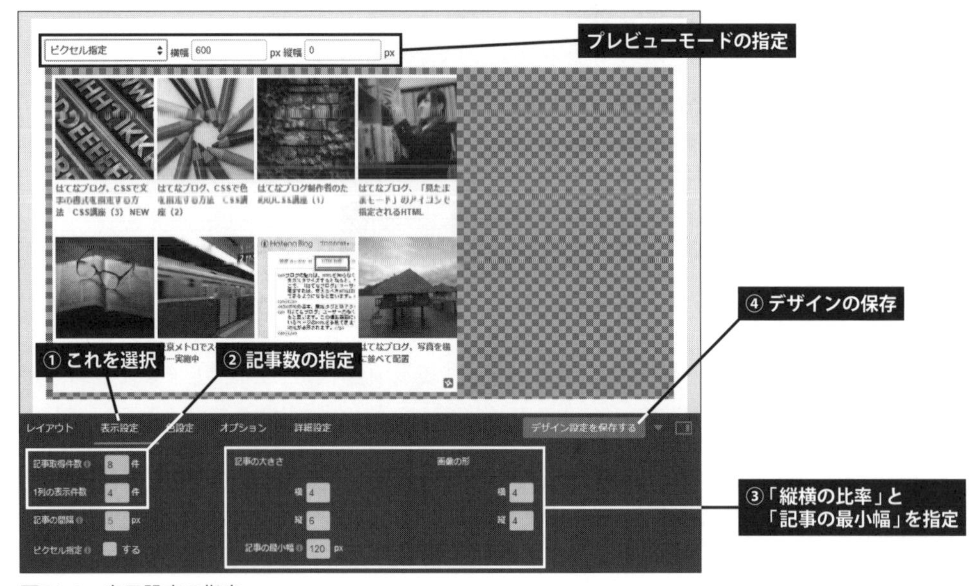

図31-8　表示設定の指定

重要度 ★★★☆☆

「忍者画像RSS」に表示される画像

「忍者画像RSS」は、各記事の中で「最初に掲載されている画像」を代表画像として採用します。よって、アイキャッチ画像とは別の画像が採用される場合もあります。

アイキャッチ画像を代表画像として表示させるには、「1番目の画像」としてアイキャッチ画像を掲載しなければいけません。画像を本文の左右に回り込ませる(P138〜141参照)などの方法で、アイキャッチ画像の配置を工夫するようにしてください。そのほか、img要素にninja_rcm_imgのクラス名を追加して、代表画像に指定する方法も用意されています。この場合は、画像の並び順に関係なく、ninja_rcm_imgのクラス名が指定されている画像が代表画像になります。

その後、必要に応じて**色設定**や**詳細設定**を変更し、「忍者画像RSS」のデザインを確定していきます。デザインの作成が完了したら［**デザイン設定を保存する**］**ボタン**をクリックし、設定内容を保存します。

最後に、「忍者画像RSS」の基本設定を変更します。**「基本設定」→「チャンネル設定」**を選択し、**「アンテナサイト設定」**のチェックを外します。このチェックを残しておくと、「忍者あんてな」というページを経由してからリンク先の記事ページへ移動する仕様になります。また、この時点で適当な**チャンネル名**を指定しておくと、以降の管理作業を行いやすくなります。

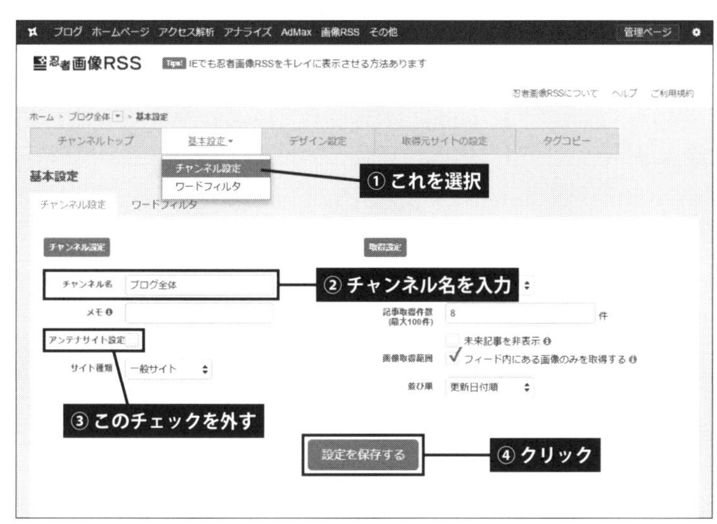

図31-9　基本設定の変更

全ての設定が済んだら、**「タグコピー」**を選択し、HTMLタグをクリップボードにコピーします。

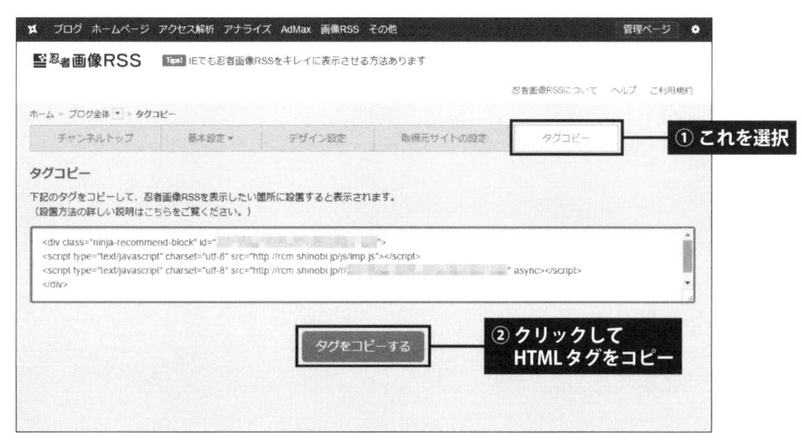

図31-10　HTMLタグのコピー

以上で「忍者画像RSS」での作業は完了です。「はてなブログ」に戻り、適当な位置にHTMLタグを貼り付けます。たとえば、各記事の最後に「忍者画像RSS」を表示するときは、**「記事下」**にHTMLタグを貼り付けます。「SNSシェアボタン」のHTMLも記述されている場合は、その後に「忍者画像RSS」のHTMLタグを貼り付けるとよいでしょう。

このとき、p要素などで「忍者画像RSS」の見出しを作成し、style属性で文字の書式や上にある要素との間隔(margin-top)を指定しておくと、見やすい表示に仕上げられます。

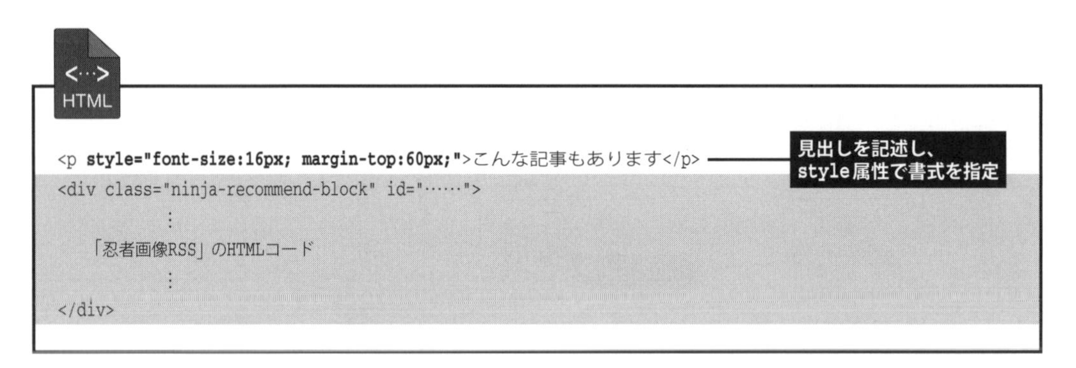

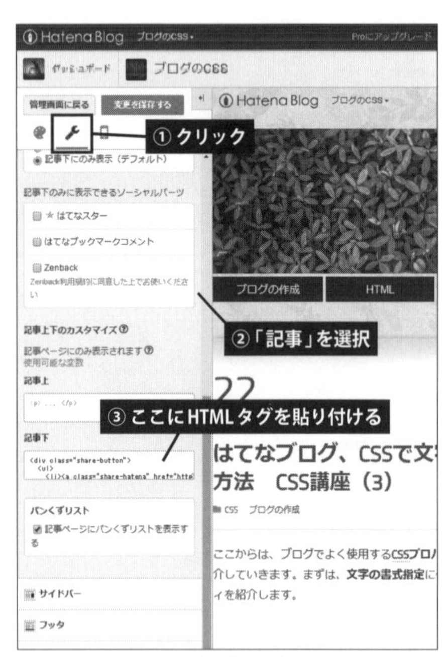

図31-11　HTMLタグの貼り付け

以上で「忍者画像RSS」の設置は完了です。ブログを確認すると、図31-12のように「忍者画像RSS」が表示されるのを確認できます。

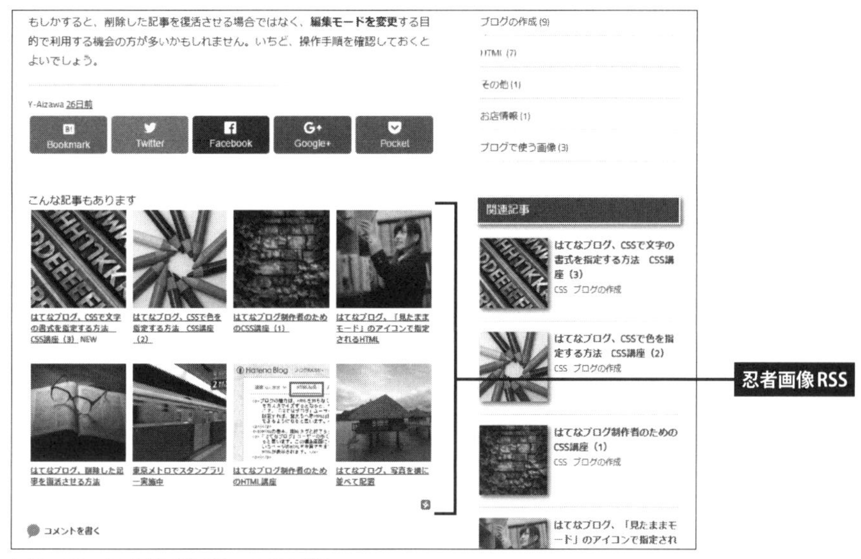

図31-12　「忍者画像RSS」の表示例

なお、「忍者画像RSS」のデザインは、後から変更することも可能です。その手順は、「忍者画像RSS」のサイトを開き、作成したチャンネルのデザインを変更して保存するだけです。HTMLタグを貼り付けなおす必要はないため、手軽にデザインを変更できるのも「忍者画像RSS」の魅力です。

「忍者画像RSS」でカテゴリー別の記事を表示するには？

ブログ全体ではなく、各カテゴリーの記事を「忍者画像RSS」に表示したい場合もあると思います。こちらの方がより関連性の深い記事を表示できるため、リンクをクリックしてもらえる可能性が高くなります。

カテゴリー別の関連記事を作成するときは、「忍者画像RSS」のトップページに移動し、［**新しいチャンネルを作る**］**ボタン**をクリックします。

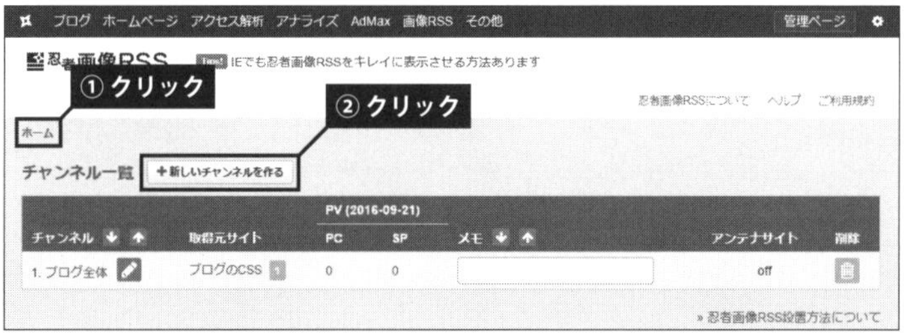

ブログ　ホームページ　アクセス解析　アナライズ　AdMax　画像RSS　その他　管理ページ
忍者画像RSS　IEでも忍者画像RSSをキレイに表示させる方法あります
①クリック
②クリック
忍者画像RSSについて　ヘルプ　ご利用規約
ホーム
チャンネル一覧　＋新しいチャンネルを作る

チャンネル	取得元サイト	PV (2016-09-21) PC	SP	メモ	アンテナサイト	削除
1. ブログ全体	ブログのCSS	0	0		off	

» 忍者画像RSS設置方法について

図31-13　新しいチャンネルの作成

続いて、「カテゴリー別の記事一覧ページ」のURLを入力します。このURLは、**自分のブログのURL**に続けて**/archive/category/（カテゴリー名）**となるのが一般的です。サイドバーにある「カテゴリー」モジュールから記事一覧ページへ移動し、そのURLをコピー＆ペーストするとよいでしょう。カテゴリー名が日本語（全角文字）の場合も、この方法でURLを指定できます。

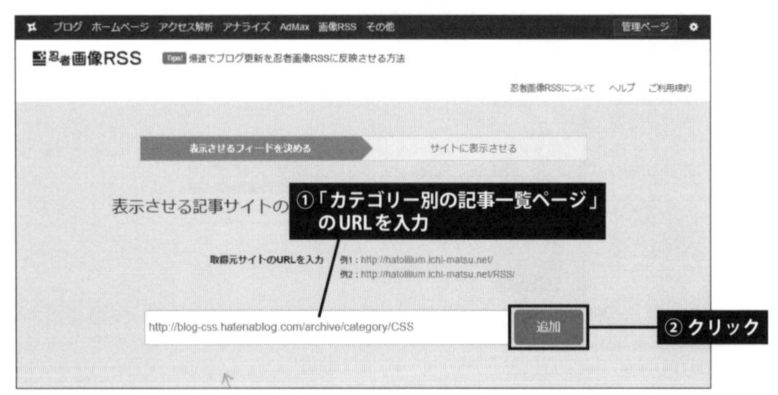

図31-14　「CSS」カテゴリーのURLを指定した場合

以降の手順は、ブログ全体から記事を取得する場合と同じです。デザインをカスタマイズし、HTMLタグをブログに貼り付けるだけで、カテゴリー別の「忍者画像RSS」を表示できます。

ただし、「記事下」にHTMLタグを貼り付けると、全ページに同じ「忍者画像RSS」が表示されることに注意しなければいけません。カテゴリー別の「忍者画像RSS」を表示するときは、**各記事の編集画面**にHTMLタグを貼り付ける必要があります。

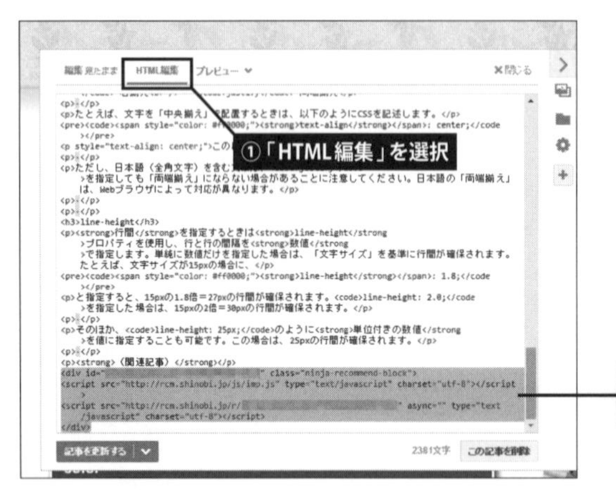

図31-15　HTMLコードを記事内に貼り付け

個々の記事にHTMLタグを貼り付けていく必要があるため、少しだけ面倒な作業が発生しますが、記事ごとに「忍者画像RSS」の表示内容を変更できるので、さらに効率的な関連記事を掲載できるようになります。

32 連載記事の目次を作成するには？

前節で紹介したツールを使用すると、関連記事へのリンクを簡単に作成できます。ただし、「紹介する記事」や「記事の並び順」を細かく指定することはできません。このような場合は、自分で関連記事のリンクを作成するのも効果的です。続いては、連載記事の目次を作成する方法を紹介します。

連載記事の目次とは？

1つの記事で完結する話ではなく、何回にもわたって連載形式で記事を執筆していく場合もあると思います。このような場合は、各記事の最後に**「連載の目次」**を作成しておくと、他の記事も読んでもらえる可能性が高くなります。

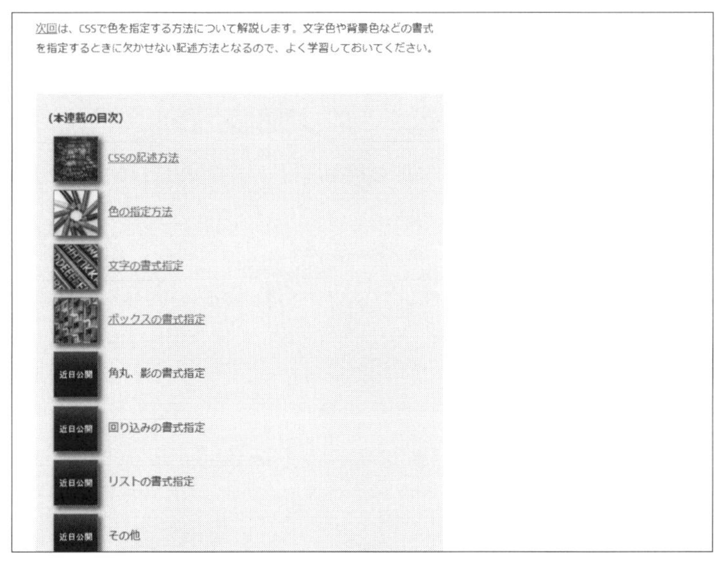

図32-1　連載記事の目次の例

たとえば、図32-1のように目次を作成しておくと、第1回目から順番に記事を読み進められるようになり、読者の利便性が高くなります。さらに、執筆予定の記事を目次に掲載しておくと、記事を読んだ方がブログを再訪問してくれたり、記事をシェアしてもらえたりする確率が高くなります。

図32-1に示した例の場合、第4回目までが公開済みの記事で、第5回目以降は近日中に公開する予定の記事となります。

目次コンテンツの作成

それでは、「連載の目次」を作成する方法を解説していきましょう。といっても、目次の作成そのものは特に難しい作業ではありません。「はてなブログ」の「見たまま編集」や「HTML編集」を使って各記事へのリンクを作成するだけです。文字だけでリンクを作成しても構いませんし、図32-1のように画像付きのリンクを作成しても構いません。

参考までに、図32-1に示した目次の作成手順を紹介しておきましょう。この目次は**「第1回目の運載記事」**に作成するのが基本です。まずは、「（本連載の目次）」などの見出しを入力します。続いて、適当なサイズで画像を掲載し、その後に続けてリンク用の文字を入力します。

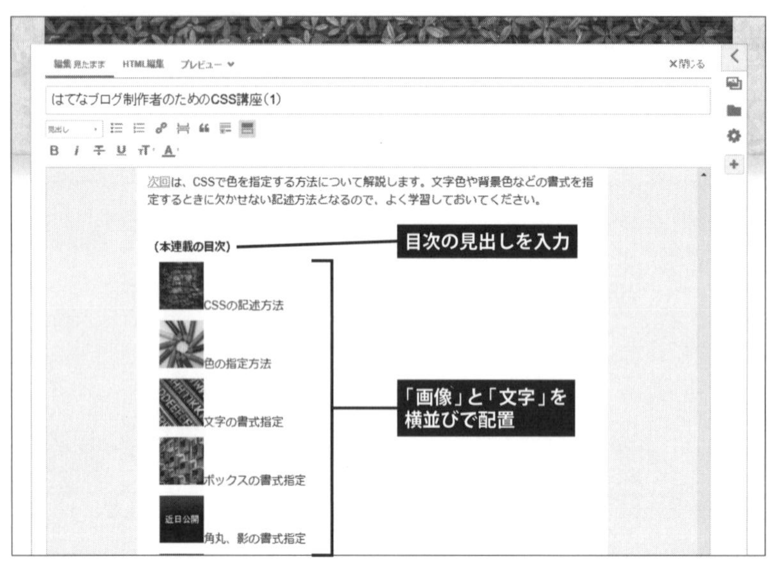

図32-2　画像と目次の配置

「HTML編集」の画面に切り替え、img要素のtitle属性とalt属性を編集します。さらに、画像の書式を指定するCSSをimg要素に追加します。今回は**style属性**を使って、以下のようにCSSを記述しました。

```
<p><img class="hatena-fotolife" style="vertical-align: middle; margin-right: 15px;" src="（画像のURL）" alt="（画像の説明）" width="64" />（リンク用の文字）</p>
```

```
<p>*</p>
<p><a href="http://blog-css.hatenablog.com/entry/2016/09/18/082251">次回</a
    >は、CSSで色を指定する方法について解説します。文字色や背景色などの書式を指定するときに欠かせ
    ない記述方法となるので、よく学習しておいてください。</p>
<p>*</p>
<p><strong>（本連載の目次）</strong></p>
<p> <img class="hatena-fotolife" style="vertical-align: middle; margin-right: 15px;" src="https
    ://cdn-ak.f.st-hatena.com/images/fotolife/Y/Y-Aizawa/20160918/20160918032347.jpg" alt
    ="CSSの記述方法" width="64" />CSSの記述方法</p>
<p> <img class="hatena-fotolife" style="vertical-align: middle; margin-right: 15px;" src="https
    ://cdn-ak.f.st-hatena.com/images/fotolife/Y/Y-Aizawa/20160918/20160918032348.jpg" alt
    ="色の指定方法" width="64" />色の指定方法</p>
<p> <img class="hatena-fotolife" style="vertical-align: middle; margin-right: 15px;" src="https
    ://cdn-ak.f.st-hatena.com/images/fotolife/Y/Y-Aizawa/20160918/20160918032349.jpg" alt
    ="文字の書式指定" width="64" />文字の書式指定</p>
<p> <img class="hatena-fotolife" style="vertical-align: middle; margin-right: 15px;" src="https
    ://cdn-ak.f.st-hatena.com/images/fotolife/Y/Y-Aizawa/20160918/20160918032350.jpg" alt
    ="ボックスの書式指定" width="64" />ボックスの書式指定</p>
<p> <img class="hatena-fotolife" style="vertical-align: middle; margin-right: 15px;" src="https
    ://cdn-ak.f.st-hatena.com/images/fotolife/Y/Y-Aizawa/20160918/20160918061708.jpg" alt
    ="角丸、影の書式指定" width="64" />角丸、影の書式指定</p>
<p> <img class="hatena-fotolife" style="vertical-align: middle; margin-right: 15px;" src="https
    ://cdn-ak.f.st-hatena.com/images/fotolife/Y/Y-Aizawa/20160918/20160918061708.jpg" alt
    ="回り込みの書式指定" width="64" />回り込みの書式指定</p>
<p> <img class="hatena-fotolife" style="vertical-align: middle; margin-right: 15px;" src="https
    ://cdn-ak.f.st-hatena.com/images/fotolife/Y/Y-Aizawa/20160918/20160918061708.jpg" alt
    ="リストの書式指定" width="64" />リストの書式指定</p>
<p> <img class="hatena-fotolife" style="vertical-align: middle; margin-right: 15px;" src="https
    ://cdn-ak.f.st-hatena.com/images/fotolife/Y/Y-Aizawa/20160918/20160918061708.jpg" alt
    ="その他" width="64" />その他</p>
<p>*</p>
```

記事を更新する　3083文字　この記事を削除

図32-3　img要素の編集とCSSの指定

「`vertical-align: middle;`」の書式指定は、「画像」と「文字」を上下中央に揃えて配置する書式指定です。さらに、`margin-right`で「画像」と「文字」の間隔を調整しています。このように`style`属性を使って書式を指定すると、PCサイトとスマホサイトの両方に同じCSSを適用できます。

続いて、各記事へのリンクを指定します。「見たまま編集」に切り替え、「画像」と「文字」の両方を選択した状態でリンクを指定します。リンク先となる記事のURLは、あらかじめテキストエディタなどにコピーしておくか、もしくは別ウィンドウで「各記事のページ」を開き、そのURLをコピー＆ペーストするとよいでしょう。リンクの形式には**「選択範囲」**を指定します。

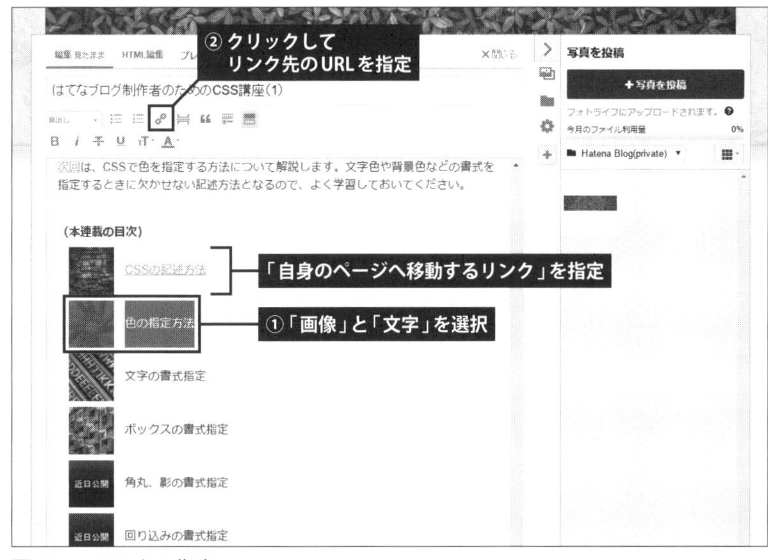

図32-4　リンクの指定

このとき、第1回目の記事の目次にも、**自分自身のページへ移動するリンク**を指定しておきます。「現在閲覧しているページへのリンク」というのは少し変な気がしますが、このリンク指定を行うことで、目次を他のページでも使い回せるようになります。

最後に、「HTML編集」の画面を開き、「目次の範囲」を**div要素**にまとめます。目次の範囲を<div> ～ </div>で囲み、このdiv要素に**stroy-index**という**ID名**を指定します。さらに、div要素にstyle属性を追加し、背景色（background）と内余白（padding）を指定します。これは目次のデザインなので、各自の好きなようにCSSを記述してください。

```
<div id="stroy-index" style="background: #eeeeee; padding: 10px;">
<p><strong>（本連載の目次）</strong></p>
        ：
    （目次のHTML）
        ：
</div>
```

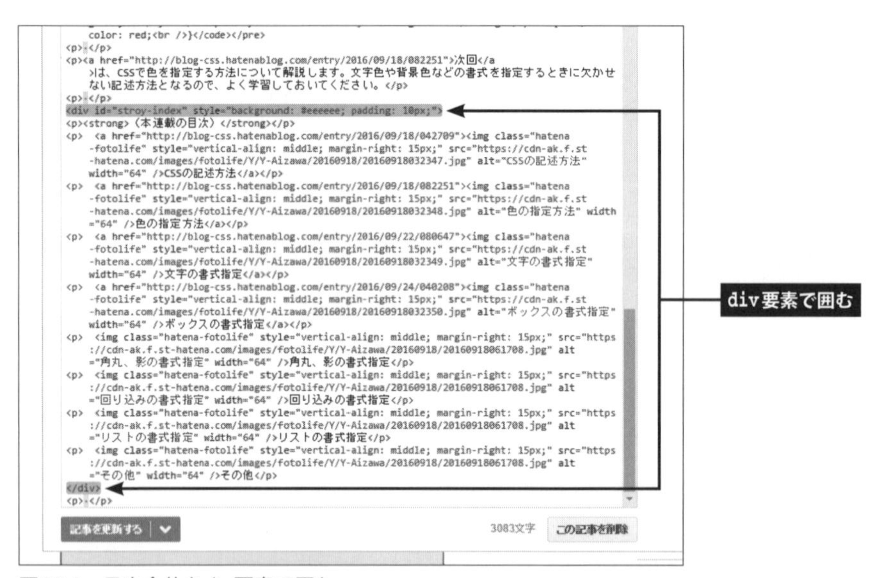

図32-5　目次全体をdiv要素で囲む

以上で目次の作成は完了です。「プレビュー」を見ると、図32-1のように目次が表示されるのを確認できると思います。目次の表示を確認できたら、**［記事を更新する］ボタン**をクリックして記事を更新します。

※ 目次の画像に描画される影は、外部CSSにより指定された書式です（P135～138参照）。

他の記事から目次を自動的に読み込むJavaScript

これで「第1回目の記事ページ」に目次を作成できました。同様の作業を「第2回目以降の記事ページ」でも行っていけば、連載全体に目次を作成できます。しかし、これはそれなりに面倒な作業となります。そこで、JavaScriptを使って「目次の範囲」だけを第1回目の記事から読み込む方法を紹介しておきましょう。

「第2回目の記事ページ」で「HTML編集」の画面を開き、記事の最後に以下のような記述を追加します。

```
<div id="index-display"></div>
<script src="//ajax.googleapis.com/ajax/libs/jquery/1.10.2/jquery.min.js"></script>
<script>// <![CDATA[
(function($) {
    $(function() {
      $("#index-display").load("第1回目の記事のURL #stroy-index");
    });
  })(jQuery);
// ]]></script>
```


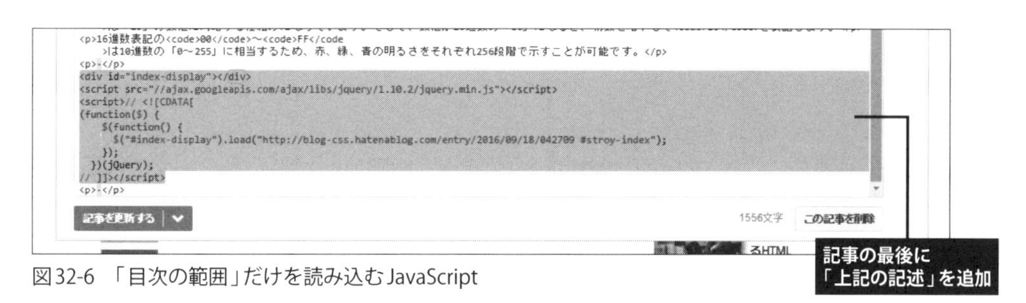

図32-6 「目次の範囲」だけを読み込むJavaScript

最初の**div要素**で「目次の表示領域」を確保します。このdiv要素には、**index-display**というID名を付けておきます。その次の行にある<script src="……"></script>はjQueryを読み込むための記述です。このJavaScriptはjQueryで記述されているため、先にjQueryの読み込みを行っておく必要があります。

その後に続く、<script>～</script>の部分がJavaScript（jQuery）の本体です。といっても、実際に処理をしている部分は、背景がグレーで示されている1行しかありません。他の記述は「jQueryを使用するときの決まり事」と考えてください。

ここでは、「第1回目の記事」の中にある**「ID名stroy-indexの要素」**を読み込む処理を行っています。つまり、「第1回目の記事」から「目次の範囲」だけを読み込むことになります。そして、この範囲を**「ID名index-displayのdiv要素」**に表示することで、「第2回目の記事」に目次を表示しています。もちろん、「第1回目の記事のURL」は、各自の状況に合わせて変更しなければいけません。本書の例では、「第1回目の記事のURL」は、

http://blog-css.hatenablog.com/entry/2016/09/18/042709

となります。よって、背景がグレーで示されている行を以下のように記述しています。このとき、URLと#stroy-indexの間に**半角スペース**を挿入するのを忘れないようにしてください。

```
$("#index-display").load("http://blog-css.hatenablog.com/entry/2016/09/18/042709 #stroy-index");
```

以上で「目次の範囲」を読み込む作業は完了です。**[記事を更新する]ボタン**をクリックし、第2回目の記事ページへ移動すると、記事の最後に目次が表示されているのを確認できます。

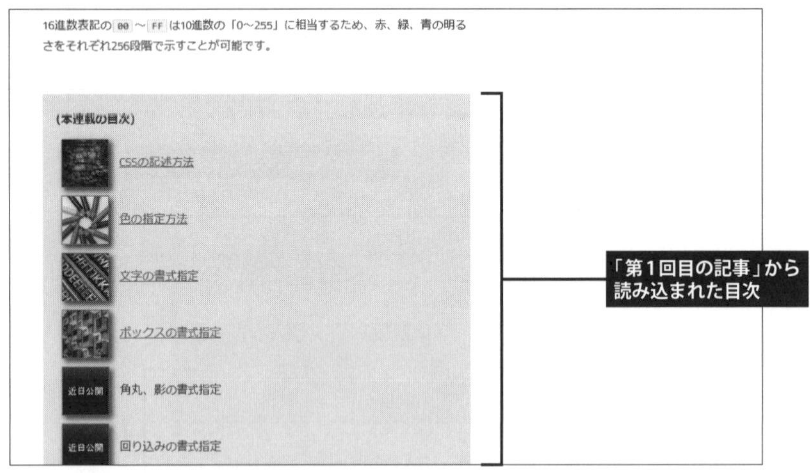

図32-7　自動的に読み込まれた目次（第2回目の記事ページ）

同様の作業を**「第3回目以降の記事ページ」**でも行っていくと、全ての連載記事に目次を表示できます。

目次コンテンツの更新

今回紹介したテクニックは、各記事の最後に「目次の範囲」の読み込むJavaScriptを記述しなければいけません。少しだけ面倒な作業になりますが、**目次の更新**を手軽に行えるのが利点となります。

たとえば、第5回目の記事を新たに公開したとしましょう。この場合は**「第1回目の記事」**の編集画面を開き、目次の内容を修正します。

図32-8　目次の更新（第1回目の記事ページ）

以上で、目次の修正は完了です。第2回目以降の記事に表示される目次は、「第1回目の記事」から自動的に読み込まれるため、そのつど修正を行う必要はありません。つまり、「第1回目の記事」で目次を更新するだけで、全ページの目次を更新できることになります。

「連載の目次」を普通に作成した場合は、新しい記事を公開するたびに、全てのページで目次の更新作業を行わなければいけません。これでは連載のページ数が増えれば増えるほど、目次の更新作業が大変になっていきます。少しでもブログの更新作業を簡略化できるように、ここで紹介したテクニックの使い方も覚えておいてください。

もちろん、このテクニックは目次以外の用途にも活用できます。基本的な作業の流れは、

① 他のページにも表示したい範囲を<div id="xxx">～</div>で囲む
② 読み込み先のページに<div id="yyy"></div>を追加し、表示領域を確保する
③ JavaScript（jQuery）を使って「ID名xxxの要素」を読み込み、「ID名yyyのdiv要素」に表示する

となります。この仕組みを覚えておけば、様々な用途に応用できると思います。気になる方は挑戦してみてください。

33 問い合わせフォームの設置

「はてなブログ」には、訪問者が質問や意見を送信できる**「問い合わせフォーム」**が用意されていません。よって、「問い合わせフォーム」を自分で作成して設置する必要があります。続いては「問い合わせフォーム」の設置方法を紹介します。

問い合わせフォームの作成

Webサイトには、質問や意見を送信できる**「問い合わせフォーム」**を設置するのが一般的です。特にアフィリエイトを行っている方は、連絡先の掲載が必須条件になっている場合が多いので、必ず連絡窓口を設けておくようにしてください。

訪問者からの質問や意見を受け付ける方法として最も手軽な方法は、メールアドレスをブログに掲載しておくことです。ただし、Webにメールアドレスを公開すると、大量の迷惑メールが届く危険性があるため、この方法はお勧めできません。メールアドレスを公開せずに連絡窓口を設置できる、**メールフォーム**を活用するのが基本です。

問い合わせフォーム
* は必須項目です
* 名前
姓 名
* メールアドレス
(確認用)
* お問い合わせ内容
確認画面へ

図33-1　メールフォームの例

「メールフォーム」などのキーワードでWeb検索すると、問い合わせ用のフォームを無料で提供しているサービスを数多く発見できます。これらのサービスを利用すると、「はてなブログ」に「問い合わせフォーム」を設置できるようになります。

本書では、**「フォームメーラー」**というWebサービスを使って「問い合わせフォーム」を設置する方法を紹介します。もちろん、他のWebサービスで提供されているメールフォームを利用しても構いません。

まずは、「フォームメーラー」のWebサイト（http://www.form-mailer.jp/）を開き、会員登録を行います。画面の指示に従って、会員登録（仮登録→本登録）を済ませてください。なお、「フォームメーラー」には無料版と有料版（2種類）のプランが用意されています。ブログに設置する「問い合わせフォーム」であれば、無料版でも十分に役割を果たしてくれます。よって、本書では無料のFree版で会員登録を行いました。

図33-2　「フォームメーラー」のWebサイト（http://www.form-mailer.jp/）

会員登録が済んだら「フォームメーラー」にログインし、**［一般フォームを作成］ボタン**をクリックします。

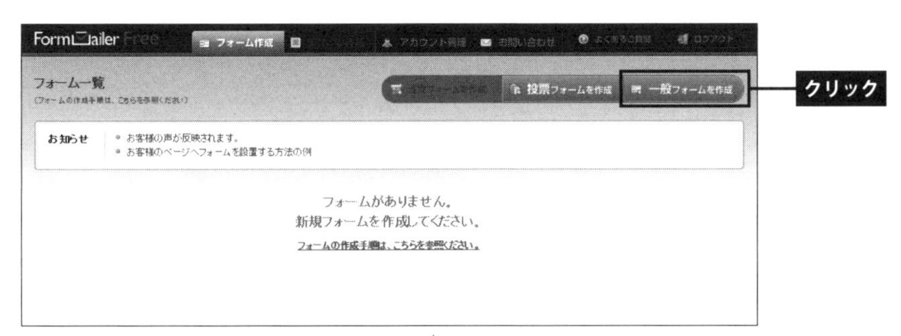

図33-3　新規フォームの作成

フォームの作成画面が表示されるので、「フォーム名」と「フォーム説明」を入力します。続いて、**「テンプレート（個人情報入力セット）を使う」**を選択し、**［設定を保存する］ボタン**をクリックします。

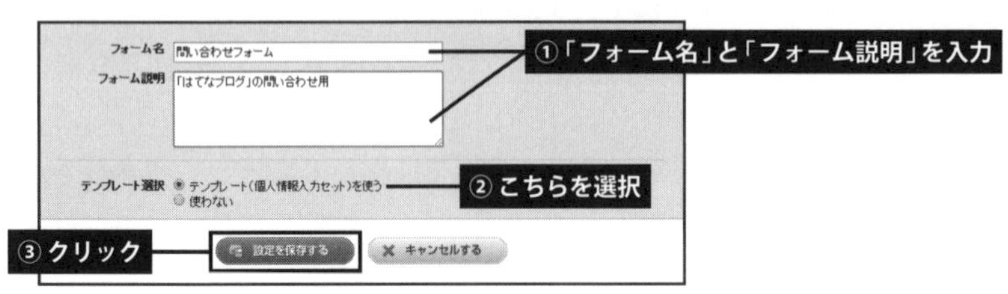

図33-4　フォームの初期設定

次は、入力項目の設定を行います。**「入力項目編集」**をクリックします。

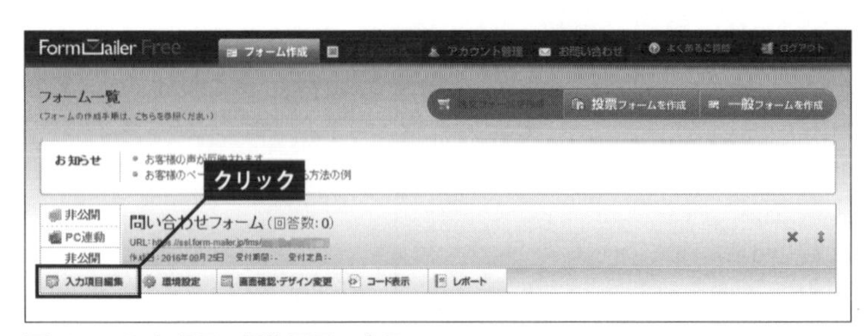

図33-5　入力項目の編集画面の表示

以下のような編集画面が表示されるので、ここでフォームの内容をカスタマイズしていきます。ブログの問い合わせで必要になる項目は、「名前」「メールアドレス」「問い合わせ内容」の3項目くらいです。よって、各項目の✖をクリックして不要な入力欄を削除していきます。

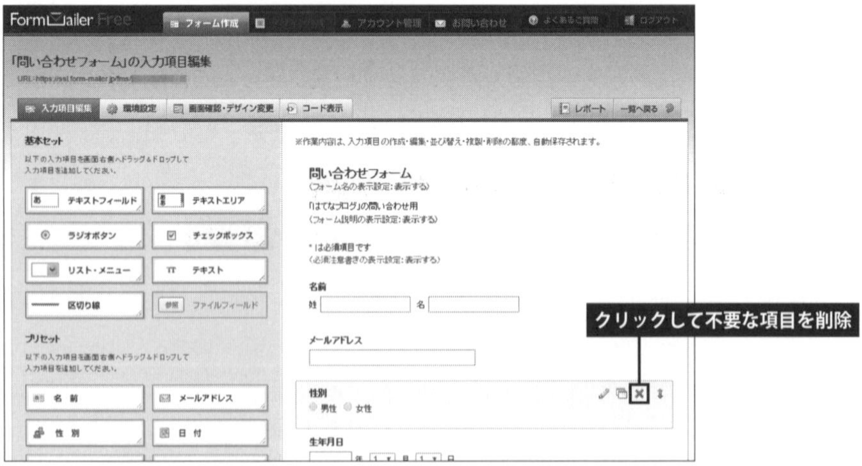

図33-6　不要な項目の削除

「問い合わせ内容」の入力欄は「テキストエリア」で作成します。**[テキストエリア]ボタン**をドラッグ&ドロップし、フォーム内に配置します。その後、をクリックして項目の編集画面を開きます。

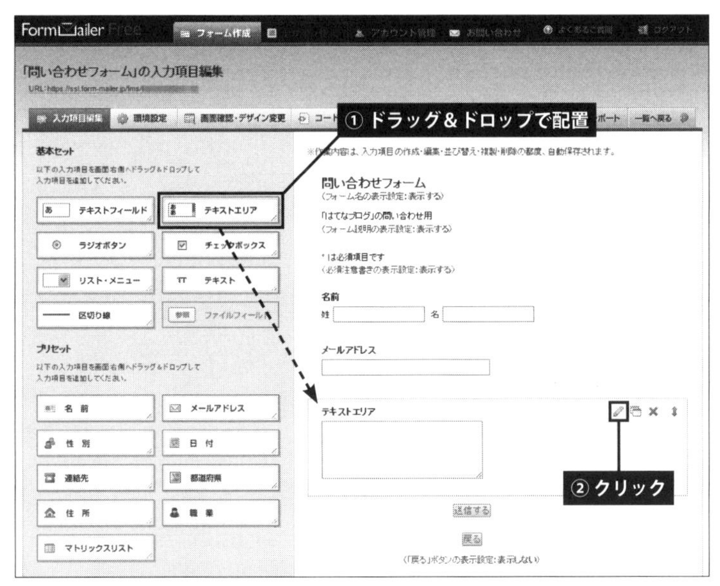

図33-7 入力項目の追加

項目の編集画面が表示されるので、項目名、必須項目、サイズなどを指定し、**[設定を保存する]ボタン**をクリックします。

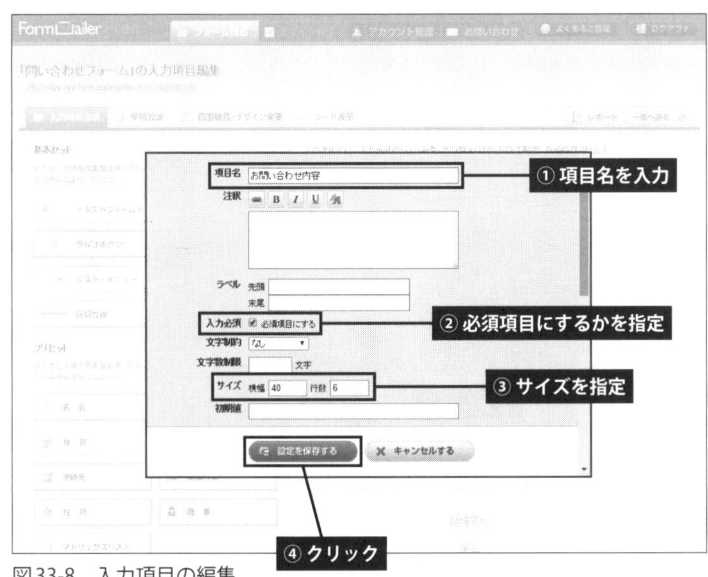

図33-8 入力項目の編集

「名前」と「メールアドレス」の入力欄についても✎をクリックし、「確認用の入力欄を表示するか？」、「必須項目にするか？」などの設定を行います。最後に**「問い合わせフォーム」**の✎をクリックし、「フォーム名」と「フォーム説明」の表示/非表示を指定します。

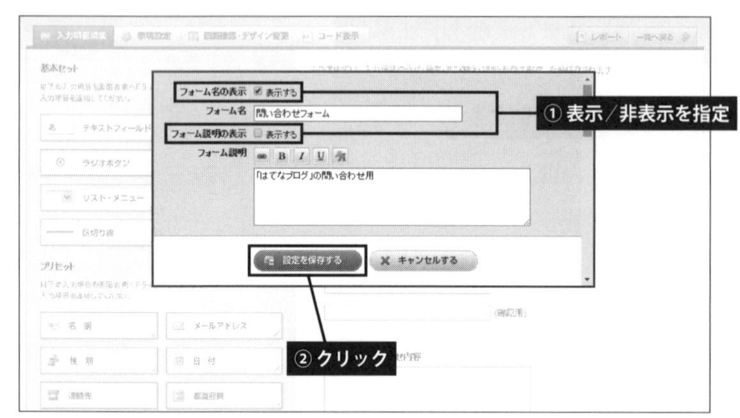

図33-9　フォームの冒頭に表示する内容の指定

フォームの内容をカスタマイズできたら**「環境設定」**をクリックし、フォームの公開を開始します。「PC」と「スマートフォン」の設定を**「公開する」**に変更し、**［設定を保存する］ボタン**をクリックします。

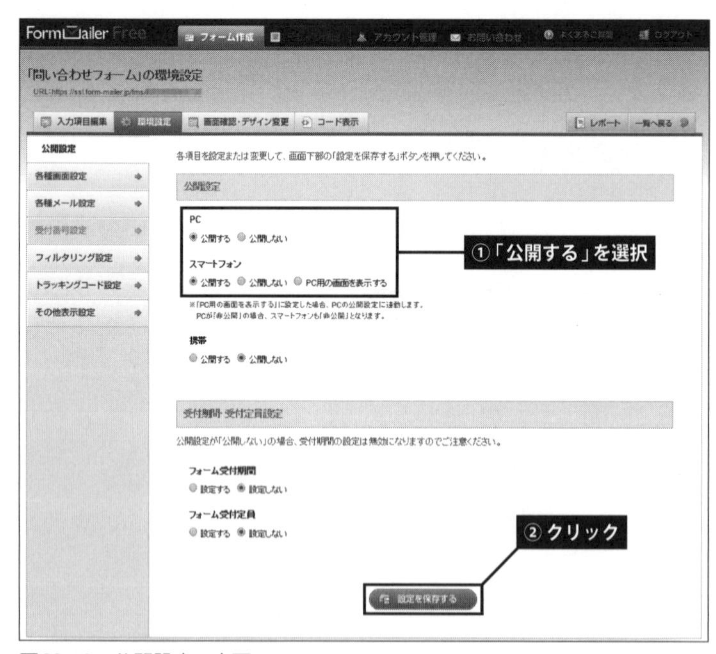

図33-10　公開設定の変更

以上で、「問い合わせフォーム」の作成は完了です。**「コード表示」**をクリックし、画面に表示されるURLをコピーします。

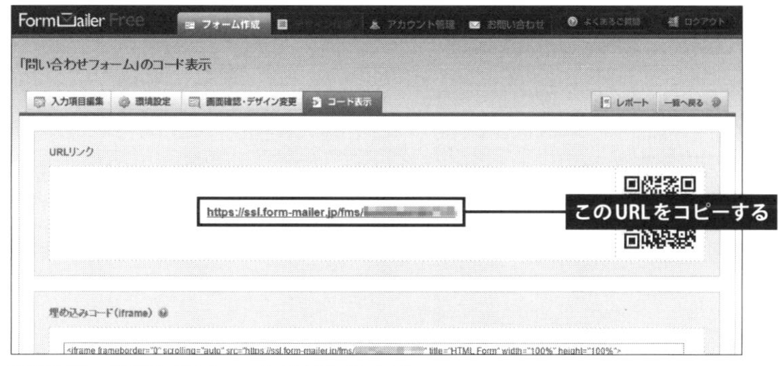

図33-11　作成したフォームのURLのコピー

問い合わせフォームへのリンクの設置

「問い合わせフォーム」を作成できたら、後はそのURLへのリンクを「はてなブログ」に設置するだけです。このリンクはサイドバーに作成するとよいでしょう。**「自分のID名」**から**「デザイン」**のメニューを選択し、🔧のアイコンをクリックします。続いて、**「サイドバー」**の項目を選択し、**「＋モジュールを追加」**をクリックします。

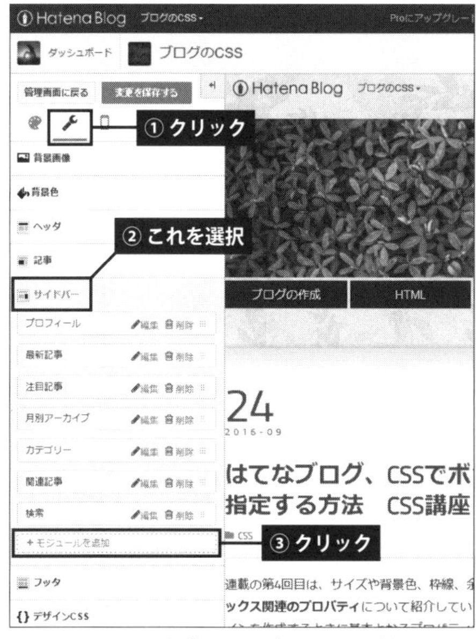

図33-12　サイドバーにモジュールを追加

モジュールの種類に「**HTML**」を選択し、p要素とa要素を使って、モジュール内に表示する文章とリンクを作成します。

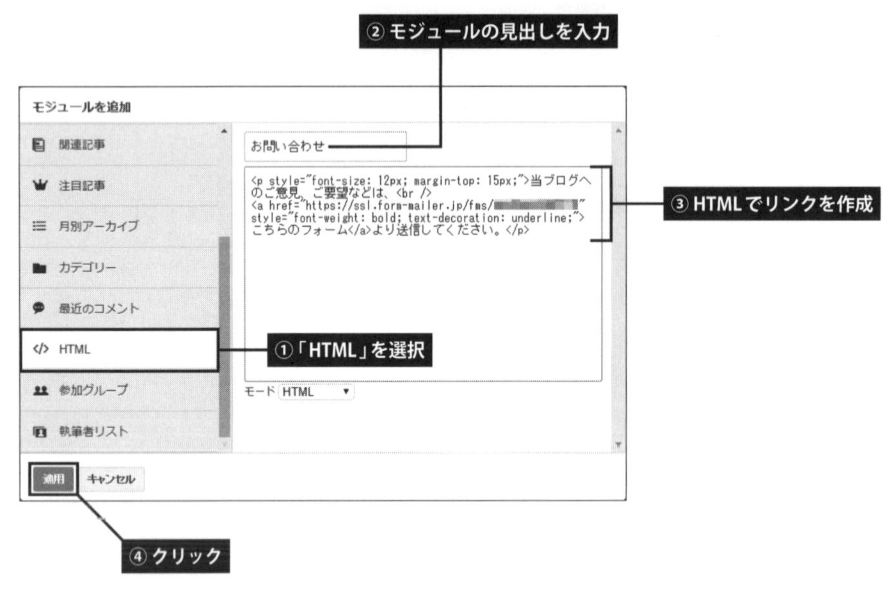

図33-13　「お問い合わせ」のモジュールの作成

本書では、以下のようにHTMLを入力しました。各要素の書式はstyle属性で指定しています。

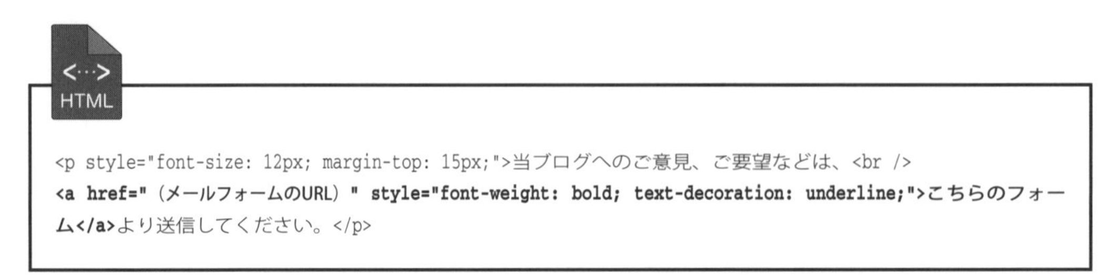

```
<p style="font-size: 12px; margin-top: 15px;">当ブログへのご意見、ご要望などは、<br />
<a href="（メールフォームのURL）" style="font-weight: bold; text-decoration: underline;">こちらのフォーム</a>より送信してください。</p>
```

［**適用**］**ボタン**をクリックし、モジュールの並び順を変更してから［**変更を保存する**］**ボタン**すると、図33-14のようにモジュールが表示されるのを確認できます。

図33-14　問い合わせ用のモジュール

このモジュールにあるリンクをクリックすると、図33-15のように、問い合わせフォームの画面が表示されるのを確認できます。

問い合わせフォーム

* は必須項目です

* 名前

姓 [　　　] 名 [　　　]

* メールアドレス

[　　　]

[　　　] (確認用)

* お問い合わせ内容

[　　　]

[確認画面へ]

図33-15　問い合わせフォームの表示

以上で「問い合わせフォーム」の設置は完了です。念のため、フォームが正しく機能するかテストしておくとよいでしょう。フォームに適当な内容を入力して送信すると、「フォームメーラー」に登録したメールアドレス宛に、入力内容を記したメールが届くのを確認できます。

34 Google Analyticsを使ったアクセス解析

「はてなブログ」には、簡単なアクセス解析機能が用意されています。しかし、『もっと詳細にアクセス状況を把握したい』と考える方もいるでしょう。そこで、豊富な解析機能を持つ**「Google Analytics」**の使い方を紹介しておきます。

Google Analyticsの登録手順

「Google Analytics」はGoogleが提供するアクセス解析ツールで、Googleに会員登録している方なら誰でも無料で利用できます。「はてなブログ」は「Google Analytics」に正式対応しているため、その設置手順は特に難しくありません。自分のブログのアクセス状況を詳細に把握したい方は、いちど導入してみるとよいでしょう。

それでは、さっそく「Google Analytics」の登録手順を紹介していきましょう。この作業を行うときは、あらかじめGoogleにログインしておく必要があります。続いて、以下の手順で登録作業を進めていきます。

「Google Analytics」（https://www.google.com/intl/ja/analytics/）のWebサイトを開き、**［アカウントを作成］ボタン**をクリックします。続いて、パスワードの確認画面が表示された場合は、Googleアカウントの**パスワード**を入力し、**［ログイン］ボタン**をクリックします。

図34-1 「Google Analytics」のWebサイト（https://www.google.com/intl/ja/analytics/）

「Google Analytics」の登録画面が表示されるので、[**お申込み**]**ボタン**をクリックします。

図34-2 「Google Analytics」の使用を開始

続いて、解析するWebサイトの情報を登録します。適当な**アカウント名**を入力し、「はてなブログ」の**サイト名**、**URL**、**業種**、**タイムゾーン**を指定します。

図34-3 Webサイトの情報を入力

画面を一番下までスクロースし、[**トラッキングIDを取得**]**ボタン**をクリックします。続いて、利用規約の確認画面が表示されるので、「**日本**」を選択し、利用規約を確認してから[**同意する**]**ボタン**をクリックします。

トラッキングIDを示す画面が表示されるので、**［Ctrl］＋［C］キー**などでトラッキングIDをコピーします。

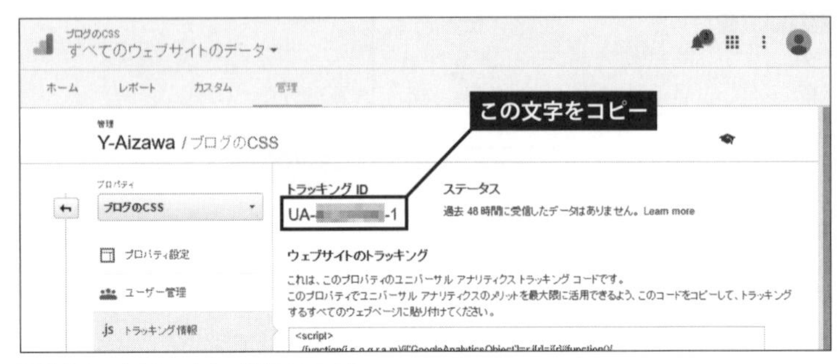

図34-4　トラッキングIDのコピー

次は「はてなブログ」の設定を変更します。「Google Analytics」のページはまだ作業を続けるので、新しいタブに「はてなブログ」のWebサイトを開くとよいでしょう。「はてなブログ」を表示できたら**「自分のID名」**から**「設定」**を選択し、**「詳細設定」**を選択します。

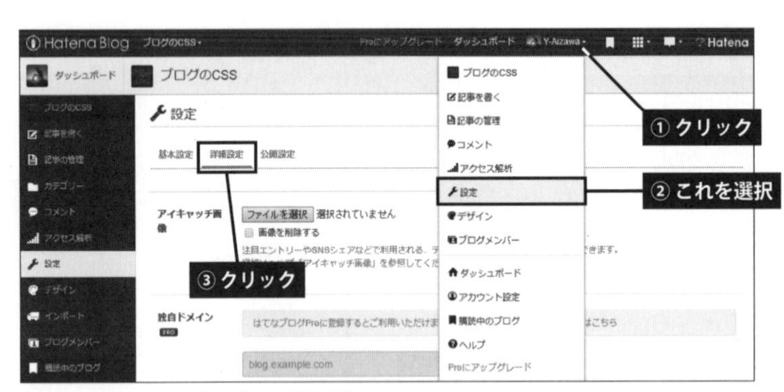

図34-5　「はてなブログ」の詳細設定

詳細設定の画面を下へスクロールしていくと、**「Google Analytics 埋め込み」**という項目が見つかります。ここに先ほどコピーした**トラッキングID**を貼り付けます。その後、画面を一番下までスクロールして**［変更する］ボタン**をクリックします。

図34-6　トラッキングIDの入力

「Google Analytics」の画面に戻り、**「レポート」**を選択すると、アクセスデータを表示できます。ただし、登録直後はアクセスデータが1つもないため、何もデータが表示されません。

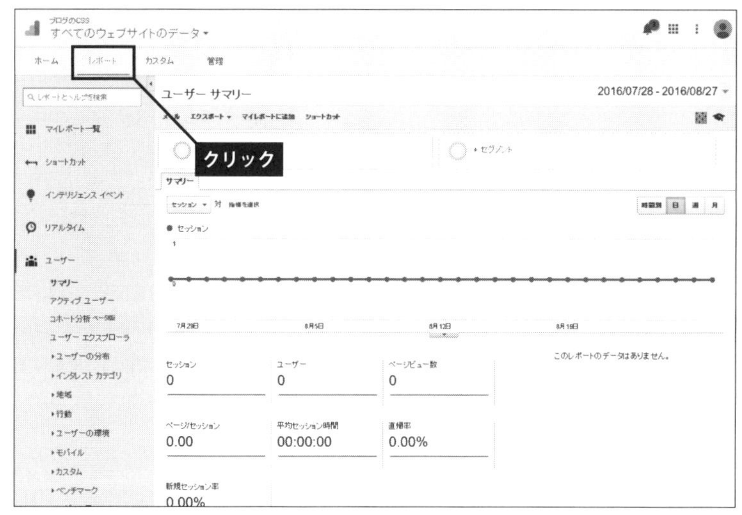

図34-7 アクセスデータの確認

このような場合は、**「リアルタイム」→「サマリー」**を見ると、正しく登録できているかを確認できます。「リアルタイム」→「サマリー」の画面を表示した後、「自分のブログ」をリロード（再読み込み）すると、**アクティブ ユーザー数**が1に変化するのを確認できます。さらに各記事のページへ移動し、**アクティブなページ**のURLを確認することも可能です。

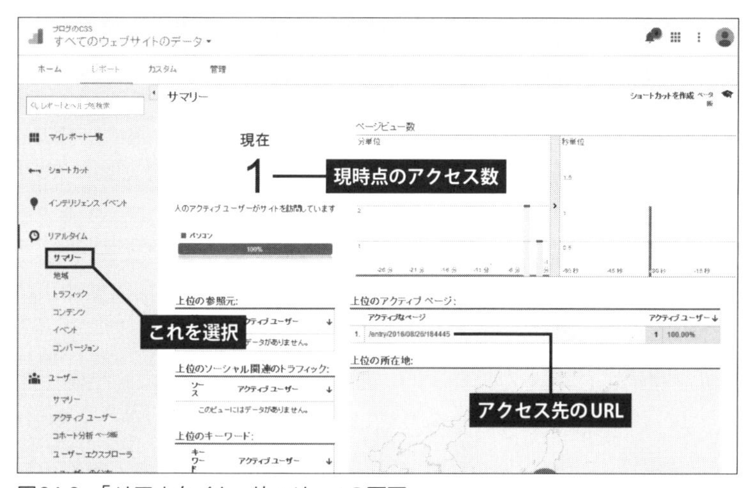

図34-8 「リアルタイム - サマリー」の画面

以上で「Google Analytics」の設置は完了です。後は、適当なタイミングで「Google Analytics」を確認していくと、アクセス状況や訪問者の行動などを詳細に把握できるようになります。

Google Analyticsの基本的な使い方

「Google Analytics」には非常に豊富な解析機能が用意されています。正直な話、「使い切れないくらい多くの機能が用意されている」とっても過言ではありません。よって、ここでは、基本的な機能についてのみ使い方を解説しておきます。

「Google Analytics」のWebページを開くと、最初に**「ユーザー」→「サマリー」**の解析画面が表示されます。ここには、過去30日間の**セッション数**がグラフで表示されています。

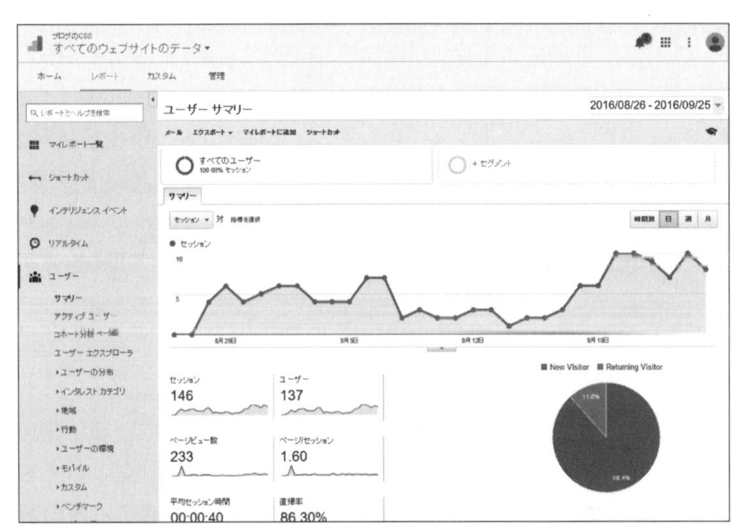

図34-9 「ユーザー」→「サマリー」の解析画面

そのほか、**ユーザー数**、**ページビュー数**などの数値も表示されています。これらの数値は、アクセス数の増減を大まかに把握するときに役立ちます。アクセス解析の見方に慣れていない方のために、各数値の意味を簡単に解説しておきましょう。

■ユーザー数

Webサイト（ブログ）を訪問してくれた方の人数を示しています。

■セッション数

Webサイト（ブログ）の閲覧が開始された回数を示しています。たとえば、同じ人が朝と夜にブログを2回訪問した場合、ユーザー数は1、セッション数は2となります。

■ページビュー数

閲覧されたページ数を示しています。たとえば、同じ人が朝と夜にブログを訪問し、朝に読んだ記事が2ページ、夜に読んだ記事が3ページであった場合、ユーザー数は1、セッション数は2、ページビュー数は5となります。

「各記事がどれくらい読まれているか？」も気になるポイントになると思います。各ページのアクセス状況は、**「行動」→「サイト コンテンツ」→「すべてのページ」**で確認できます。最初はURL別のアクセス状況が表示されます。ここで**「ページタイトル」**をクリックすると、URLを各ページのタイトルに置き換えることができます。

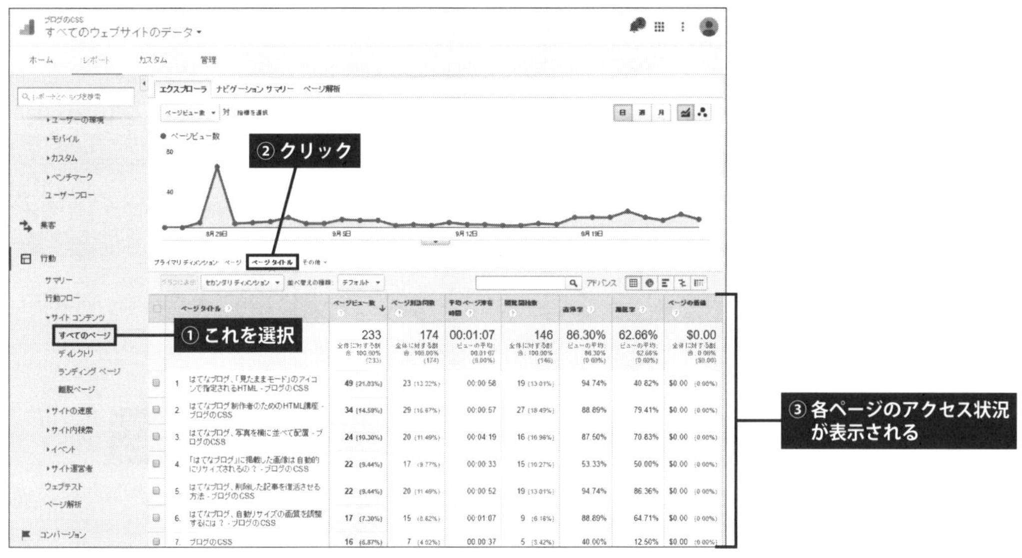

図34-10 各ページのアクセス状況

Check Point &
Attention

重要度 ★★★☆☆

ショートカットの活用

「行動」→「サイト コンテンツ」→「すべてのページ」とメニューを選択していくのが面倒な場合は、このページをショートカットに登録しておくと便利です。現在の解析画面を「ショートカット」に追加するときは、画面の上の方にある「ショートカット」の文字をクリックします。

さらに、「どこから訪問者がアクセスしてきたか？」、「訪問者のOSは何か？」などの情報を**セカンダリ ディメンション**として表示することも可能です。たとえば、**「集客」→「デフォルト チャネル グループ」**を選択すると、各ページのデータを集客方法別に表示できます。

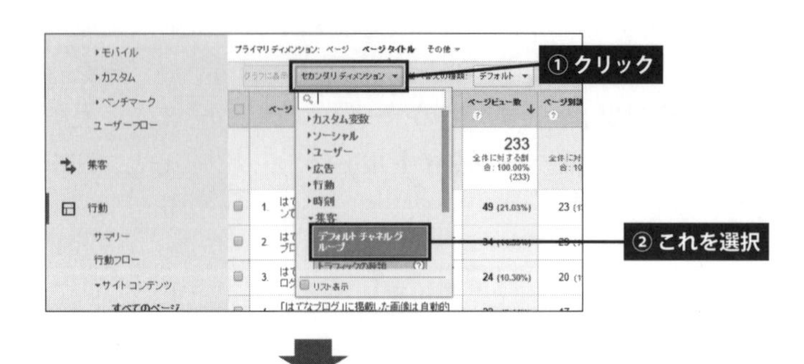

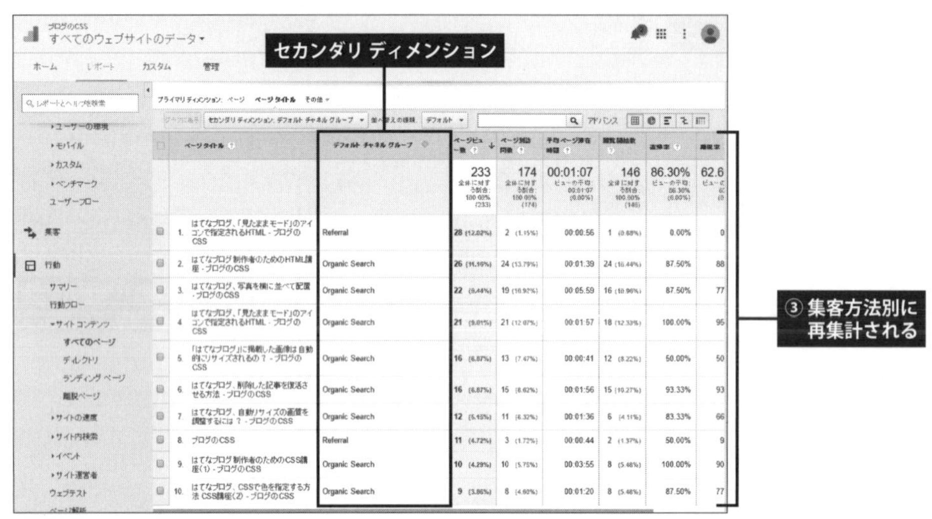

図34-11　セカンダリ ディメンションの指定

ここには、「Organic Search」や「Referral」などの文字が並んでいます。これらの文字が示す意味は、それぞれ以下のようになります。

Organic Search ………… GoogleやYahooなどの**検索エンジン**を経由した訪問
Referral ……………………… 他のWebサイトの**リンク**を経由した訪問
Social ………………………… TwitterやFacebookといった**SNS**を経由した訪問
Direct ………………………… ブックマーク（お気に入り）などからの**直接訪問**（※1）

（※1）Webブラウザ以外のアプリからの訪問した場合のように、解析不能なアクセスもDirectとしてカウントされます。

この結果を見ることで、各ページの集客状況を確認できます。「Organic Search」が多いページは、「キーワード検索による訪問者」が多いページ。つまり、SEOが上手くいっているページと考えられるます。一方、「Social」が多いページは、「SNSでよく拡散されているページ」と考えられます。

これらの情報を確認するときに、**期間**を限定してデータを再集計することも可能です。この場合は、画面右上に表示されている日付をクリックし、集計期間を変更します。新しいカテゴリーの記事を公開した場合など、ここ数日間の状況を確認したい場合などに活用してください。

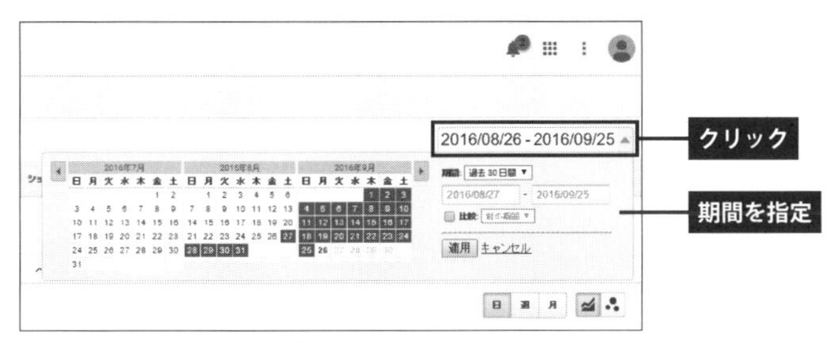

図34-12 集計期間の指定

ほかにも「Google Analytics」には、様々な解析機能が用意されています。全機能について解説していくと、それだけで一冊の本になってしまうので、ここでは各メニューの概要のみ簡単に紹介しておきます。よく分からない場合は、試しに各メニューを選択し、表示内容を確認してみるとよいでしょう。解析画面の表示を見れば、たいていの機能の概要を把握できると思います。

■ショートカット

各自がショートカットとして登録した解析画面が、このメニューに追加されます。

■インテリジェント イベント

統計データに大きな変化があったときに、アラートを表示できる機能です。近々「Google Analytics」から削除される機能で、利用頻度はあまり高くありません。

■リアルタイム

現時点のアクセス状況をリアルタイムに監視できる機能です。最初の頃はアクセス数0の状況が続くと思いますが、注目を集めるページを1つでも作成できれば、以下の図のようにリアルタイムのアクセス状況を確認できるようになります。

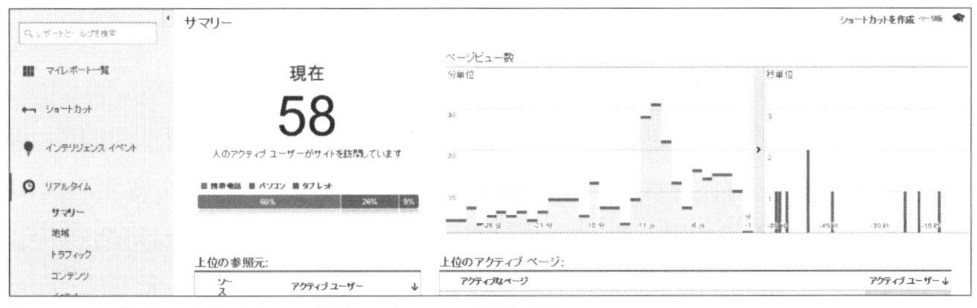

図34-13 「リアルタイム」→「サマリー」の解析画面

■ユーザー

訪問者が利用している端末、OS、ブラウザといった情報のほか、住んでいる地域、リピータの割合などの統計情報を確認できます。

■集客

検索エンジン経由の訪問者、SNS経由の訪問者など、「どこから自分のブログにたどり着いたか？」といった情報を確認できます。

■行動

サイト内における訪問者の行動を把握できます。訪問者が「どのようにページを移動したか？」などの情報がグラフィカルに表示されます。

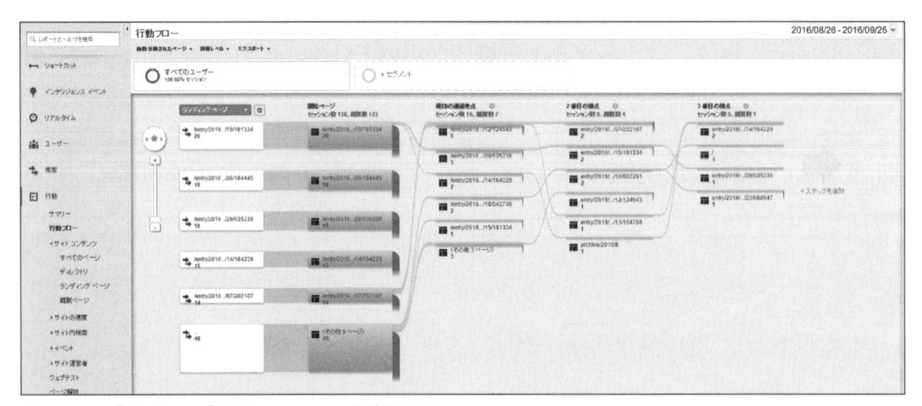

図34-14　「行動」→「行動フロー」の解析画面

■コンバージョン

「指定したページの閲覧」や「リンクのクリック」といった目標を設定し、その達成率を確認できる上級者向けの機能です。この機能を利用するには、目標の設定方法を学ぶ必要があります。

自分のアクセスを除外

「Google Analytics」は、自分でブログを閲覧した回数や、記事の編集中に参照したプレビューなども解析データとしてカウントされる仕組みになっています。アクセス数が十分にあれば解析データに与える影響は小さくなりますが、最初のうちは「アクセスの大半が自分」になってしまうケースも少なくありません。これでは解析データとしての意味をなしません。そこで、「自分のアクセス」を解析データから除外する方法を紹介しておきます。

まずは、自分の**IPアドレス**を確認します。「IPアドレス」などのキーワードでWeb検索すると、自分のIPアドレスを調べられるWebサイトを見つけられます。これらのサイトを利用して自分のIPアドレスを確認します。

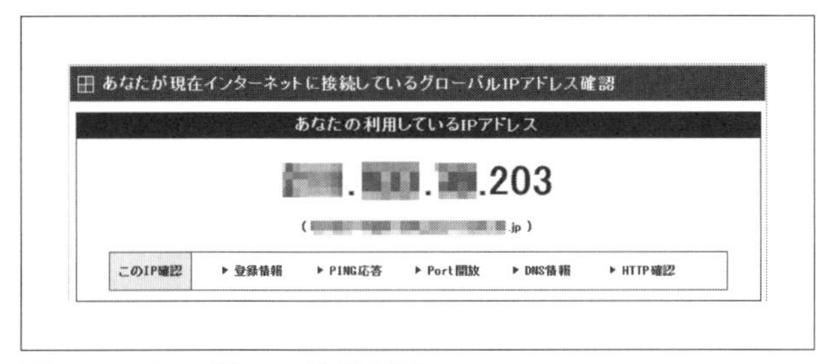

図34-15　IPアドレスの確認（例）

次は、「Google Analytics」のWebサイトで**フィルタ**を設定します。**「管理」**メニューから**「フィルタ」**を選択します。

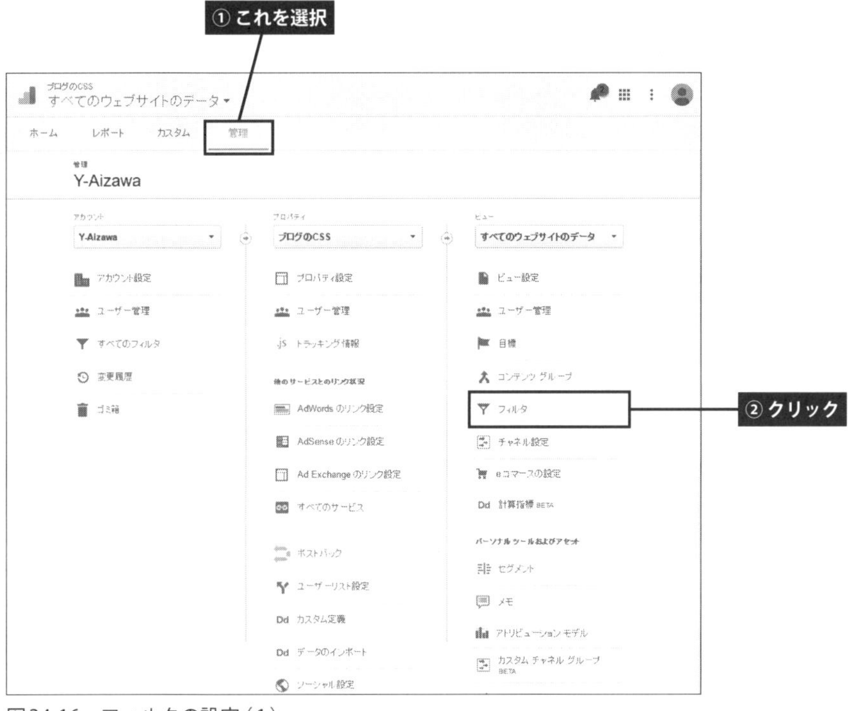

図34-16　フィルタの設定（1）

「＋フィルタを追加」ボタンをクリックし、適当な**フィルタ名**を入力します。続いて、フィルタの種類に**「除外」**、**「IPアドレスからのトラフィック」**、**「等しい」**を選択し、先ほど確認した**IPアドレス**を入力します。

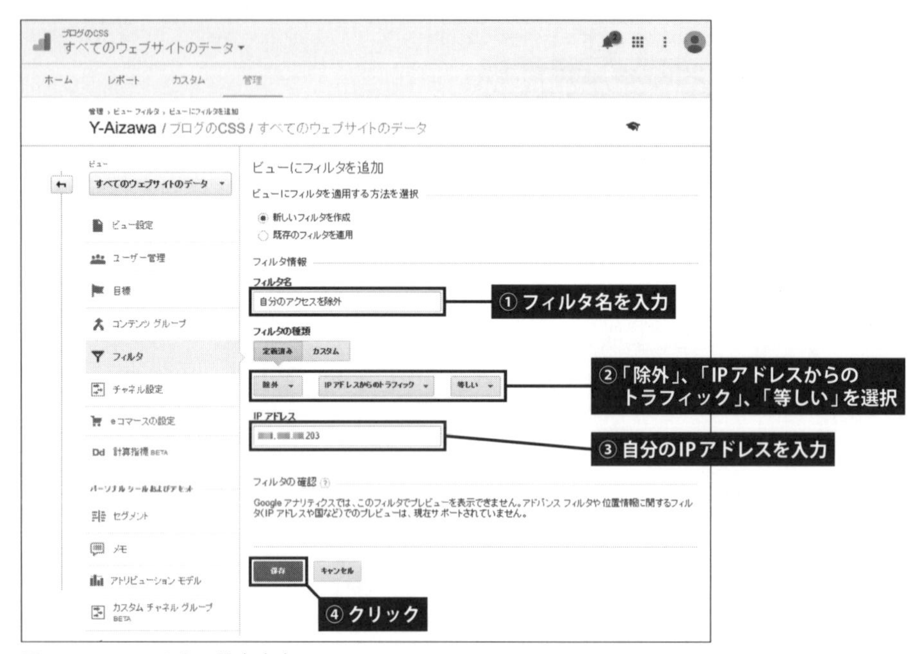

図34-17　フィルタの設定（2）

以上でフィルタの設定作業は完了です。**[保存] ボタン**をクリックして設定内容を保存します。これで、自分のアクセスを解析データから除外できるようになります（※1）。

念のため動作を確認したい方は、**「レポート」**の画面に戻り、「リアルタイム」→「サマリー」の解析画面を参照しながら「自分のブログ」を閲覧してみるとよいでしょう。「自分のブログ」をリロードしても、アクティブ ユーザー数が増えないことを確認できると思います。

（※1）フィルタ設定後の「自分のアクセス」が除外されるようになります。フィルタ設定前に記録された「自分のアクセス」は、そのまま解析データとして残ります。

35 Search Consoleを使ったキーワードの解析

Googleでは、自分のサイト（ブログ）が「どのようなキーワードで検索されているか？」を解析できるWebサービスも提供されています。続いては、**「Search Console」**の使い方を紹介しておきます。

Googleの検索キーワードは取得できない？

ブログを運営していると、検索エンジンから訪問する方が「どのようなキーワードで検索しているか？」も気になるポイントになると思います。この情報は「はてなブログ」の**「アクセス解析」**でも確認できますが、Google経由のアクセスはほとんどキーワードが表示されません。

図35-1　アクセス元ページの表示例（左：Google、右：Yahoo!検索）

この理由は、GoogleでWeb検索を行う際に「https://www.google.co.jp/」のURLが使用されるケースが多いことが原因です。つまり、httpsによる暗号化通信でWeb検索が行われるため、第三者（はてなブログ）がその内容を取得できなくなっているのです。一方、Yahoo!は通常のURL（http://www.yahoo.co.jp/）を使用しているため、検索キーワードの取得が可能です。

このような理由から、どのアクセス解析ツールを使っても「Googleの検索キーワード」は取得しにくいのが現状です。とはいえ、検索エンジンの最大手であるGoogleの検索キーワードを無視する訳にはいきません。このような場合に活用したいのが、Googleが提供する**「Search Console」**（旧：ウェブマスターツール）です。このサービスはGoogleが独自に提供しているだけあって、暗号化された検索キーワードの解析も可能です。アクセスアップ（SEO）を行うにあたり、検索キーワードの把握は非常に重要なポイントとなります。「Search Console」の導入は簡単に行えるので、いちど試してみるとよいでしょう。

Search Consoleの登録手順

それでは、「Search Console」の使い方を解説していきましょう。まずは登録作業を行います。この作業を行うときは、あらかじめGoogleにログインしておく必要があります。続いて、以下の手順で登録作業を進めていきます。

「Google ウェブマスター」（https://www.google.com/webmasters/）のWebサイトを開き、［**SEARCH CONSOLE**］**ボタン**をクリックします。

図35-2　「Google ウェブマスター」のWebサイト（https://www.google.com/webmasters/）

「Search Console」の画面が表示されるので、自分のブログの**URL**を入力し、［**プロパティを追加**］**ボタン**をクリックします。

図35-3　「Search Console」のトップページ

入力したURLの所有者であることを確認するページが表示されます。「はてなブログ」で「Search Console」を利用するときは**「別の方法」タブ**をクリックし、確認方法に**「HTMLタグ」**を選択します。すると、以下の図のようなmetaタグが表示されます。このmetaタグを[Ctrl]+[C]キーなどでコピーします。

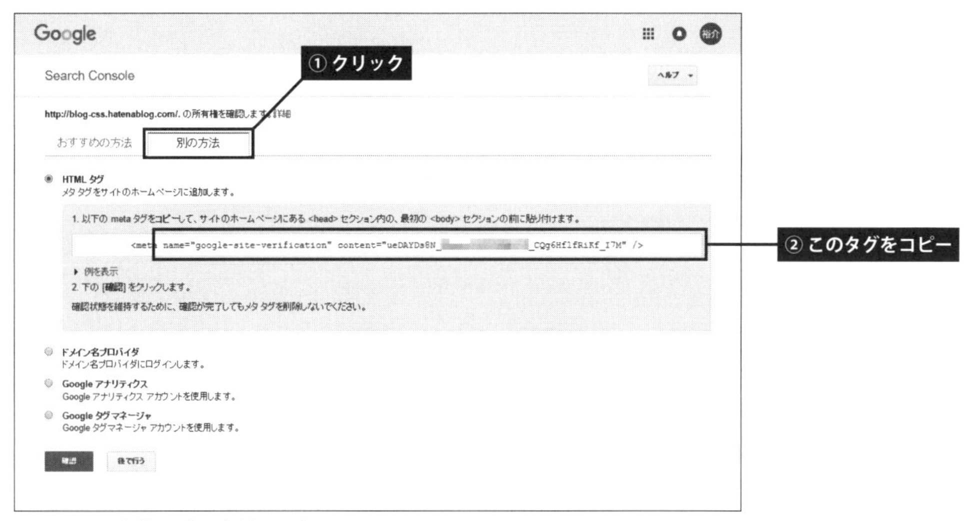

図35-4　所有権の確認方法の選択

続いて、「はてなブログ」の設定を変更します。「Search Console」の画面はまだ作業を続けるので、新しいタブに「はてなブログ」のページを開くとよいでしょう。「はてなブログ」のページが表示されたら**「自分のID名」**から**「設定」**を選択し、**「詳細設定」**を選択します。

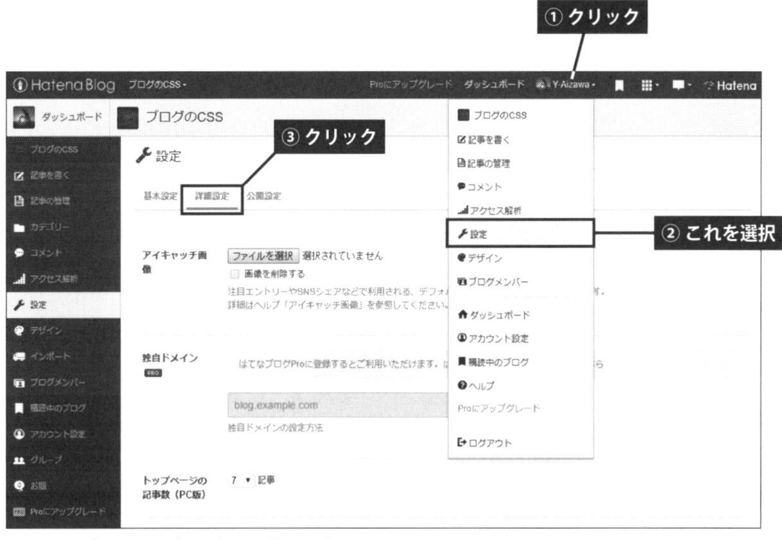

図35-5　「はてなブログ」の詳細設定

詳細設定の画面を下へスクロールしていくと、**「Google Search Console」**という項目が見つかります。ここに先ほどコピーしたmetaタグを貼り付けますが、必要となるのは**content属性の値だけ**となることに注意してください。[Ctrl]＋[V]キーでmetaタグを貼り付けた後、content="xxx"のxxxの部分だけを残すように不要な文字を削除します。

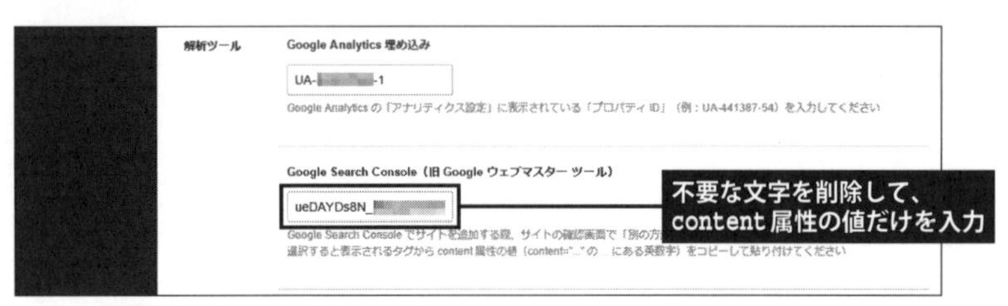

図35-6　所有権確認用の記号を入力

画面を一番下までスクロールし、**[変更する]ボタン**をクリックします。その後、「Search Console」の画面に戻り、**[確認]ボタン**をクリックします。

図35-7　所有権の確認

このような画面が表示されれば、所有権の確認作業は完了です。「Search Console」の文字をクリックします。

図35-8　所有権の確認の完了

登録したURL（はてなブログ）のダッシュボードが表示されます。ただし、登録直後はまだデータが収集されていないため、何も表示されません。

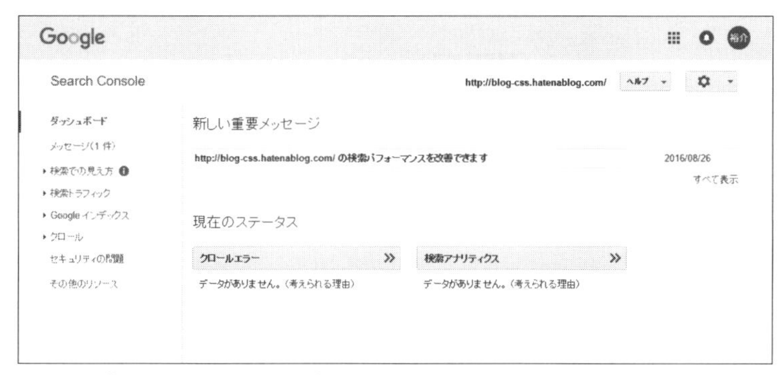

図35-9 「Search Console」のダッシュボード

「Search Console」はデータが表示されるまでに２～３日の期間を要します。よって、データを閲覧するには数日ほど待たなければいけません。

サイトマップの送信

登録作業が済んだら、「Search Console」に**サイトマップ**を送信しておくとよいでしょう。サイトマップを送信すると、ブログの全記事がGoogleのデータベース（インデックス）に登録される可能性が高くなります。サイトマップを送信するときは、以下の手順で操作します。

「Search Console」の画面を開き、**「クロール」→「サイトマップ」**のメニューを選択します。続いて、**［サイトマップの追加/テスト］ボタン**をクリックし、URLの末尾に**「sitemap.xml」**と入力します。その後、**［送信］ボタン**をクリックします。

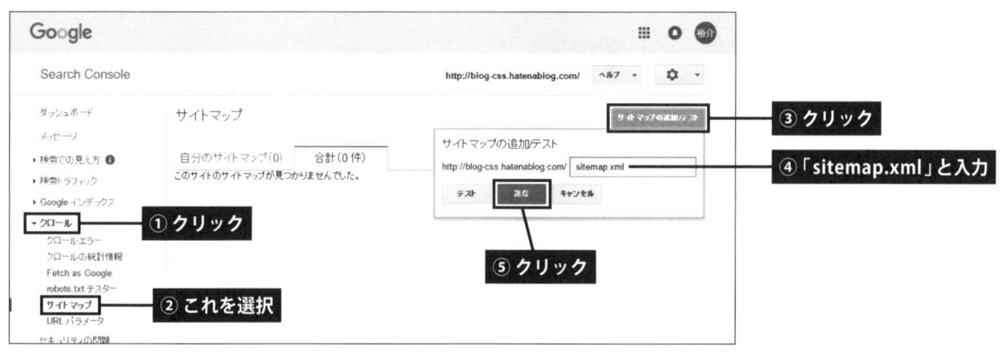

図35-10 サイトマップの送信（1）

以下のような画面が表示されるので、**「ページを更新する」**のリンクをクリックします。

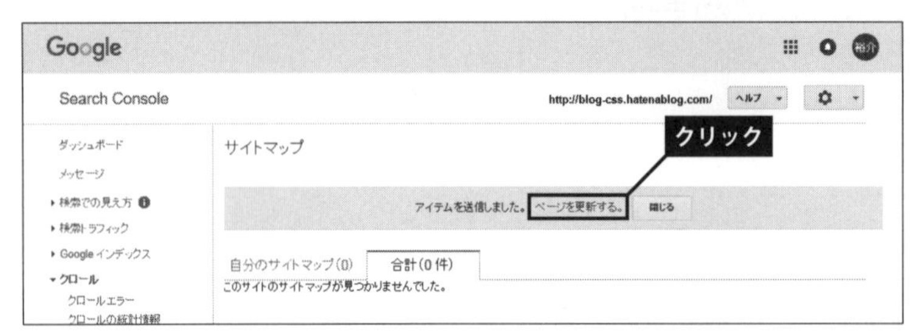

図35-11　サイトマップの送信（2）

しばらく待つと、送信状況を示す画面が表示されます。ただし、サイトマップの送信は早くて数分、長いときは数日かかる場合もあります。処理日に「保留」と表示されている場合は、しばらく時間をおいてから確認しなおすようにしてください。

なお、サイトマップの送信作業は、最初に1回行うだけで十分です。以降は、Googleが定期的にサイトマップを確認してくれるので、あらためてサイトマップを送信しなおす必要はありません。

Search Consoleの基本的な使い方

登録完了から数日ほど経つと、「Search Console」に検索キーワードが表示されるようになります。「Search Console」も豊富な機能を備えたWebサービスとなるので、ここでは基本的な使い方のみ紹介しておきます。

「Search Console」のWebサイトにアクセスすると、**ダッシュボード**の画面が表示されます。まずは、**「検索アナリティクス」**をクリックします。

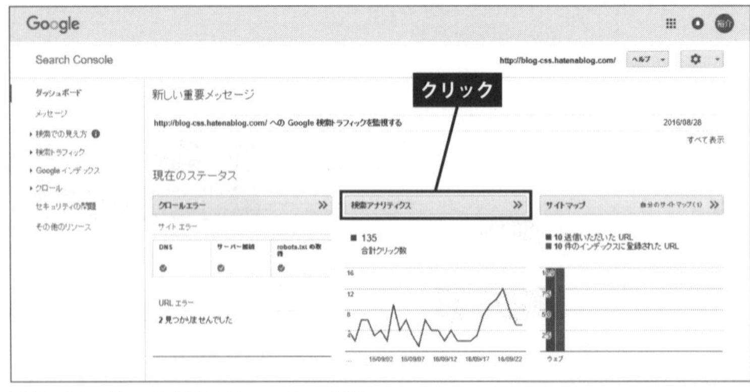

図35-12　検索アナリスティックへ移動

すると、**クリック数**を基にした検索キーワードの一覧が表示されます。ここで**「表示回数」**、**「CTR」**、**「掲載順位」**の項目をチェックすると、そのデータを一覧に追加表示できます。

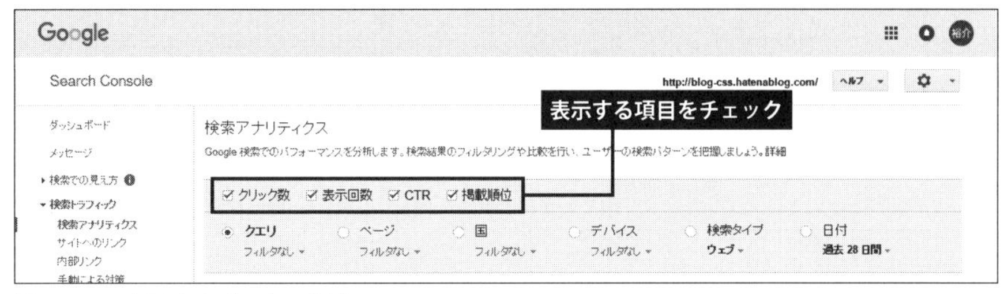

図35-13　表示するデータの指定

クリック数 ………… 検索結果がクリックされた回数
（自分のサイトを訪問してくれた回数）

表示回数 ………… 自分のサイトが検索結果に表示された回数

CTR ………… 自分のサイトのクリック率（クリック数／表示回数）

掲載順位 ………… 自分のサイトの掲載順位（平均値）

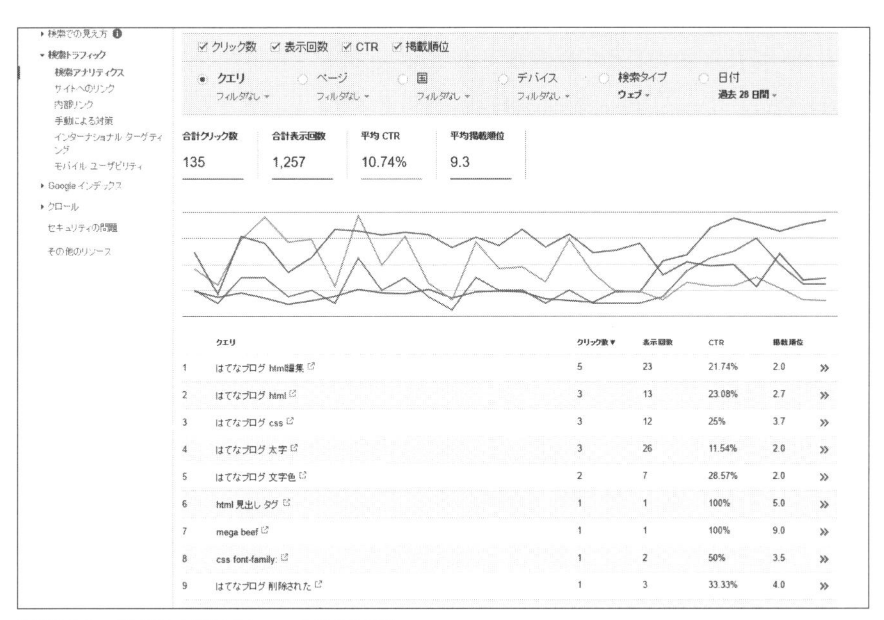

図35-14　検索アナリスティックの表示例

この結果を見ると、自分のサイト（ブログ）が「どのようなキーワードで検索されているか？」、また「その掲載順位は？」などの情報を確認できます。「表示回数」や「CTR」、「掲載順位」の見出しをクリックし、その項目でデータを並べ替えることも可能です。

ただし、「Search Console」に表示されるデータは、曖昧な部分があることも覚えておく必要があります。たとえば、図35-14に示した例の場合、「合計クリック数」は135と表示されていますが、各キーワードの「クリック数」を足しても135にはなりません。この現象について「Search Console」のヘルプを調べてみると、「ユーザーのプライバシー保護のため一部のデータを表示しないことがある」という記述が見つかります。つまり、**クリック数として計上されていないデータ**も存在することになります。この傾向は、検索される回数が少ないサイトほど顕著になるようです。

このように、「Search Console」を利用しても、正確な検索キーワードを把握することはできません。特に検索される回数が少ないサイトは、データの信頼性が低くなります。検索される回数（アクセス数）が増えれば自然に解消されていく問題ですが、念のため覚えておくようにしてください。

現時点において、Googleの検索キーワードを確認できるツールは「Search Console」くらいしか見当たりません。よって、多少、曖昧な部分があっても活用していくほかありません。計上されないデータがあるとはいえ、おおよその傾向は把握できるので、アクセスアップに活かすことができます。SEOの手法を参考にしながら、ぜひ効果的に活用してください。

なお、「Search Console」は過去28日間についてデータを集計するように初期設定されています。新しいカテゴリーの記事を掲載した場合など、直近数日間のデータだけを見たい場合は、**「日付」**の項目にある▼をクリックすると集計期間を変更できます。こちらも利用頻度が高いので、ぜひ使い方を覚えておいてください。

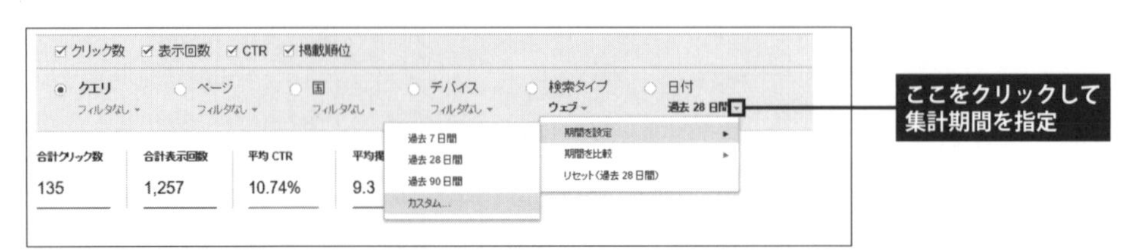

図35-15　集計期間の変更

第 4 章

Pro版ならではの機能

第 4 章では、「はてなブログ」を Pro 版にアップグレードする方法、ならびに Pro 版ならではの機能について紹介します。独自ドメインの導入、スマホサイトのカスタマイズ、広告の非表示など、Pro 版には魅力的な機能が用意されています。さらに上を目指す方は、ぜひ Pro 版へのアップグレードも検討してみてください。

36 はてなブログProへのアップグレード

「独自ドメインの導入」や「スマホサイトのカスタマイズ」などを行える**「はてなブログPro」**へのアップグレードを検討している方もいると思います。そこで、無料版の「はてなブログ」から「はてなブログPro」にアップグレードするときの操作手順を紹介しておきます。

はてなブログProへのアップグレード手順

無料の「はてなブログ」を**「はてなブログPro」へアップグレード**するときは、以下の手順で操作します。

「はてなブログ」のWebサイトを開き、**「自分のID名」**から**「Proにアップグレード」**のメニューを選択します。

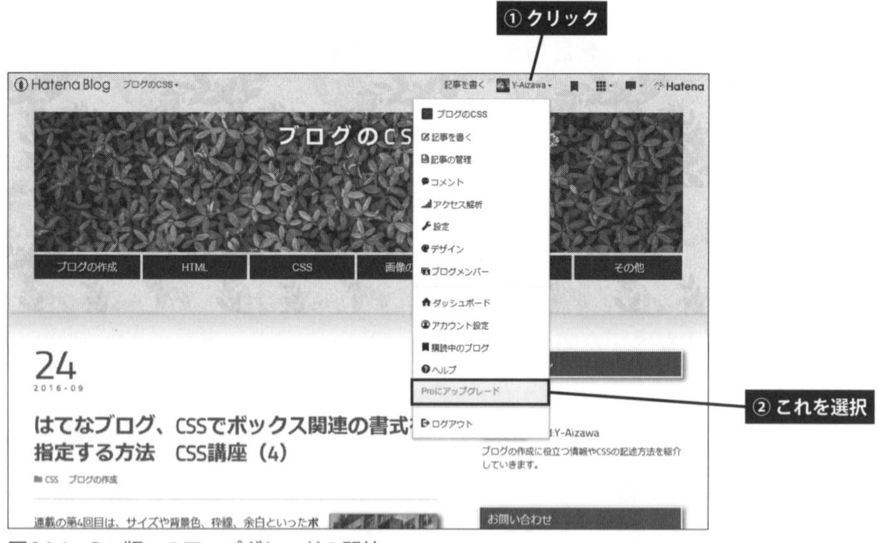

図36-1　Pro版へのアップグレードの開始

「はてなブログPro」の説明が表示されるので、画面を下へスクロールし、**プラン**を選択します。プランは「1ヶ月コース」、「1年コース」、「2年コース」の3種類があり、期間の長いプランほど「1月あたりの利用金額」は安くなります。

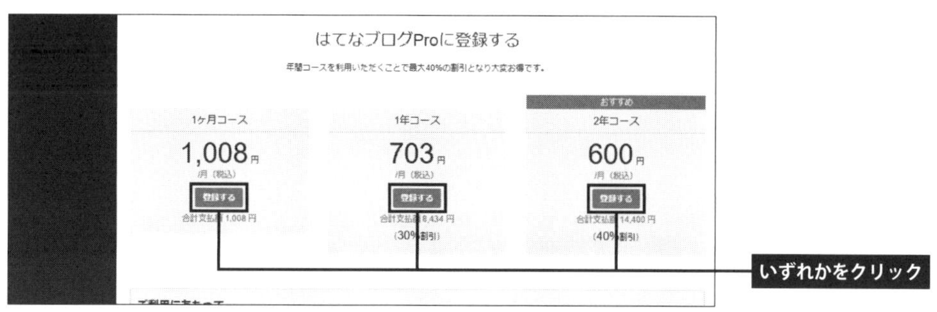

図36-2　プランの選択

「はてなブログPro」の利用料は**「はてなポイント」**で支払います。よって、最初に「はてなポイント」の購入を行います。**「はてなポイント購入」**のリンクをクリックします。

図36-3　「はてなポイント」の購入（1）

「はてなポイント」は1ポイント＝1円で、クレジットカード／コンビニ支払い／ちょコムといった決済手段を使って購入できます。そのほか、楽天銀行（オンライン送金）／銀行振込／郵便振替といった支払方法も用意されています。これらの中から支払方法を選択し、その右端にある**［ポイントを購入する］ボタン**をクリックします。

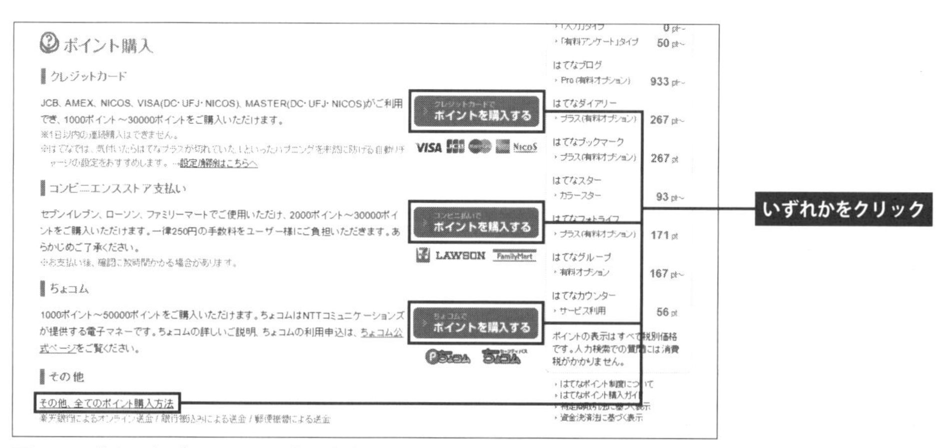

図36-4　「はてなポイント」の購入（2）

支払方法にクレジットカードを選択した場合は、以下の図のような入力画面が表示されます。購入金額やカード情報を入力し、「はてな」に会員登録したときのパスワードを入力します。

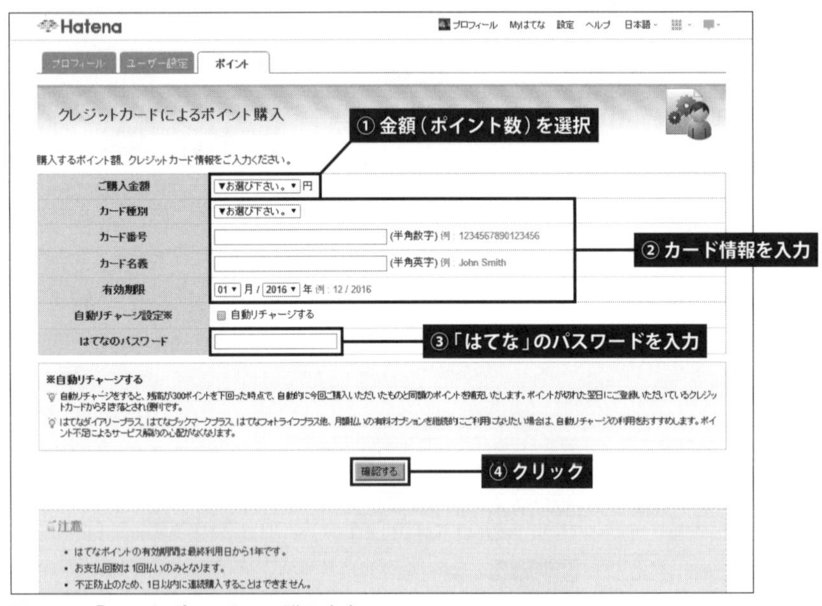

図36-5 「はてなポイント」の購入（3）

重要度 ★★★★☆

自動リチャージとは？

この画面にある「自動リチャージする」をチェックすると、「はてなポイント」の残高が300ポイントを下回ったときに、今回と同じ金額の「はてなポイント」が自動購入されるようになります。

入力した内容の確認画面が表示されるので、もう一度よく確認してから **[この内容で購入する] ボタン**をクリックします。30秒くらい待つと、図36-6のようにポイント購入の完了画面が表示されます。以上で、「はてなポイント」の購入作業は完了です。▦から「はてなブログ」のWebサイトへ移動します。

図36-6　「はてなポイント」の購入（4）

もう一度、**「自分のID名」**から**「Proにアップグレード」**のメニューを選択し、**プランの選択**を行います。すると、ポイントが加算された状態で図36-3と同じ画面が表示されます。**［確認する］ボタン**をクリックして作業を続行します。

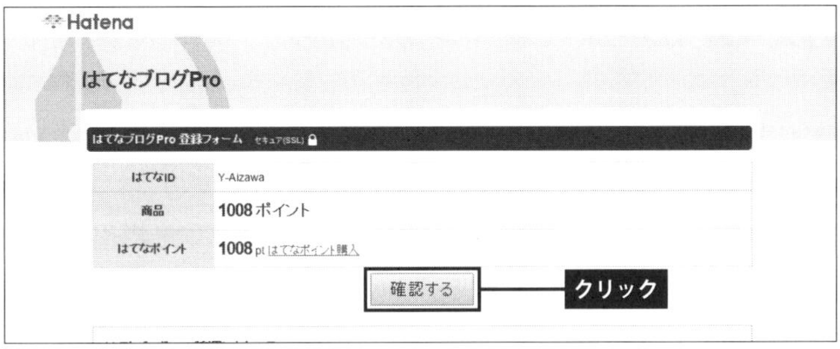

確認する　クリック

図36-7　Pro版へのアップグレード

続いて表示される画面がアップグレードの最終確認となります。もう一度、**「はてな」のパスワード**を入力し、**［購入する］ボタン**をクリックします。

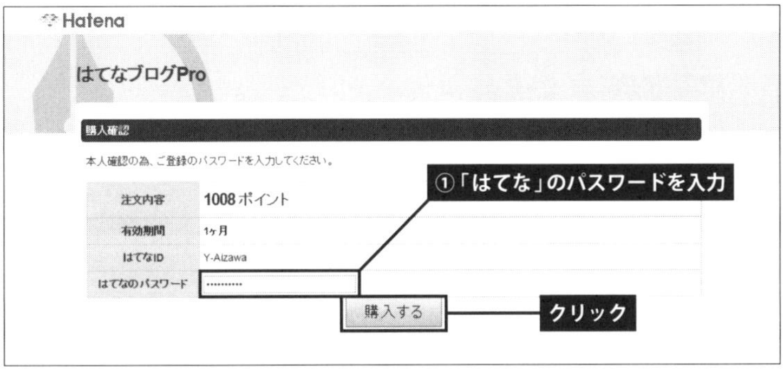

①「はてな」のパスワードを入力
購入する　クリック

図36-8　アップグレードの最終確認

以上で、「はてなブログPro」へのアップグレードは完了です。

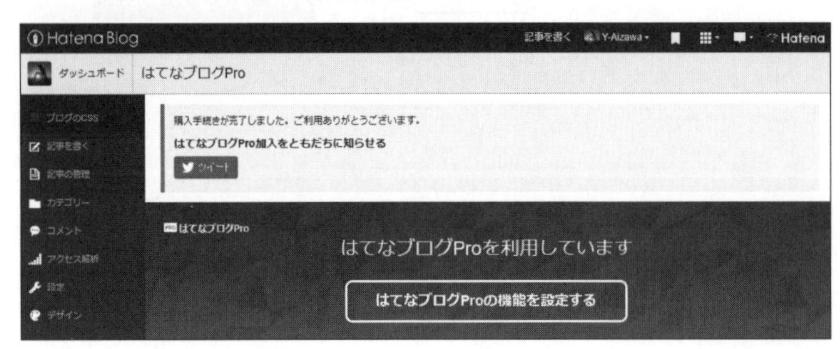

図36-9　アップグレード完了

37 Pro版ならではの機能

「はてなブログPro」にアップグレードしたら、さっそくPro版ならではの機能を活用してみましょう。続いては、Pro版を契約した方のみが行える設定変更などについて解説します。

キーワードリンクの解除

無料版の「はてなブログ」は、記事の本文に**キーワードリンク**と呼ばれるリンクが自動指定されます。

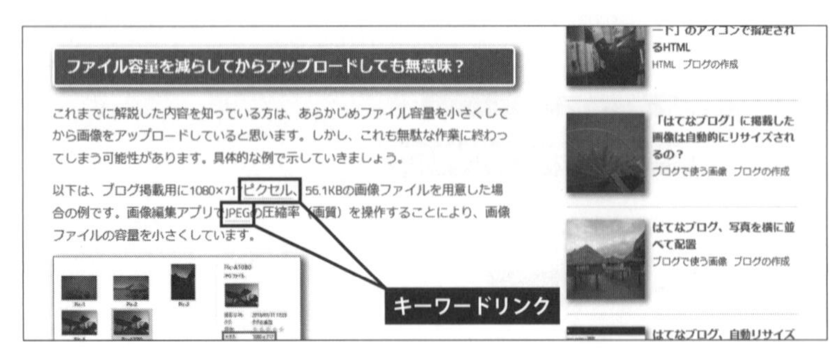

図37-1　キーワードリンクの例

これは**「はてなキーワード」**へ移動するためのリンクとなりますが、自分が意図していないリンクが勝手に生成されるのを嫌う方もいると思います。Pro版では、このキーワードリンクの生成を無効にすることが可能です。

キーワードリンクを無効にするときは、**「自分のID名」**から**「設定」**のメニューを選択し、**「詳細設定」**を選択します。続いて、**「記事にキーワードリンクを付与しない」**をチェックします。

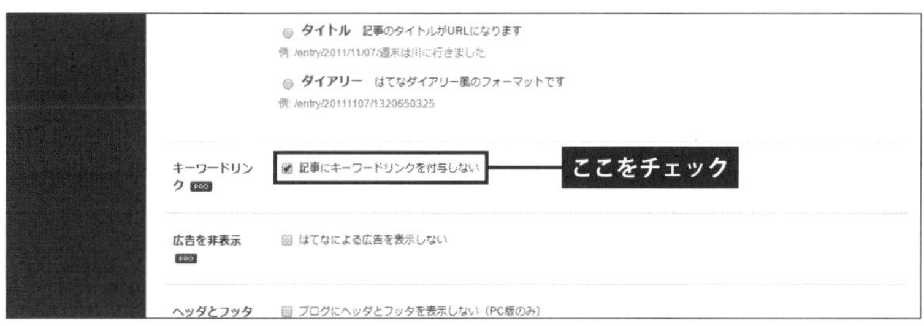

図37-2　キーワードリンクを無効にする設定

ただし、この設定変更を行っても「過去に執筆した記事」のキーワードリンクは解除されません。過去に執筆した記事からキーワードリンクを解除するには、その記事の編集画面を開き、**[記事を更新する] ボタン**をクリックして記事の更新を行う必要があります(※1)。念のため、覚えておいてください。

（※1）[記事を更新する] ボタンをクリックするには、何らかの修正を行わなければいけません。修正箇所が特にない場合は、本文に適当な文字を追加し、その文字を削除するなどの作業を行うと、[記事を更新する] ボタンをクリックできるようになります。

自動挿入される広告の非表示

無料版の「はてなブログ」は、各記事の最後に**広告**が自動挿入されます。この広告を非表示にする設定も**「詳細設定」**の画面で指定します。自動挿入される広告を削除するときは、**「はてなによる広告を表示しない」**をチェックします。

図37-3　自動挿入される広告の削除

はてなカウンターの参照

「はてなブログPro」にアップグレードすると、通常の「アクセス解析」に加えて**「はてなカウンター」**も利用できるようになります。「はてなカウンター」の解析データを参照するときは、「アクセス解析」の画面で**「はてなカウンターへ」**のリンクをクリックします。

「はてなカウンター」では、URL別のアクセス数、ブラウザ／ドメイン／リンク元の情報など、より詳しいアクセス情報を閲覧できます。

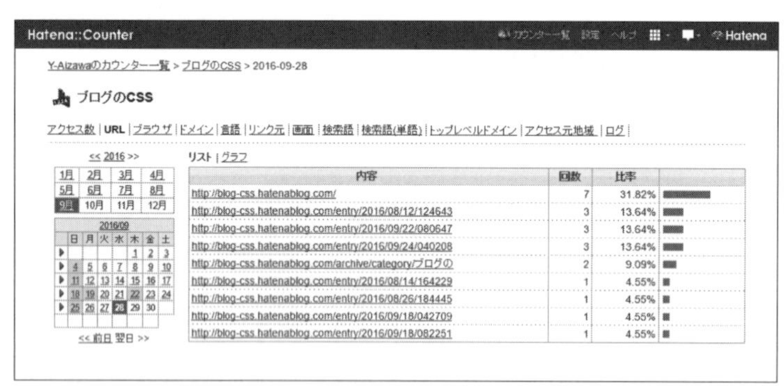

図37-4　はてなカウンター

ただし、「自分のアクセス」もカウントするように初期設定されていることに注意しなければいけません。「自分のアクセス」を除外するには、設定変更を行っておく必要があります。

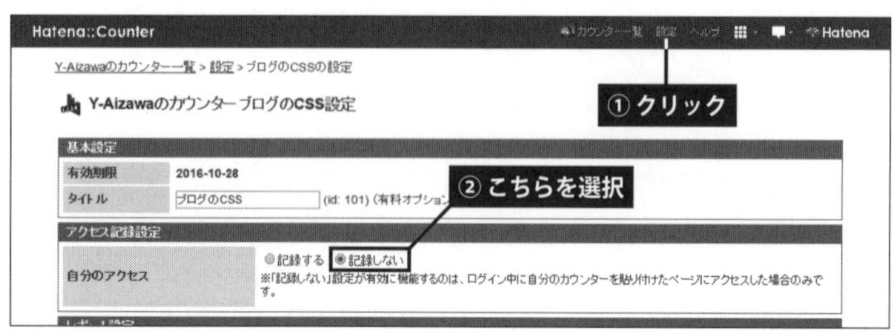

図37-5　「自分のアクセス」を除外する設定変更

その他、Pro版ならではの機能

そのほか、「はてなブログPro」では、以下に示した機能を利用することが可能となります。

■独自ドメイン

ブログのURLを**独自ドメイン**に変更できます。これについては、次節で詳しく解説します。

■複数ブログ

無料版の「はてなブログ」は、ブログを3個までしか開設できません。一方、「はてなブログPro」では、1つのIDで合計10個までブログを開設できます。新しいブログを開設するときは、**「ダッシュボード」**の画面を開き、**「新しいブログを作成」**のリンクをクリックします。

図37-6　新しいブログの開設

■写真のアップロード容量増加

「はてなブログPro」にアップグレードすると、**「はてなフォトライフ」**にアップロードできるファイル容量が300MB／月から3GB／月に増加します。

■ヘッダとフッタの非表示

ブログ画面の上下に表示されている**ヘッダ**と**フッタ**を削除することも可能です。独自ドメインと組み合わせて、完全にオリジナルなデザインに仕上げる場合に活用するとよいでしょう。ヘッダ・フッタの表示／非表示は、**「詳細設定」**の画面で指定します。

図37-7　ヘッダとフッタ

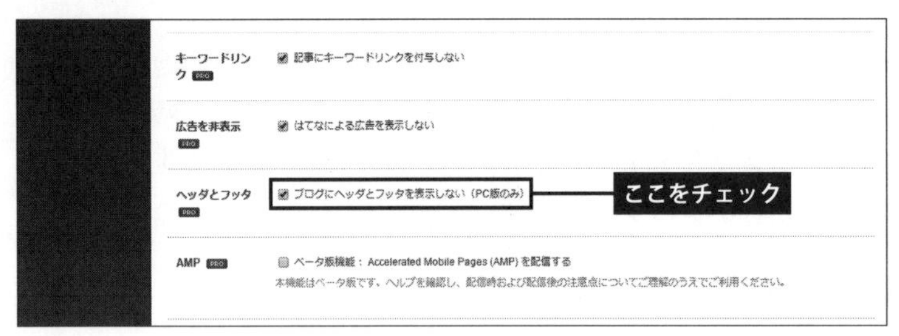

図37-8　ヘッダ・フッタを非表示にする設定変更

ただし、ヘッダを非表示にすると、「自分のID名」から各種メニューを呼び出せなくなることに注意してください。ヘッダを非表示にしたときは、**http://blog.hatena.ne.jp/** のURLにアクセスし、**「ダッシュボード」**の画面から各種操作を行わなければいけません。

■ブログメンバー

「はてなブログPro」にアップグレードすると、1つのブログを複数のユーザーで共同運営できるようになります。仲間と協力しながら、より規模の大きいブログ（情報サイト）を作成することも可能です。

38　独自ドメインの取得と設定

http://xxxxx.hatenablog.com/ などのURLではなく、**独自ドメイン**でブログを運営できるのも「はてなブログPro」の魅力です。続いては、独自ドメインを取得するときの操作手順を紹介します。

独自ドメインの取得

独自ドメインでブログを運営するには、最初に**ドメイン**を取得しておく必要があります。「はてなブログ」ではドメイン取得サービスが提供されていないため、ドメイン登録事業者（レジストラ）からドメインを取得しなければいけません。

ここでは**「お名前.com」**というサービスを使ってドメインを取得する方法を紹介します。まずは、「お名前.com」のWebサイト（http://www.onamae.com/）へアクセスします。続いて、**取得したいドメイン名**を入力し、**［検索］ボタン**をクリックします。このドメイン名は、.comや.netなど（**トップレベルドメイン**）を省いた形で入力するのが基本です。

図38-1　取得可能なドメイン名の検索

取得可能なトップレベルドメインが一覧表示されます。この中から**取得するトップレベルドメイン**だけをチェックし、**［料金確認へ進む］ボタン**をクリックします。

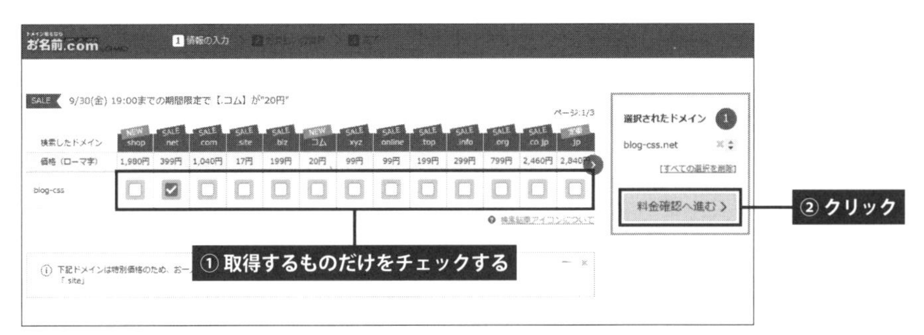

図38-2　トップレベルドメインの選択

重要度　★★★☆☆

ドメインの取得は早い者勝ち

希望するドメイン名がすでに取得されている場合もあります。この場合、そのドメインを取得することはできません。ドメインの取得は基本的に早い者勝ちです。希望するドメイン名がすでに使われていた場合は、別のドメイン名で再検索しなければいけません。

期間を選択し、**「Whois情報公開代行」**をチェックします。続いて、「お名前.com」への会員登録を同時に行います。**「初めてご利用の方」**を選択し、「お名前.com」に登録する**メールアドレス**と**パスワード**を入力してから**[次へ]ボタン**をクリックします。

図38-3　期間の選択とWhois情報公開代行の指定

重要度　★★★★★

Whois情報公開代行とは？

名前や住所、電話番号などの情報を「お名前.com」の情報に置き換えることにより、プライバシーを保護する機能です。このチェックを忘れると、次の画面で入力する個人情報がインターネットに公開されてしまいます。法人ではなく個人で登録する場合は、「Whois情報公開代行」をチェックするのを忘れないようにしてください。

「お名前.com」の会員登録に必要となる情報（名前、住所、電話番号など）を入力し、**[次へ進む] ボタン**をクリックします。

お名前.com
1 情報の入力
お名前ID:　でログイン中
✔ メールアドレスの登録が完了しました。
お名前ID:　が発行されました。
会員情報の入力
種別 必須　個人　法人
お名前 必須　相澤　裕介　Aizawa　Yusuke
国 必須　Japan
郵便番号 必須　169 - 0073　郵便番号から住所を入力
都道府県 必須　東京都
市区 必須　新宿区　Shinjuku-ku
町村 必須　百人町　Hyakunincho
番地 必須　0-0-0　0-0-0
建物名　セルリアンタワー 11F　Cerulean Tower 11F
電話番号 必須　03-1234-5678
メールアドレス 必須　@.ne.jp　@.ne.jp
次へ進む ＞
① 各項目を入力
② クリック

図38-4　会員情報の入力

支払方法を選択し、クレジットカード情報などを入力します。続いて、**[申込む] ボタン**をクリックすると、ドメインの取得が確定されます。このとき、入力内容の確認画面が表示されないことに注意してください。

① 支払方法を選択し、情報を入力
お名前.com
2 お支払いの選択
お名前ID:　でログイン中
お支払い方法を選択してください。
ドメイン登録は先着優先のため、入金確認が一番早いクレジットカード決済がおすすめです。お名前.comでは主要なクレジットカードがご利用いただけます。
クレジットカード
カード番号
カード名義人　TARO ONAMAE
有効期限　9 - 2016
セキュリティコード　000　セキュリティコードについて
・請求書及び領収書は発行しておりません。お名前.com会員様にお送りするご請求及び領収のメールをもって代えさせていただきます。
・「クレジットカード」でお申込みいただいた場合、更新忘れを防止する自動更新が設定されています。手動での更新をご希望の場合は、お申込み完了後にドメインNaviより設定変更が可能です。
コンビニ
銀行振込
利用規約
・お申込み画面とは別のタブで操作した場合、その内容が申込みに反映されることがあります。
・私は利用規約、並びにドメインに関する統一ドメイン名紛争処理方針に同意し、上記内容を申請します。
・ドメイン登録のキャンセル、文字列の変更、料金返金が行われないことに同意します。
申込む ＞
② クリック
お申込み内容
ドメイン
全1件
blog-css.net
.net 1年登録　399円（税込431円）
Whois情報公開代行　0円（税込0円）
合計(税込)　431円
ホームページ・メールをご利用になりますか？
ホームページ・メールのご利用にはレンタルサーバーのご契約が必要です。お忘れの場合は、以下のいずれかをお選びください。
レンタルサーバー　ドメインが1円に！　月額最大2ヶ月無料！

図38-5　支払い情報の入力

以下のような画面が表示されます。以上で、ドメインの取得作業は完了です。

図38-6　ドメイン取得の完了

少し待つと、「お名前.com」からメールアドレスの有効性を確認するメールが届きます。このメール内に記載されているURLへアクセスし、メールアドレスが正しいことを証明します。

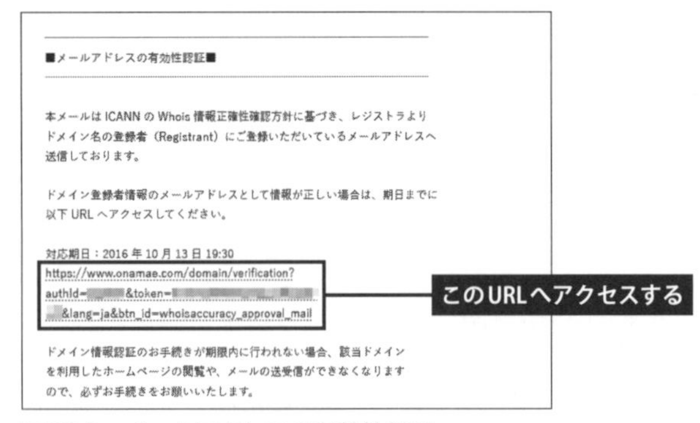

図38-7　メールアドレスの有効性認証

DNSレコード（CNAMEレコード）の設定

次は、「取得したドメイン」と「はてなブログ」を結びつける作業を行います。「お名前.com」のWebサイトを開き、画面右上にある**「ドメインnaviログイン」**をクリックします。続いて、「お名前.com」の**会員ID**と**パスワード**を入力し、ログインします。なお、ここで入力する会員IDは、ドメイン取得後に「お名前.com」から届くメールに記載されています

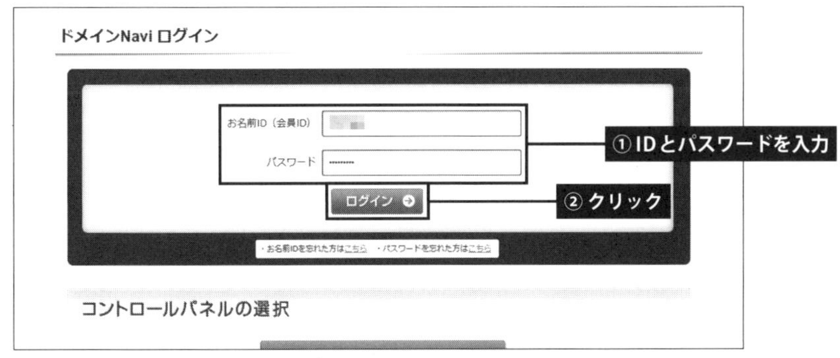

図38-8 「お名前.com」へのログイン

以下のような画面が表示されるので、「**ドメイン設定**」のメニューから「**DNS関連機能の設定**」を選択します。

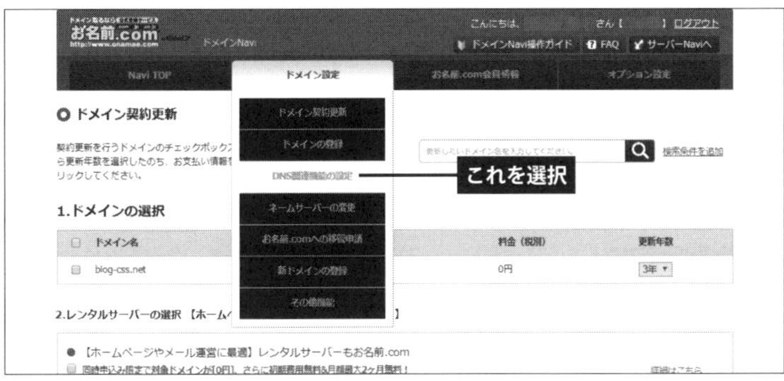

図38-9 DNS関連の設定画面へ移動

先ほど取得した**ドメインを選択**し、［**次へ進む**］**ボタン**をクリックします。

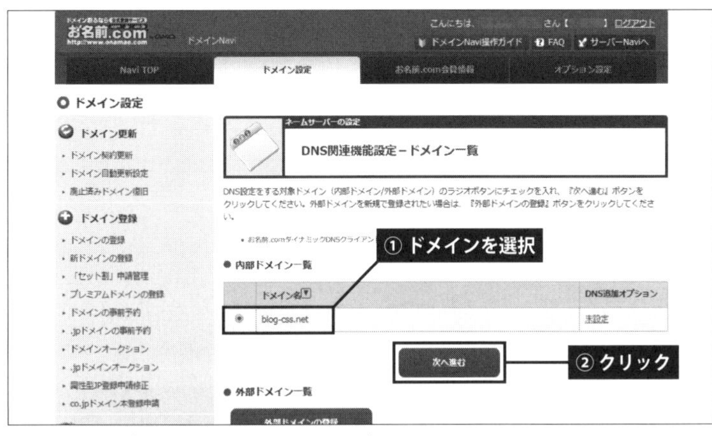

図38-10 設定を変更するドメインの選択

画面を下へスクロールさせると、「**DNSレコード設定を利用する**」という項目が見つかります。この項目にある**[設定する]ボタン**をクリックします。

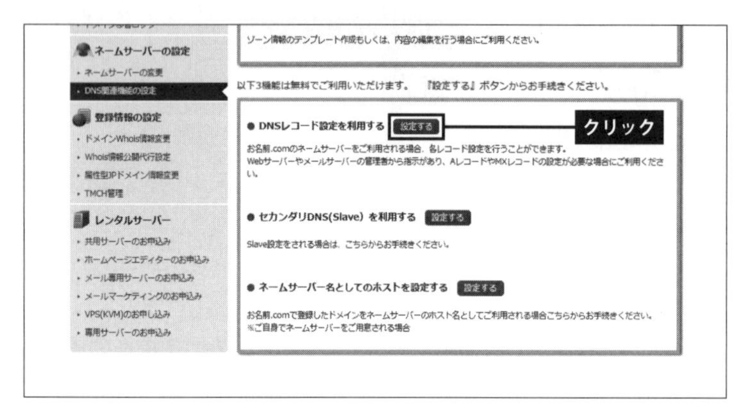

図38-11　DNSレコード設定の選択

DNSの設定画面が表示されるので、**[ブログ]タブ**を選択します。続いて、ホスト名に「www」や「blog」などの**サブドメイン**を入力し、TYPEに「**CNAME**」を選択します。VALUEには「**hatenablog.com**」と入力し、**[追加]ボタン**をクリックします。

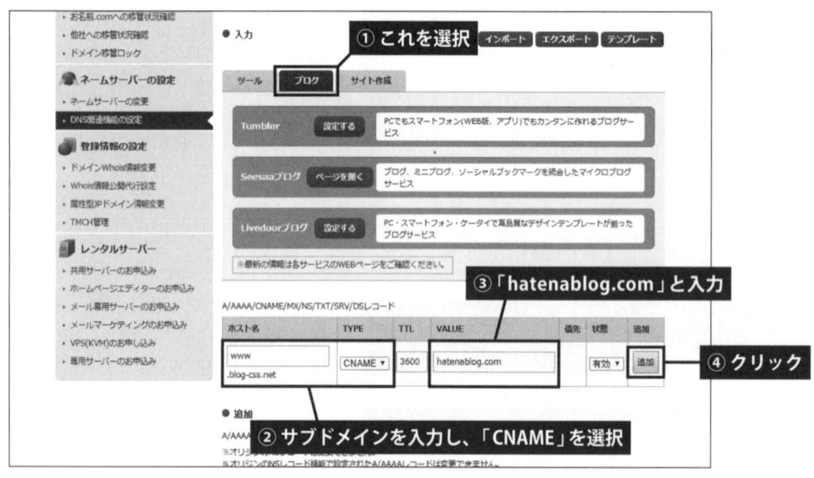

図38-12　DNSの設定変更

画面を一番下までスクロールし、**[確認画面へ進む]ボタン**をクリックします。

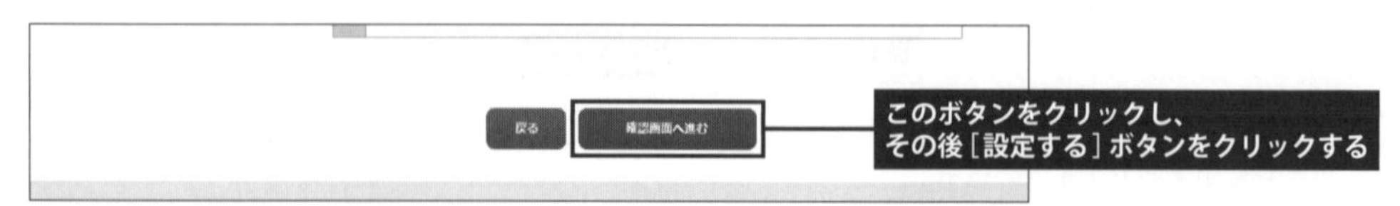

図38-13　DNSの設定変更の確定

続いて、DNSレコード設定状況が表示されるので、これを確認してから［**設定する**］**ボタン**をクリックします。以上で「お名前.com」での作業は完了です。ただし、この設定変更が反映されるまでに最大72時間くらいの時間を要する場合もあります。

しばらく待ってから、取得したドメイン（サブドメイン＋ドメイン名）にアクセスすると、以下のようなページが表示されます。この画面が表示されれば、設定変更は正しく完了しています。ちなみに、この状態は、「はてなブログ」にはアクセスできているが、「自分のブログ」にはアクセスできていない状態となります。

図38-14　設定変更の確認

「はてなブログ」に独自ドメインを登録

続いては、「はてなブログ」で独自ドメインの登録作業を行います。「**自分のID名**」から「**設定**」のメニューを選択し、「**詳細設定**」の画面を開きます。

図38-15　詳細設定の画面を開く

独自ドメインの項目に（**サブドメイン＋ドメイン名**）を入力します。その後、画面を一番下までスクロールし、［**変更する**］**ボタン**をクリックします。

図38-16　独自ドメインの登録

以上で設定変更は完了です。取得したドメイン（サブドメイン＋ドメイン名）にアクセスすると、自分のブログが表示されるのを確認できます。

図38-17　独自ドメインによるアクセスの確認

独自ドメインに移行した後に必要となる作業

独自ドメインに移行できたら、必要に応じて以下の作業も行っておく必要があります。リンク先が古いURLのままでも問題なくページを移動できますが（※1）、万全を期すのであれば、a要素のリンク先を新しいURL（独自ドメイン）に変更しておくのが基本です。そのほか、「Google Analytics」や「Search Console」など、外部ツールの設定も変更しておく必要があります。

（※1）独自ドメインのURLへ自動的にジャンプされます。

■自分で作成した内部リンクのリンク先の変更

ナビゲーションメニューや記事内に設置したリンクは、a要素のhref属性を「独自ドメインのURL」に変更しておくのが基本です。

■ Google Analytics、Search Consoleの設定変更

「Google Analytics」の設定を変更するときは、「管理」メニューから「プロパティ設定」を選択し、**デフォルトのURL**を独自ドメインに変更します。その後、ページの最下部にある[**保存**]**ボタン**をクリックします。

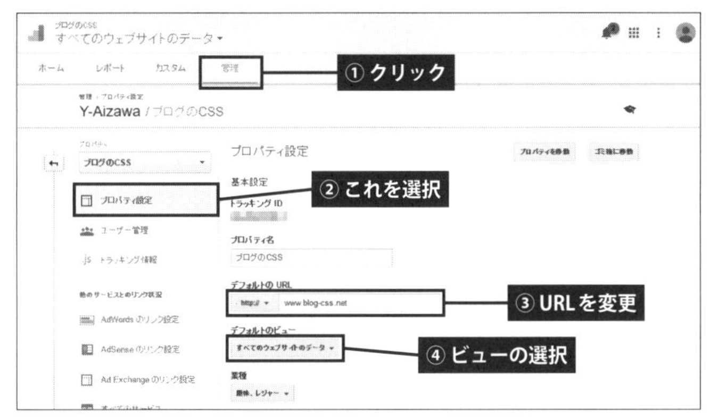

図38-18　「Google Analytics」の設定変更

「Search Console」の設定変更は、**アドレス変更ツール**を使って進めていきます。⚙から「**アドレス変更**」を選択し、画面の指示に従って作業を進めてください。

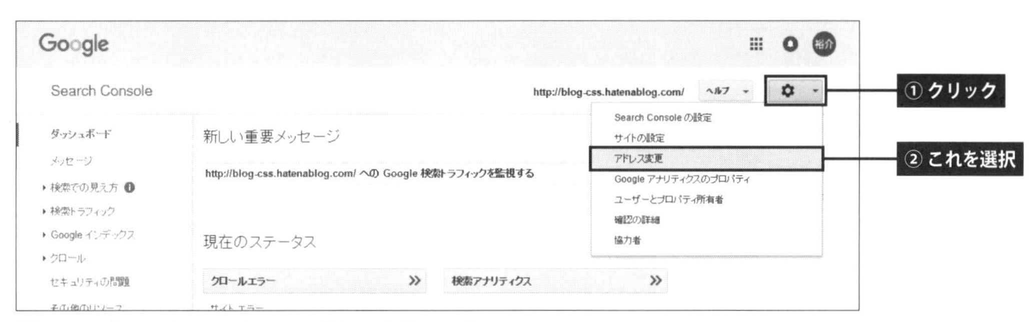

図38-19　「Search Console」のアドレス変更ツール

■「忍者画像RSS」などの外部ツールの設定変更

「忍者画像RSS」を使用している場合は、「**取得元サイトの設定**」で[**新規追加**]**ボタン**をクリックし、独自ドメインのURLを取得元に追加します。その後、古いURLの取得元を削除します。

39 スマホサイトのカスタマイズ

スマホサイトのカスタマイズが行えるのも「はてなブログPro」の利点です。続いては、スマホサイト用のHTMLやCSSを記述する方法について解説します。

Pro版だけが使用できるデザイン設定

「はてなブログPro」にアップグレードすると、**スマホサイト**のHTMLもカスタマイズできるようになります。スマホサイトのHTMLを記述するときは、**「デザイン」**のメニューを選択し、□のアイコンをクリックします。

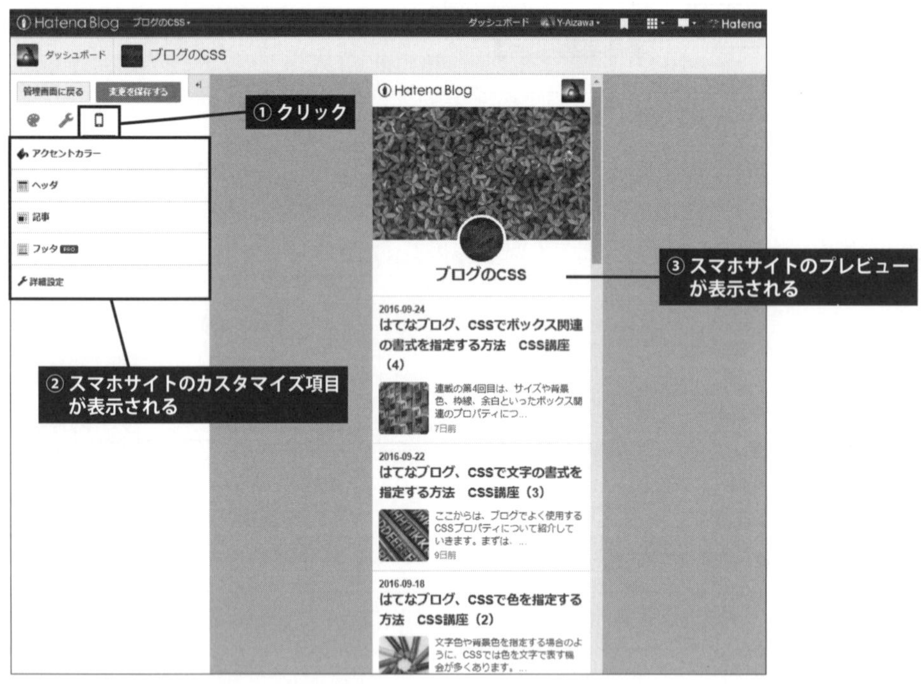

図39-1　スマホサイト用のデザイン設定

ここには、ヘッダやフッタ、記事の上下にHTMLを追加できる項目が用意されています。

■ヘッダ

自由にHTMLを記述できる項目として、**「タイトル下」**という項目が用意されています。ここに記述したHTMLは、タイトル（サイト名）のすぐ下に表示されます。

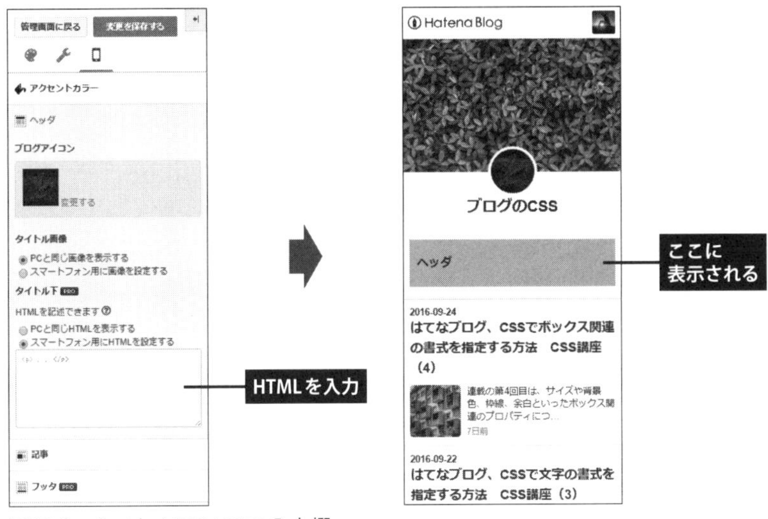

図39-2　タイトル下のHTML入力欄

■記事

各記事の上下に表示する内容は、**「記事上」**または**「記事下」**にHTMLを入力します。このとき、**[記事ページをプレビュー]ボタン**をクリックすると、プレビュー画面を「各記事のページ」に切り替えることができます。

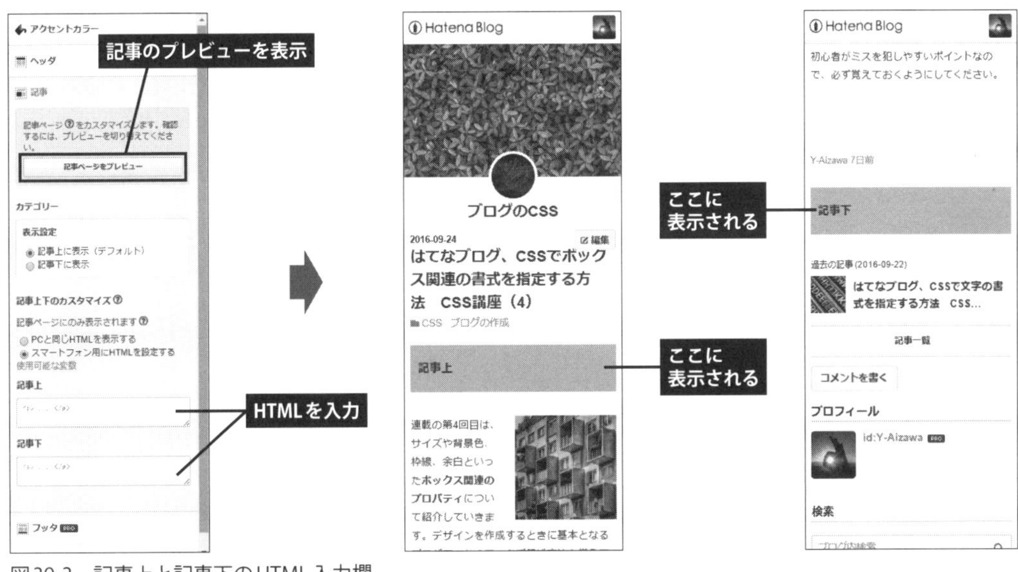

図39-3　記事上と記事下のHTML入力欄

■フッタ

フッタの項目では、**「ページャ下」**と**「フッタ」**にHTMLを追加することができます。

図39-4　ページャ下とフッタのHTML入力欄

CSSを指定するには？

続いては、スマホサイトのCSSをカスタマイズする方法を紹介します。「デザイン」メニューの□をクリックしても、外部CSSを記述する項目は見当たりません。そこで、**「ヘッダ」→「タイトル下」**にHTMLとしてCSSを記述することで、スマホサイトのデザインをカスタマイズします。

HTMLとしてCSSを記述するときは、その範囲を**<style> ～ </style>**で囲む必要があります。それ以外の記述方法は、普通に外部CSSを記述する場合と同じです。たとえば、「大見出し」のデザインをCSSでカスタマイズするときは、**.entry-content h3{……}**のセレクタでCSSを記述します。

図39-5　CSSをHTMLとして記述

```
<style>
.entry-content h3 {
  font-size: 16px;
  color: #ffffff;
  line-height: 1.8;
  background: #666666;
  border-radius: 5px;
  padding: 4px 10px;
  margin-bottom: 10px;
}
</style>
```

ただし、この際に表示されるプレビューは「ブログのトップページ」となるため、CSSを適用した様子を画面上で確認できません。この場合は、**「記事」**の項目を開き、**[記事ページをプレビュー]ボタン**をクリックすると、プレビューを記事ページに切り替えられます。

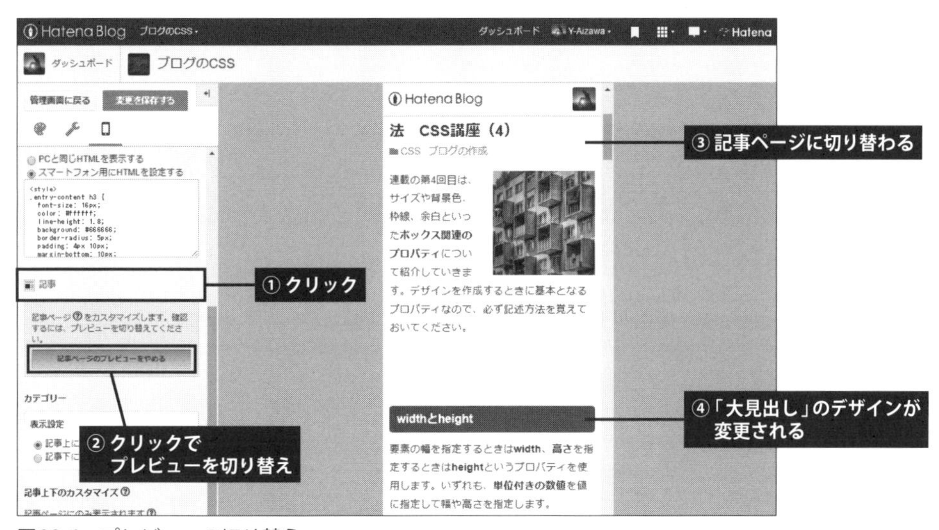

図39-6　プレビューの切り替え

もちろん、`<style>`～`</style>`の中には、いくつでも**セレクタ{……}**を記述できます。「中見出し」のデザインを指定するCSS、画像の表示方法を指定するCSSなど、必要なだけCSSを記述しておくとよいでしょう。セレクタの基本的な記述方法は、PCサイトをカスタマイズする場合と同じです。

なお、スマートフォンは、PCよりも画面と顔の距離が近くなるため、PCサイトより小さめの文字サイズを指定すると見やすいデザインに仕上げられます。

重要度 ★★★☆☆

無料版の「はてなブログ」でスマホサイトのCSSを指定

<style> ～ </style>を使ってHTML内にCSSを記述する手法を応用し、無料版の「はてなブログ」でスマホサイトのCSSを指定することも可能です。この場合は[🔧]（PCサイト）の「記事上」に<style> ～ </style>でCSSを記述し、[📱]（スマホサイト）の「記事」の項目で「PCと同じHTMLを表示する」をチェックします。

すると、PCサイトの「記事上」がスマホサイトにも適用され、スマホサイトのCSSをある程度はカスタマイズできるようになります。ただし、PCサイトとスマホサイトに同じCSSを指定することになるため、Pro版ほどの自由度はありません。

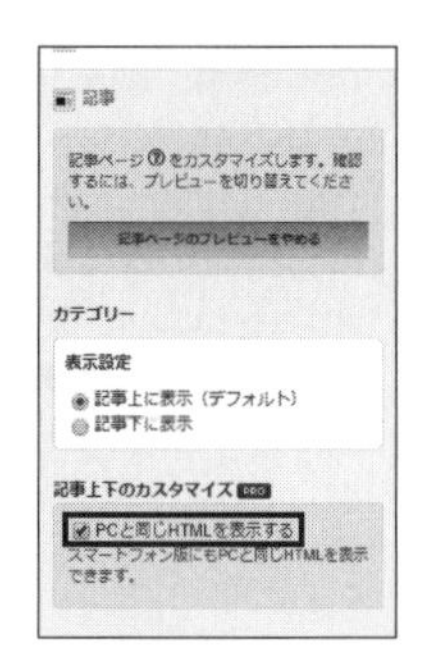

SNSシェアボタンのカスタマイズ

最後に、スマホサイトにオリジナルデザインの**SNSシェアボタン**を設置する方法を紹介しておきます。マホサイトのカスタマイズ例として参考にしてください。

まずは、SNSシェアボタンのHTMLを**「記事」→「記事下」**に入力します。このHTMLの考え方やリンク先は、PCサイトのSNSシェアボタンと基本的に同じです（詳しくはP186～189参照）。スマートフォンの場合は、サイズを指定して新しいウィンドウを開く必要がないため、全てのリンク先をtarget="_blank"で開きます。また、スマートフォンは画面が小さいので、各ボタン内にSNSのアイコンだけを表示するようにします。

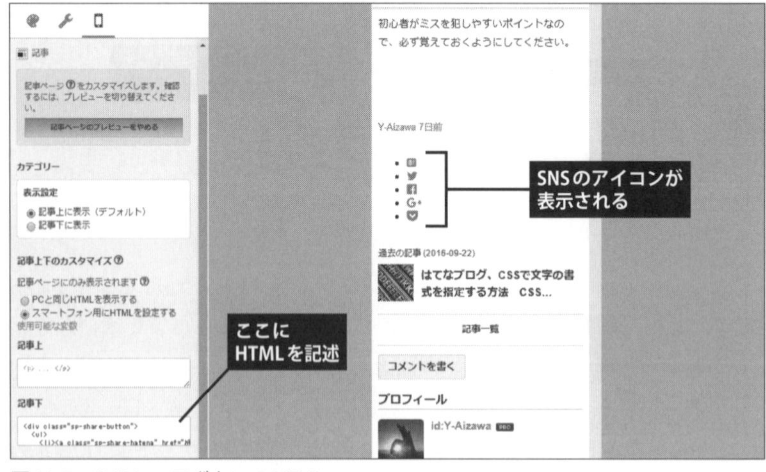

図39-7　SNSシェアボタンのHTML

HTML

```
<div class="sp-share-button">
  <ul>
    <li><a class="sp-share-hatena" href="http://b.hatena.ne.jp/entry/{URLEncodedPermalink}" data-hate
        na-bookmark-title="{Title}" data-hatena-bookmark-layout="simple" target="_blank"><i class="bl
        ogicon-bookmark"></i></a></li>
    <li><a class="sp-share-twitter" href="https://twitter.com/intent/tweet?url={URLEncodedPermalink}&
        text={Title}" target="_blank"><i class="fa fa-twitter"></i></a></li>
    <li><a class="sp-share-facebook" href="http://www.facebook.com/sharer.php?u={URLEncodedPermalink}"
        target="_blank"><i class="fa fa-facebook-official"></i></a></li>
    <li><a class="sp-share-google" href="https://plus.google.com/share?url={URLEncodedPermalink}" tar
        get="_blank"><i class="fa fa-google-plus"></i></a></li>
    <li><a class="sp-share-pocket" href="http://getpocket.com/edit?url={URLEncodedPermalink}&title={T
        itle}" target="_blank"><i class="fa fa-get-pocket"></i></a></li>
  </ul>
</div>
```

続いて、各要素のCSSを指定します。この記述は、**「ヘッダ」→「タイトル下」**にHTMLとして記述します。よって、CSSを**<style> ～ </style>**の中に記述する必要があります。すでに<style> ～ </style>が記述されている場合は、その中にCSSだけを記述するようにしてください。

HTML

```
<style>
   ⋮
.sp-share-button ul {
  list-style-type: none;
  height: 40px;
  padding:0;
}
.sp-share-button li {
  float: left;
  width: 20%;
}
.sp-share-button a {
  display: block;
  height: 40px;
  line-height: 40px;
  border-radius: 5px;
  text-align: center;
  font-size: 18px;
```

```
  color: #ffffff;
  text-decoration: none;
  margin-left: 2px;
  margin-right: 2px;
}
.sp-share-hatena   {background: #00a4de;}
.sp-share-twitter  {background: #55acee;}
.sp-share-facebook {background: #3b5998;}
.sp-share-google   {background: #db4437;}
.sp-share-pocket   {background: #ee4056;}
</style>
```

すると、各記事の最後に図39-8のようなSNSシェアボタンを表示できます。

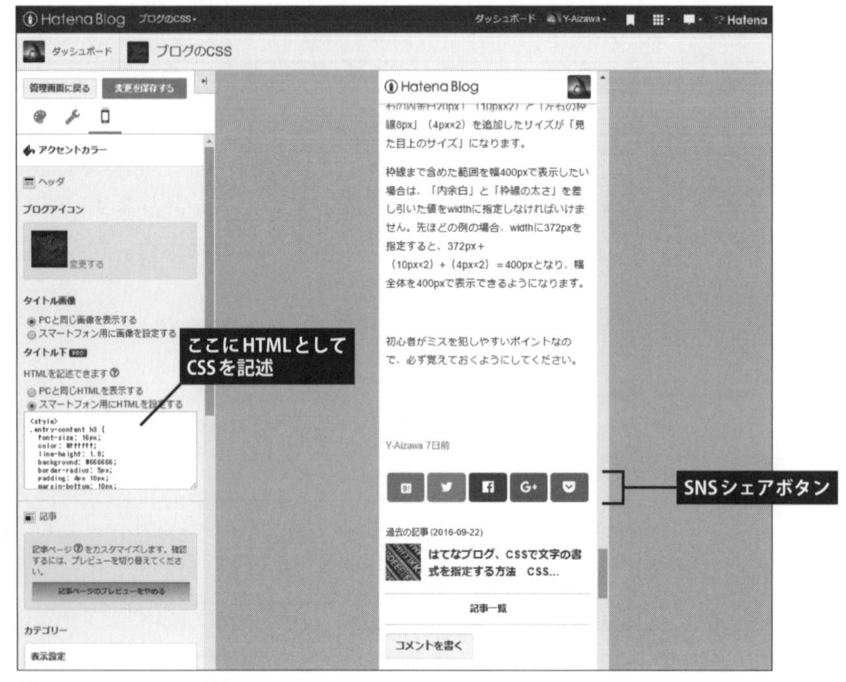

図39-8　SNSシェアボタンのCSS

ブログのカスタマイズでよく使用するCSS

最後に付録として、ブログのカスタマイズでよく使用するCSS（プロパティ）を紹介しておきます。CSSの記述方法が分からなくなったときに、簡易的なリファレンスとして活用してください。

A1 文字の書式指定

まずは、文字の書式指定に使用するプロパティを紹介します。

color

文字色を指定するときは**color**プロパティを使用し、その値に色を指定します。たとえば、文字色に「赤色」を指定するときは、以下のようにCSSを記述します。

```
color: #ff0000;
```

もちろん、「color: red;」のようにカラーネームを使って文字色を指定しても構いません。

font-size

文字サイズを指定するときは**font-size**プロパティを使用します。この値には**単位付きの数値**を指定するのが基本です。たとえば、文字サイズを20pxに変更するときは、以下のようにCSSを記述します。

```
font-size: 20px;
```

そのほか、pt（ポイント）やcm（センチ）、mm（ミリ）といった単位で文字サイズを指定することも可能です。

また、相対的な単位で文字サイズを指定する方法も用意されています。この場合は、**%**（パーセント）や**em**（エム）といった単位を使用します。たとえば、「font-size: 120%;」と指定すると、「親要素の文字サイズ」の1.2倍の大きさで文字を表示できます。さらに、ルートとなるhtml要素の文字サイズを基準に、相対的に文字サイズを指定できる**rem**という単位もあります。

font-family

文字の**書体**（フォント）を指定するときは**font-family**プロパティを使用し、「書体の種類」として以下のいずれかの値を指定します。

値	指定されるフォント
serif	明朝系のフォント
sans-serif	ゴシック系のフォント
monospace	等幅フォント
cursive	草書体系のフォント
fantasy	装飾的なフォント

ただし、cursiveやfantasyの書体は、日本語（全角文字）には適用されず、英数字（半角文字）のみ書体が変化するのが一般的です。

フォント名を個別に指定することも可能ですが、閲覧者の環境に応じて利用可能なフォントが異なることに注意しなければいけません。このため、各OS（Mac OS／Windowsなど）用にフォント名を列記しなければいけません。さらに、利用可能なフォントがない方に向けて、最後に「書体の種類」（sans-serifなど）を指定しておく必要があります。

なお、フォント名に「半角スペース」や「全角文字」が含まれる場合は、フォント名を**引用符**で囲って記述しなければいけません。

```
font-family: Arial, "ヒラギノ角ゴ Pro W3", "Hiragino Kaku Gothic Pro", "メイリオ", Meiryo, sans-serif;
```

font-weight

文字の太さを指定するときは**font-weight**プロパティを使用し、値にnormalまたはboldを指定します。たとえば、文字を太字にするときは、以下のようにCSSを記述します。

```
font-weight: bold;
```

そのほか、100、200、300、…、900といった9段階の数値で太さを指定する方法も用意されていますが、太さが9種類もあるフォントは滅多に存在しないため、あまり実用的な指定方法とはなりません。

text-decoration

下線などの文字装飾を指定するときは**text-decoration**プロパティを使用し、以下に示した値を指定します。

値	装飾内容
none	装飾なし
underline	下線を描画
overline	上線を描画
line-through	打消線を描画
blink	文字の点滅

たとえば、文字に打消線を描画するときは、以下のようにCSSを記述します。

```
text-decoration: line-through;
```

また、**リンク文字の下線**を消去する場合にもtext-decorationプロパティを使用します。この場合は、「text-decoration: none;」と記述して文字装飾を「なし」に変更します。

text-align

文字を揃える位置（**行揃え**）を指定するときは**text-align**プロパティを使用し、以下に示した値を指定します。

値	行揃え
left	左揃え
center	中央揃え
right	右揃え
justify	両端揃え

たとえば、文字を「中央揃え」で配置するときは、以下のようにCSSを記述します。

```
text-align: center;
```

なお、日本語（全角文字）を含む文章は、justifyを指定しても「両端揃え」にならない場合があることに注意してください。日本語の「両端揃え」は、Webブラウザによって対応が異なります。

line-height

行間を指定するときは**line-height**プロパティを使用し、行と行の間隔を**数値**で指定します。単純に数値だけを指定した場合は、「文字サイズ」を基準に行間が確保されます。たとえば、文字サイズが15pxの場合に、

```
font-size: 15px;
line-height: 1.8;
```

と指定すると、15px×1.8＝27pxの行間が確保されます。同様に「line-height:　2.0;」と指定すると、15px×2.0＝30pxの行間が確保されます。

そのほか、「line-height:　25px;」のように**単位付きの数値**を値に指定することも可能です。この場合は、25pxの行間が確保されます。

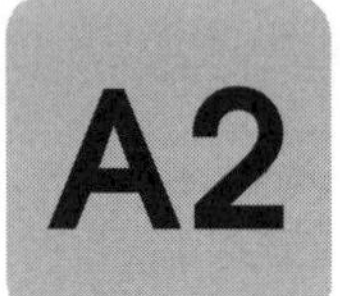

A2 サイズ、背景色、枠線、余白の書式指定

続いては、サイズや背景色、枠線、余白といったボックス関連のプロパティについて紹介していきます。デザインを作成するときに基本となるプロパティなので、必ず記述方法を覚えておいてください。

widthとheight

要素の**幅**を指定するときは**width**、**高さ**を指定するときは**height**というプロパティを使用します。いずれも、値に**単位付きの数値**を記述して幅や高さを指定します。たとえば、幅を400px、高さを150pxに指定するときは、以下のようにCSSを記述します。

```
width: 400px;
height: 150px;
```

ただし、widthやheightを指定しただけでは、要素のサイズを明確に確認できません。サイズを分かりやすく示すには、背景色（background）や枠線（border）の指定を行う必要があります。

widthやheightの値を**%**（パーセント）で指定することも可能です。この場合は、親要素のサイズを100%として幅や高さが決定されます。ただし、高さ（height）を%で指定するには、「親要素の高さ」が明確に指定されている必要があります。

ちなみに、幅（width）の初期値には100%が指定されているため、widthの指定を省略すると「親要素と同じ幅」で要素が表示されます。高さ（height）の指定を省略した場合は、要素の内容に応じて自動的に高さが決定されます。

background

要素の**背景**を指定するときは、**background**プロパティを使用します。この値に色を指定すると、要素の背景を指定した色で塗りつぶすことができます。たとえば、背景を「薄い赤色」で塗りつぶすときは、以下のようにCSSを記述します。

```
width: 400px;
height: 150px;
background: #ff9999;
```

なお、厳密には、背景色を指定するプロパティは**background-color**で、backgroundは「要素の背景」の書式を統合的に指定するプロパティとなります。

border

要素の周囲に**枠線**を描画するときは、**border**プロパティを使用し、その値に**枠線の種類**、**太さ**、**色**を半角スペースで区切って列記します。「枠線の種類」は以下に示したキーワードで指定します。

キーワード	枠線の種類
none	枠線なし（太さ0と同じ）
solid	実線
double	二重線
dashed	破線
dotted	点線
groove	立体的な枠線（枠線が凹型に見える）
ridge	立体的な枠線（枠線が凸型に見える）
inset	立体的な枠線（要素全体が凹型に見える）
outset	立体的な枠線（要素全体が凸型に見える）

たとえば、「実線、4px、黒色」の枠線を描画するときは、以下のようにCSSを記述します。

```
width: 400px;
height: 150px;
background: #ff9999;
border: solid 4px #000000;
```

また、上下左右の枠線を個別に指定することも可能です。この場合は、以下のプロパティを使って枠線の書式を指定します。値の指定方法は、borderプロパティと同じです。

border-top ……………… 上の枠線の書式を指定
border-right ………… 右の枠線の書式を指定
border-bottom ……… 下の枠線の書式を指定
border-left …………… 左の枠線の書式を指定

padding

枠線との間隔（**内余白**）を指定するときは**padding**プロパティを使用し、値に**単位付きの数値**を指定します。たとえば、枠線との間隔を10pxに指定するときは、以下のようにCSSを記述します。

```
width: 400px;
height: 150px;
background: #ff9999;
border: solid 4px #000000;
padding: 10px;
```

なお、backgroundにより指定した背景色は、「枠線までの範囲」が塗りつぶしの対象となります。このため、枠線の描画がなくても、文字の周囲に余白を設けるためにpaddingプロパティを指定する場合があります。

```
width: 400px;
height: 150px;
border: solid 4px #000000;
padding: 10px;
```

paddingプロパティに**複数の値**を半角スペースで区切って指定することも可能です。この場合は、値の数に応じて以下のように内余白が指定されます。

値が1つ …………… 上下左右の内余白を指定
値が2つ …………… 上下、左右の内余白を順番に指定
値が3つ …………… 上、左右、下の内余白を順番に指定
値が4つ …………… 上、右、下、左の内余白を順番に指定（時計回り）

そのほか、上下左右の内余白を個別に指定できるプロパティも用意されています。

padding-top ……………… 上の内余白を指定
padding-right ……………… 右の内余白を指定
padding-bottom ……………… 下の内余白を指定
padding-left ……………… 左の内余白を指定

margin

上下左右にある要素との間隔（**外余白**）を指定するときは、**margin**プロパティを使用し、値に**単位付きの数値**を指定します。たとえば、上下左右にある要素との間隔を30pxに指定するときは、以下のようにCSSを記述します。

```
width: 400px;
height: 150px;
border: solid 4px #000000;
padding: 10px;
margin: 30px;
```

このとき、上下の外余白は相殺されることに注意してください。たとえば、「上に配置されている要素」に50pxの外余白が指定されており、「自身の要素」に30pxの外余白を指定した場合、両者の間隔は50px＋30px＝80pxになるのではなく、間隔50pxになります。上下の外余白は、**サイズが大きい方**だけが採用される仕組みになっています。

paddingプロパティと同様に、**複数の値**を半角スペースで区切って指定することも可能です。

値が1つ ………… 上下左右の外余白を指定
値が2つ ………… 上下、左右の外余白を順番に指定
値が3つ ………… 上、左右、下の外余白を順番に指定
値が4つ ………… 上、右、下、左の外余白を順番に指定（時計回り）

そのほか、上下左右の外余白を個別に指定できるプロパティも用意されています。

margin-top ……………… 上の外余白を指定
margin-right ……………… 右の外余白を指定
margin-bottom ……………… 下の外余白を指定
margin-left ……………… 左の外余白を指定

ボックスの書式指定

ボックス関連の書式を指定するときは、**width**と**height**で指定したサイズの外側に、**内余白（padding）と枠線（border）が追加される**ことに注意しなければいけません。これを図で示すと、以下のようになります。

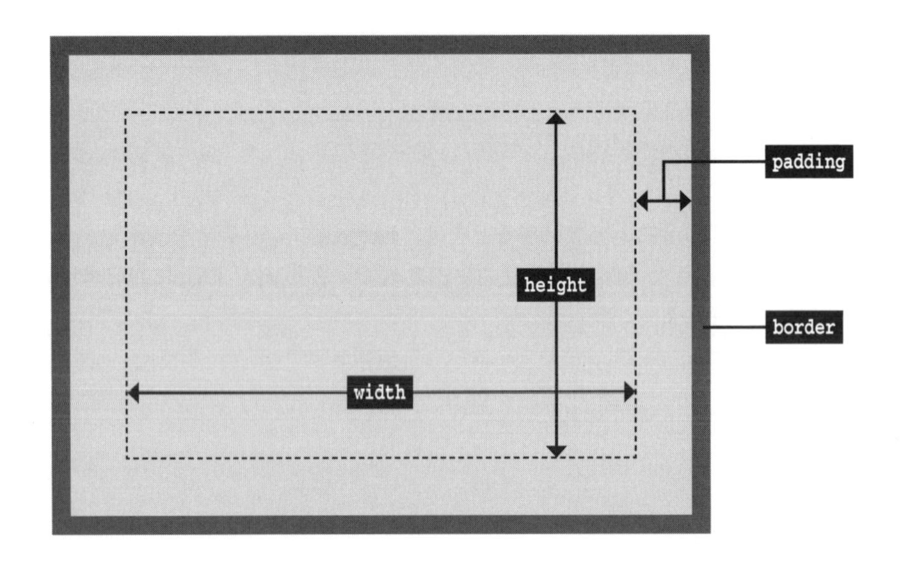

たとえば、幅（width）に400pxを指定し、10pxの内余白（padding）と4pxの枠線（border）を指定すると、実際の表示幅は428pxになります。つまり、幅400pxに「左右の内余白20px」（10px×2）と「左右の枠線8px」（4px×2）を追加したサイズが「見た目上のサイズ」になります。

枠線まで含めた範囲を幅400pxで表示したい場合は、「内余白」と「枠線の太さ」を差し引いた値をwidthに指定しなければいけません。先ほどの例の場合、widthに372pxを指定すると、372px＋（10px×2）＋（4px×2）＝400pxとなり、幅全体を400pxで表示できるようになります。初心者がミスを犯しやすいポイントなので、必ず覚えておくようにしてください。

A3 角丸、影、半透明の書式指定

続いては、要素の四隅を角丸にしたり、影を付けたりするプロパティを紹介します。これらのプロパティは、デザインを作成する場合などに活用できると思います。

border-radius

要素の四隅を**角丸**にするときは**border-radius**プロパティを使用し、値に**単位付きの数値**を指定します。すると、背景色や枠線の四隅が「指定した半径の円弧」で描画されます。たとえば、四隅を半径5pxの角丸にするときは、以下のようにCSSを記述します。

```
background: #ff9999;
border: solid 4px #000000;
padding: 10px;
border-radius: 5px;
```

複数の値を半角スペースで区切って指定し、四隅の角丸を個別に指定することも可能です。この場合は、値の数に応じて以下のように角丸が指定されます。

値が1つ ………… 四隅の角丸を指定
値が2つ ………… 左上と右下、右上と左下の角丸を順番に指定
値が3つ ………… 左上、右上と左下、右下の角丸を順番に指定
値が4つ ………… 左上、右上、右下、左下の角丸を順番に指定（時計回り）

そのほか、四隅の角丸を個別に指定できるプロパティも用意されています。

border-top-left-radius ……………… 左上の角丸を指定
border-top-right-radius …………… 右上の角丸を指定
border-bottom-right-radius ……… 右下の角丸を指定
border-bottom-left-radius ………… 左下の角丸を指定

box-shadow

要素に**影**を付けて表示するときは**box-shadow**プロパティを使用し、4つの値を半角スペースで区切って列記します。

1番目の値 …………… 影を右方向へずらす量
2番目の値 …………… 影を下方向へずらす量
3番目の値 …………… 影をぼかす量（省略可）
4番目の値 …………… 影の色（省略可）

たとえば、暗めの灰色（#666666）の影を10pxぼかし、右方向に4px、下方向に4pxずらして表示するときは、以下のようにCSSを記述します。

```
background: #ff9999;
border: solid 4px #000000;
padding: 10px;
border-radius: 5px;
box-shadow: 4px 4px 10px #666666;
```

また、値に**inset**のキーワードを追加し、要素の内側に影を描画することも可能です。

```
box-shadow: 4px 4px 10px #666666 inset;
```

opacity

要素を**半透明**で表示するときは**opacity**プロパティを使用し、値に**0～1の数値**を指定します。0を指定した場合は「透明」、1を指定した場合は「不透明」で要素が表示されます。0.2や0.5のように小数点以下を含む数値をしていすると、「要素を半透明」で表示できます。

```
background: #ff9999;
border: solid 4px #000000;
padding: 10px;
opacity: 0.5;
```

たとえば、0.2を指定すると「うっすらと見える半透明」、0.5を指定すると「透明度50%の半透明」、0.8を指定すると「少しだけ透けて見える半透明」で要素を表示できます。

A4 回り込みの書式指定

要素の左右に文字などを回り込ませて配置するときは、floatプロパティを指定します。また、指定した回り込みを解除するときは、clearプロパティを指定します。

float

floatプロパティは要素を浮遊状態にし、「以降の要素」を左側または右側に回り込ませて配置する書式指定です。要素をどちら側に寄せて配置するかは、以下のキーワードで指定します。

値	配置方法
left	左寄せ
right	右寄せ
none	回り込みなし

たとえば、画像などの要素を「右寄せ」で配置し、左側に文字などを回り込ませるときは、以下のようにCSSを記述します。回り込ませる要素との間隔はmargin（またはpadding）で指定します。

```
float: right;
margin-left: 15px;
```

clear

「floatを指定した要素」より後にある要素を**回り込ませずに配置**するときは**clear**プロパティを使用し、値に**both**を指定します。このとき、値にleftまたはrightを指定し、左右どちらか一方の回り込みだけを解除することも可能です。

値	回り込みを解除する方向
left	左側の回り込みを解除
right	右側の回り込みを解除
both	左右両方の回り込みを解除
none	回り込みを解除しない

たとえば、「float:right;を指定したimg要素」（画像）より後に登場する「p要素」（段落）の回り込みを解除するときは、そのp要素に「clear:both;」のCSSを指定します。

```
clear: both;
```

重要度　★★★☆☆

floatを使用するときの注意点

floatプロパティを使って回り込みを指定すると、レイアウトに不具合が生じる場合もあります。この場合は、親要素の高さ（height）を指定するか、もしくはclearfixという手法を使うと、不具合を解消できます。ただし、clearfixは少し上級者向けのテクニックとなるため、ここでは詳しい説明を割愛します。気になる方は、「clearfix」のキーワードでWeb検索してみるとよいでしょう。記述方法や理論を解説しているページを見つけられると思います。

リストの書式指定

ul要素と**li要素**を使って**リスト**として要素を配置する場合もあります。続いては、リストの書式を指定するCSSプロパティを紹介します。

list-style-type

各項目の左端に表示される**マーカーの種類**を変更するときは、ul要素(またはli要素)に**list-style-type**プロパティを指定します。値に記述したキーワードに応じて、マーカーの種類が以下のように変化します。

値	マーカーの種類
none	マーカーの表示なし
disc	マーカーを●で表示(初期値)
circle	マーカーを○で表示
square	マーカーを■で表示
decimal	数字の連番を表示(1、2、3、…)
decimal-leading-zero	0を付けた数字の連番を表示(01、02、03、…)
lower-roman	小文字のローマ数字を表示(i、ii、iii、iv、v、…)
upper-roman	大文字のローマ数字を表示(I、II、III、IV、V、…)
lower-alpha	小文字のアルファベットを表示(a、b、c、…)
lower-latin	
upper-alpha	大文字のアルファベットを表示(A、B、C、…)
upper-latin	
lower-greek	小文字のギリシア文字を表示(α、β、γ、…)

メニューやボタンなどをリストとして配置するときは、list-style-typeにnoneを指定し、マーカーを「なし」に指定しておくのが基本です。

```
list-style-type: none;
```

list-style-position

マーカーを表示する位置を変更するときは、**list-style-position**プロパティを使用し、その値に**inside**または**outside**を指定します。

値	マーカーの種類
outside	要素の外側にマーカーを配置（初期値）
inside	要素内にマーカーを配置

このプロパティの初期値はoutsideに設定されています。このため、list-style-positionの指定を省略すると、要素の外側にマーカーが配置されます。マーカーを要素内に表示したい場合は、ul要素に「list-style-position: inside;」のCSSを追加しておく必要があります。

```
list-style-position: inside;
```

A6 その他

そのほか、displayやvertical-alignといったプロパティの使い方も覚えておくと、レイアウトを整える際に重宝します。

display

要素の**表示形式**を変更するときは**display**を使用し、次ページに示したキーワードで表示形式を指定します。

値	表示形式
none	要素を非表示にする
block	ブロックレベル要素として表示
inline	インライン要素として表示
inline-block	インラインブロック要素として表示

```
display: block;
```

ブロックレベル要素とは、div要素やp要素のように「四角形のボックス」として扱われる要素のことを指します。floatプロパティを指定しない限り、ブロックレベル要素は**縦に並べて配置**されるのが基本です。

一方、**インライン要素**は、strong要素やa要素、span要素のように「文字」として扱われる要素のことを指します。インライン要素は**横に並べて配置**されるのが基本です。

インラインブロック要素は、ブロックレベル要素をインライン要素のように扱える表示形式です。つまり、「四角形のボックス」が「文字」のように左から配置されていく表示形式となります。

そのほか、要素を表組として表示するtable、table-cellなどの値も指定できますが、上級者向けの指定となるので、本書では詳しい説明を割愛します。

vertical-align

サイズが異なる文字を**上下方向に揃える位置**を指定するときは、**vertical-align**プロパティを使用し、以下のキーワードで揃える位置を指定します。

値	揃える位置
baseline	ベースラインを基準に揃える
top	行の上端に揃える
middle	行の中央に揃える
bottom	行の下端に揃える

```
display: middle;
```

「文字」と「画像」の配置を調整する際にも、vertical-alignが活用できます。通常、画像(img要素)はインライン要素として扱われるため、“巨大な文字”と考えることができます。よって、同じ段落内にある「文字」と「画像」の縦位置をvertical-alignで指定することも可能です。

そのほか、text-topやtext-bottomなどのキーワードをvertical-alignに指定することも可能です。ただし、topとtext-topの違いを区別するには、文字配置に関する詳しい知識が必要となります。よって、本書では詳しい説明を割愛します。気になる方はCSSの専門書などで調べてみてください。

content

contentプロパティは、:beforeや:afterの**疑似要素**を使って「要素の先頭」や「要素の末尾」に文字などを追加するときに使用します。書式を指定するプロパティではなく、追加する内容を指定する少し特殊なプロパティといえます。

文字を追加するときは、その前後を**引用符**で囲って記述するのが基本です。

```
content: "（目次）";
```

逆に、テーマにより追加された文字などを削除するときは、contentの値に**none**を指定します。

```
content: none;
```

索引 Index

はてなブログ カスタマイズガイド
HTML & CSSで「はてなブログ」を次のステップへ！

2016年11月10日　初版第1刷発行

著　者　　相澤 裕介
発行人　　石塚 勝敏
発　行　　株式会社 カットシステム
〒169-0073 東京都新宿区百人町4-9-7　新宿ユーエストビル8F
TEL　(03)5348-3850　　FAX　(03)5348-3851
URL　http://www.cutt.co.jp/
振替　00130-6-17174
印　刷　　シナノ書籍印刷 株式会社

本書に関するご意見、ご質問は小社出版部宛まで文書か、sales@cutt.co.jp宛にe-mailでお送りください。電話によるお問い合わせはご遠慮ください。また、本書の内容を超えるご質問にはお答えできませんので、あらかじめご了承ください。

Cover design *Y.Yamaguchi*

Printed in Japan　ISBN 978-4-87783-411-1